2014年青海省科学技术学术著作出版基金资助出版

LEILIZI YETI

类离子液体

贾永忠　主编
景 燕　王怀有　张 超　副主编

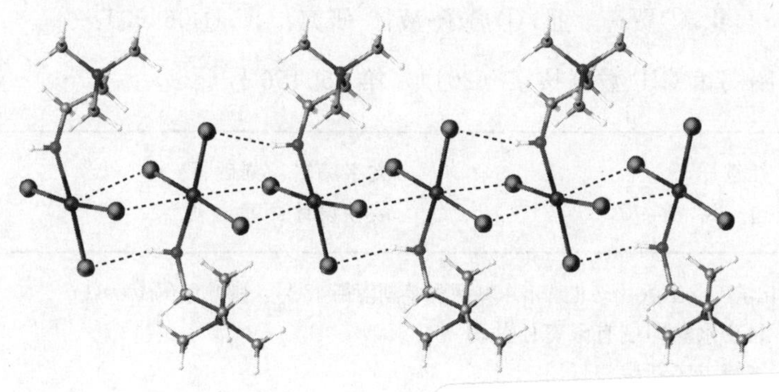

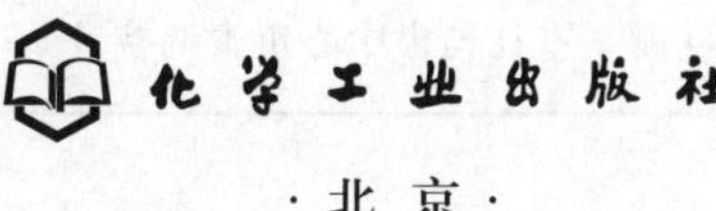

·北 京·

绿色溶剂是近年来绿色化学研究的热点。本书以类离子液体和绿色化学的前沿研究为主线，在类离子液体的定义和分类的基础上，系统地介绍了国内外在类离子液体基础和应用研究领域的发展现状和最新研究成果，包括类离子液体的制备方法、结构与性质的关系、催化与分离、材料制备有机合成在环境领域中的应用。本书是一部全面介绍类离子液体的最新研究专著，内容新颖、资料翔实，具有较强的学术和科研指导意义。

本书可供化学、化工、材料、能源、环境等领域的科技人员及高等院校相关专业的师生阅读参考。

图书在版编目（CIP）数据

类离子液体/贾永忠主编. —北京：化学工业出版社，2015.1
ISBN 978-7-122-22060-8

Ⅰ.①类…　Ⅱ.①贾…　Ⅲ.①离子-液体-研究　Ⅳ.①O646.1

中国版本图书馆 CIP 数据核字（2014）第 250456 号

责任编辑：杜进祥　　文字编辑：刘砚哲
责任校对：边　涛　　装帧设计：韩　飞

出版发行：化学工业出版社（北京市东城区青年湖南街 13 号　邮政编码 100011）
印　　刷：北京永鑫印刷有限责任公司
装　　订：三河市宇新装订厂
710mm×1000mm　1/16　印张 15½　字数 295 千字
2015 年 5 月北京第 1 版第 1 次印刷

购书咨询：010-64518888（传真：010-64519686）
售后服务：010-64518899
网　　址：http://www.cip.com.cn
凡购买本书，如有缺损质量问题，本社销售中心负责调换。

定　　价：68.00 元　

前言
FOREWORD

本书明确了类离子液体的定义和分类。类离子液体是一类新型的绿色溶剂，具有无毒、可生物降解等特性。目前，类离子液体在分离过程、化学反应、功能材料和电化学等领域显示出良好的应用前景并已引起世界各国研究者的广泛关注。

本书系统地介绍了国内外在类离子液体基础和应用研究领域的发展现状和最新研究成果，涵盖了类离子液体研究所涉及的定义、分类、理论、实验、计算等各个方面的内容，通过本书可以较全面地了解类离子液体的定义、性质和应用。本书总结了该领域国内外最新研究进展，使读者能及时了解和把握类离子液体发展的科学前沿，还可以了解类离子液体的研究方向及发展趋势。希望本书能够对类离子液体的发展起到推动作用。

全书共分为7章，第1章介绍了类离子液体的定义、分类及制备；第2章介绍了类离子液体的物理化学性质；第3章讲述了类离子液体结构的表征和解析手段；第4章重点讲述了类离子液体在电沉积中的应用；第5章介绍了类离子液体在其他领域中的应用；第6章介绍了理论计算在类离子液体结构与性质研究中的应用；第7章对类离子液体未来的发展方向及应用领域进行了展望。

本书主要由中国科学院青海盐湖研究所贾永忠研究员及课题组成员合作完成，其中第1章由贾永忠编写，第2章由孙进贺编写，第3章由王怀有编写，第4章由马军编写，第5章由姚颖编写，第6章由张超编写，第7章由景燕编写。课题组的谢绍雷、石成龙、汪小涵、李双滨、崔振华、吕颖在图表绘制、格式编排、文字修改中做了大量工作。同时青海省安全生产科学技术中心的王小华研究员、国家盐化工产品质量监督检验中心（青海）的刘宏高级工程师也参与了本书的部分编写工作。

本书在编写的过程中参阅了国内外相关的专著和文献。本书的出版得到了青海省科学技术学术著作出版基金的资助，本书中的部分实验工作得到了国家“973”前期专项（2010CB635102）、国家自然基金重点项目（U1407205）、国家自然基金（21073217）等项目的资助，在此表示衷心的感谢！

本书内容涵盖类离子液体研究的不同领域，各部分内容相对独立，对于交叉部分内容，考虑到各部分的完整性有一些必要的重复。由于类离子液体是一门新兴的多学科、交叉领域，涉及的知识面较广，编者尽可能地使本书系统、完整和新颖，但受自身的知识、经历和水平所限，有些观点和结论尚待商讨，不足之处在所难免，敬请广大读者批评指正。

编者

2014 年 6 月

目录
CONTENTS

第 1 章 类离子液体的定义、分类及制备 1

第 2 章 类离子液体的物理化学性质 15

第 3 章 类离子液体结构的表征和解析 62

第 4 章 类离子液体在电沉积中的应用 102

第1章

类离子液体的定义、分类及制备

在过去的20年，离子液体作为绿色溶剂受到了广泛的关注，特别是在催化、电化学、材料化学和生物物质的前处理等方面。离子液体发展到今天，经历了第一代离子液体——氯铝酸类离子液体，第二代离子液体——二烷基咪唑类离子液体，目前正在向第三代离子液体——功能化离子液体迈进。

2002年，Abbott等[1, 2]发现了一种由季铵盐和酰胺化合物形成的低共熔混合物，该低共熔混合物的物理化学性质与离子液体相似，因此也有人把它归为一类新型离子液体[3]或离子液体类似物[4]。

以胆碱盐为主形成的低共熔混合物较为常见，几乎所有相关的研究都围绕它来展开。以至于后来，Abbott等[5]直接将由胆碱盐和配位剂（如金属盐、金属盐水合物或氢键供体等）组合而成的低共熔混合物，定义为低共熔溶剂。在这一定义中，既包括由阴、阳离子组成的离子液体，同时还包括由阴、阳离子和中性配体组成的离子液体类似物，这种定义使得离子液体和低共熔溶剂之间有很多交叉之处。另外，现有低共熔溶剂定义中所包含的这类离子液体类似物的种类较少，不能涵盖目前出现的一些新型的离子液体类似物。

基于上述分析，为了更好地研究由阴、阳离子和中性配体组成的这一类离子液体类似物，有必要将其单独分离出来进行详细地研究和重新分类。图1.1为

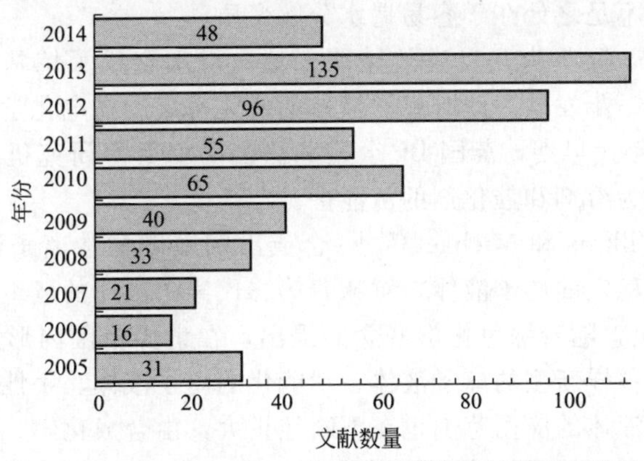

图1.1 2005～2014年6月发表的类离子液体文献统计

2005～2014年6月有关类离子液体的期刊文章、专利和硕博论文等数据统计图，由图可见，近几年关于类离子液体研究的文献迅速增加。

1.1 概述

1.1.1 类离子液体的定义

目前为止，针对这类离子液体类似物没有统一的、完整的定义。通过分析发现，这类离子液体类似物主要由阴、阳离子和中性配体组成，且是由几种物质组合形成的低共熔混合物。因此，本书中给出如下关于这类离子液体类似物的定义，即类离子液体定义。

由一种或一种以上的盐与氢键供体或水合盐形成的低共熔混合物，其合成过程中伴有电中性氢键供体或水合盐，且该低共熔混合物熔点低于其中任意组成成分的熔点，在较宽温度范围内以液态形式稳定存在，其低共熔熔点一般在150℃以下。该低共熔混合物由阴、阳离子和中性配体组成，通常中性配体以配体络合的形式存在。

类离子液体具有离子液体特性的同时，还具有原料易得、价格便宜、合成简便、无需提纯等优点。由于以上特性和优点，在很多领域中有着广阔的应用前景，如催化、有机合成、溶解、萃取、分离过程、电化学及材料化学等领域。类离子液体可以通过选择不同的中性配体，来改善类离子液体的物理化学性能，拓宽其应用领域，使其能够应用在药物、生命科学等领域。

1.1.2 类离子液体的发展史

1914年，Walden等[6]报道了第一个在室温下呈液态的有机盐——硝酸乙基胺，但是这种物质容易发生爆炸，所以这种物质没有引起人们的广泛关注。

1948年，Hurley等[7,8]发现烷基吡啶和氯化铝混合加热能形成无色透明的液体。这一偶然发现构成了当今离子液体的原型，即第一代离子液体，此类离子液体存在的一个不足之处在于容易遇水分解变质。

1975年Koch等[9]为开发高效储能电池，再次合成了烷基吡啶-氯铝酸盐，离子液体得到进一步发展。此时离子液体的研究都集中在电化学领域。

20世纪80年代早期，英国BP公司和法国的IFP等研究机构开始较系统地研究离子液体作为溶剂和催化剂的可能性。

1992年，Wilkins和Michael等[10]合成出四氟硼酸盐离子液体，这是第一个对水和空气都稳定的离子液体，意味着第二代离子液体的诞生。

进入21世纪，随着绿色化学概念的提出，在世界范围内形成了离子液体的研究热潮。各种各样新型的离子液体、功能化的离子液体、手性离子液体不断地涌现。而且离子液体的应用范围也在不断地扩大，由合成化学、催化反应扩展到功能材料、资源环境以及生命科学等诸多领域。离子液体与超临界流体、电化学、生物、纳米、信息等的结合，进一步拓展了离子液体的发展空间和功能。此类离子液体称为第三代离子液体[11]。第三代离子液体为多元化的功能化离子液体。

类离子液体是伴随着第三代离子液体出现而发展起来的新类型的绿色溶剂。自 2002 年 Abbott 及其合作者发现了一种由季铵盐和酰胺化合物形成的溶解性能优良的含有氢键供体的溶剂——类离子液体以来，类离子液体的研究快速发展，其发展历程主要有三个阶段。第一阶段，类离子液体的合成、基本物理化学性质及结构的测定和表征；第二阶段，类离子液体在催化、有机合成、溶解、萃取、分离、电化学及材料化学等领域的应用探索。目前，类离子液体正处在第三个阶段——新的类离子液体不断涌现，类离子液体理论研究不断深入，类离子液体应用领域不断拓展。

1.2 类离子液体的分类

类离子液体是近年来快速发展起来的一类绿色溶剂，其类型新，种类较多，目前对类离子液体没有一个完整的、明确的分类。类离子液体严格上讲不是真正意义的离子液体，其组成不仅包括阴离子和阳离子，还含有中性配体。

首先了解离子液体的分类。离子液体的种类繁多，分类也很多。按照离子液体发现的先后顺序和年代可以分为第一代离子液体、第二代离子液体和第三代离子液体；按照离子液体在水中的溶解性可以分为亲水性离子液体和疏水性离子液体；按照离子液体的酸碱性划分为 Lewis 酸性、Lewis 碱性，Brønsted 酸性、Brønsted 碱性和中性离子液体。

除以上几种分类外，根据离子液体中阴阳离子的组成来划分，可以分为两种类型：阴阳离子均为有机离子型，阳离子为有机离子、阴离子为无机离子型。有机离子型离子液体是指完全由有机阳离子和有机阴离子组成的离子液体。根据阳离子的不同可分为：烷基季铵型离子液体、烷基季鏻型离子液体、烷基取代的咪唑型离子液体、*N*-烷基取代的吡啶型离子液体，其中最常见的为烷基取代咪唑型离子液体。其常见的有机阴离子有 $(CF_3SO_2)N^-$、CF_3COO^-、$CF_3SO_3^-$、$CH_3SO_3^-$、$N(CN)_2^-$、$C(CN)_3^-$、$[SeO_2(OR)]^-$。

阳离子为有机离子，阴离子为无机离子的离子液体报道较多。张锁江等[12]对 1984～2004 年发表的有关离子液体物性的文献进行了总结，并对文献报道过的所有组成离子液体的阴、阳离子进行了分类和编号，共有阳离子 19 类，277 种；阴离子 8 类，55 种。常见的有机阳离子见图 1.2。

常见的无机阴离子包括：Cl^-、Br^-、BF_4^-、BF_6^-、$AlCl_4^-$、$LnCl_4^-$、$FeCl_4^-$、SO_4^{2-}、HSO_4^-。

Abbott[13]对低共熔溶剂进行了分类，将其分为三类。

其通式为 $R^1R^2R^3R^4N^+X^-Y^-$，其中 $R^1R^2R^3R^4N^+X^-$ 为季铵盐，Y^- 为配

位体。

TypeⅠ Y＝MCl_x，M＝Zn，Sn，Fe，Al，Ga，(x＝1，2，3)

TypeⅡ Y＝$MCl_x \cdot yH_2O$，M＝Cr，Co，Cu，Ni，Fe.（x＝1，2，3；y＝1，2，3，4，5，6）

TypeⅢ Y＝R_5Z，Z＝—$CONH_2$，—COOH，—OH，(R^1～R^5＝烷基)

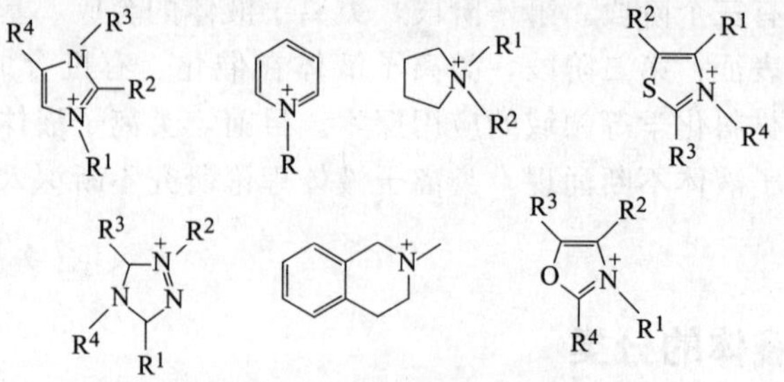

图 1.2 常见的有机阳离子

根据本书中给出的类离子液体定义，以上定义中的低共熔溶剂中第二、第三类为类离子液体，第一类为离子液体。随着类离子液体研究的不断深入，以上分类不能完全囊括和反映所出现的类离子液体的种类。如新出现的氢键供体和季鏻盐形成的类离子液体，无机盐与水合盐形成的类离子液体并不在上述分类当中。

类离子液体与离子液体的主要差别在于体系中含有中性配体，根据类离子液体体系合成过程中中性配体的不同，将类离子液体分为两大类。第一类为盐与氢键供体形成的类离子液体，简称为氢键供体类类离子液体；第二类为盐与水合盐形成的类离子液体，简称为水合盐类类离子液体。其中氢键供体包括酰胺类、羧酸类、多元醇类等有机物，水合盐主要包括各类有机、无机盐。

依据类离子液体合成过程中使用盐的种类的不同，氢键供体类类离子液体又可细分为有机盐与氢键供体形成的类离子液体和无机盐与氢键供体形成的类离子液体；水合盐类类离子液体又可细分为有机盐与水合盐形成的类离子液体和无机盐与水合盐形成的类离子液体。

类离子液体具体的分类如下所示。

(1) 第一类　氢键供体类类离子液体。

① 有机盐＋氢键供体；

② 无机盐＋氢键供体；

③ 有机盐＋无机盐＋氢键供体。

(2) 第二类　水合盐类类离子液体。

① 有机盐＋水合盐；

② 无机盐＋水合盐；

③ 有机盐＋无机盐＋水合盐。

1.2.1 氢键供体类类离子液体

1.2.1.1 有机盐与氢键供体形成的类离子液体

这类类离子液体主要由有机盐和氢键供体形成均一、稳定的液体，氢键供体包括多元醇类、羧酸、酰胺类等物质。目前能够形成类离子液体的有机盐包括季铵盐、季鏻盐等。氢键供体和季铵盐形成的类离子液体见表1.1，这类类离子液体主要由氢键供体和季铵盐阴离子形成氢键从而形成类离子液体，在此体系中含有氢键供体。图1.3为氯化胆碱和氢键供体相互作用机理图[14]。

表1.1 季铵盐和氢键供体形成的类离子液体

$R^1R^2R^3R^4N^+X^-$（季铵盐）					氢键供体
R^1	R^2	R^3	R^4	X^-	
C_2H_5	C_2H_5	C_2H_5	C_2H_5	Br^-	尿素[1]
CH_3	CH_3	CH_3	C_2H_4OH	Cl^-	尿素[1]
CH_3	CH_3	CH_3	C_2H_4OH	BF_4^-	尿素[1]
CH_3	CH_3	CH_3	C_2H_4OH	NO_3^-	尿素[1]
CH_3	CH_3	CH_3	C_2H_4OH	F^-	尿素[1]
CH_3	CH_3	$PhCH_2$	C_2H_4OH	Cl^-	尿素[1]
CH_3	CH_3	C_2H_5	C_2H_4OH	Cl^-	尿素[1]
CH_3	CH_3	CH_3	$PhCH_2$	Cl^-	尿素[1]
CH_3	CH_3	CH_3	C_2H_4OAc	Cl^-	尿素[1]
CH_3	CH_3	CH_3	C_2H_4Cl	Cl^-	尿素[1]
CH_3	$PhCH_2$	C_2H_4OH	C_2H_4OH	Cl^-	尿素[1]
CH_3	CH_3	CH_3	C_2H_4F	Br^-	尿素[1]
CH_3	CH_3	CH_3	C_2H_4OH	Cl^-	甲基脲[1]
CH_3	CH_3	CH_3	C_2H_4OH	Cl^-	1,3-二甲基脲[1]
CH_3	CH_3	CH_3	C_2H_4OH	Cl^-	1,1-二甲基脲[1]
CH_3	CH_3	CH_3	C_2H_4OH	Cl^-	烯丙基脲[15]
CH_3	CH_3	CH_3	C_2H_4OH	Cl^-	硫脲[1]
CH_3	CH_3	CH_3	C_2H_4OH	Cl^-	水杨酰胺[15]
CH_3	CH_3	CH_3	C_2H_4OH	Cl^-	乙酰胺[1]
CH_3	CH_3	CH_3	C_2H_4OH	Cl^-	苯酰胺[1]
CH_3	CH_3	CH_3	C_2H_4OH	Cl^-	丙烯酰胺[1]
CH_3	CH_3	CH_3	C_2H_4OH	Cl^-	2,2,2-三氟乙酰胺[16]
CH_3	CH_3	CH_3	C_2H_4OH	Cl^-	盐酸羟胺[1]
CH_3	CH_3	CH_3	C_2H_4OH	Cl^-	三乙醇胺[15]
CH_3	CH_3	CH_3	C_2H_4OH	Cl^-	香草醛[15]
CH_3	CH_3	CH_3	C_2H_4OH	Cl^-	乙二醇[17]
CH_3	CH_3	CH_3	C_2H_4OH	Cl^-	丙三醇[1]
CH_3	CH_3	CH_3	$C_2H_4OCOCH_3$	Cl^-	丙三醇[18]
propyl	propyl	propyl	propyl	Br^-	丙三醇[18]
CH_3	CH_3	CH_3	ethylCl	Cl^-	丙三醇[18]

续表

$R^1R^2R^3R^4N^+X^-$（季铵盐）					氢键供体
R^1	R^2	R^3	R^4	X^-	
CH_3	CH_3	CH_3	C_2H_4OH	Cl^-	甘露醇[19]
CH_3	CH_3	CH_3	C_2H_4OH	Cl^-	D-果糖[19]
CH_3	CH_3	CH_3	C_2H_4OH	Cl^-	1,4-丁二醇[18]
CH_3	CH_3	CH_3	C_2H_4OH	Cl^-	苯酚[17]
CH_3	CH_3	CH_3	C_2H_4OH	Cl^-	邻苯甲酚[17]
CH_3	CH_3	CH_3	C_2H_4OH	Cl^-	2,3-二甲苯酚[17]
CH_3	CH_3	CH_3	C_2H_4OH	Cl^-	葡萄糖[11]
CH_3	CH_3	CH_3	C_2H_4OH	Cl^-	丙烯酸[1]
CH_3	CH_3	CH_3	C_2H_4OH	Cl^-	戊酸[18]
CH_3	CH_3	CH_3	C_2H_4OH	Cl^-	苯乙醇酸[18]
CH_3	CH_3	CH_3	C_2H_4OH	Cl^-	4-羟基苯甲酸[19]
CH_3	CH_3	CH_3	C_2H_4OH	Cl^-	没食子酸[19]
CH_3	CH_3	CH_3	C_2H_4OH	Cl^-	反式肉桂酸[19]
CH_3	CH_3	CH_3	C_2H_4OH	Cl^-	对香豆酸[19]
CH_3	CH_3	CH_3	C_2H_4OH	Cl^-	咖啡酸[19]
CH_3	CH_3	CH_3	C_2H_4OH	Cl^-	亚甲基丁二酸[19]
CH_3	CH_3	CH_3	C_2H_4OH	Cl^-	辛二酸[19]
CH_3	CH_3	CH_3	C_2H_4OH	Cl^-	L-(+)-酒石酸[19]
CH_3	CH_3	CH_3	C_2H_4OH	Cl^-	甲基丙烯酸[1]
CH_3	CH_3	CH_3	C_2H_4OH	Cl^-	酒石酸[15]
CH_3	CH_3	CH_3	C_2H_4OH	Cl^-	谷氨酸[15]
CH_3	CH_3	CH_3	C_2H_4OH	Cl^-	三氟乙酸[15]
CH_3	CH_3	CH_3	C_2H_4OH	Cl^-	丙三羧酸[20]
CH_3	CH_3	CH_3	C_2H_4OH	Cl^-	己二酸[21]
CH_3	CH_3	CH_3	C_2H_4OH	Cl^-	苯甲酸[21]
CH_3	CH_3	CH_3	C_2H_4OH	Cl^-	柠檬酸[21]
CH_3	CH_3	CH_3	C_2H_4OH	Cl^-	丙二酸[21]
CH_3	CH_3	CH_3	C_2H_4OH	Cl^-	草酸[21]
CH_3	CH_3	CH_3	C_2H_4OH	Cl^-	苯乙酸[21]
CH_3	CH_3	CH_3	C_2H_4OH	Cl^-	苯基丙酸[21]
CH_3	CH_3	CH_3	C_2H_4OH	Cl^-	琥珀酸[21]
CH_3	CH_3	CH_3	C_2H_4OH	Cl^-	丙三酸[21]
CH_3	CH_3	CH_3	C_2H_4OH	Cl^-	间苯二酚[22]
CH_3	CH_3	CH_3	C_2H_4OH	Cl^-	咪唑[20]

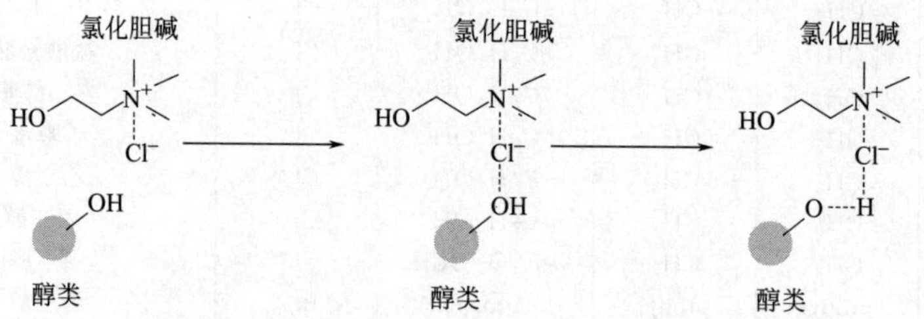

图 1.3 氢键供体和氯化胆碱的相互作用过程机理

这类类离子液体主要用于金属及合金的电沉积、生物柴油的制备、有机物的合成，绿色溶剂、催化剂等领域。图 1.4 为尿素-氯化胆碱类离子液体的结构。

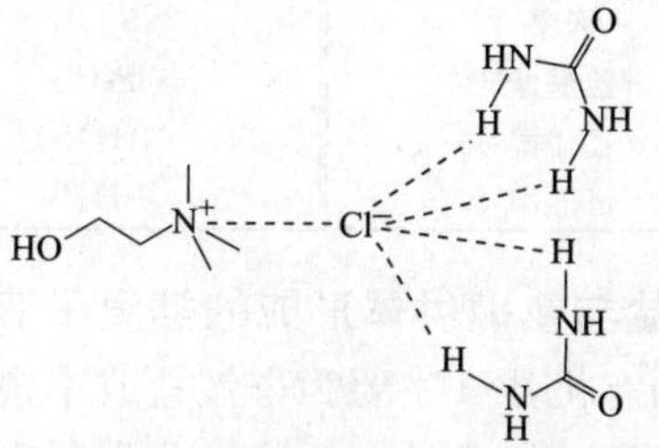

图 1.4 尿素-氯化胆碱类离子液体的结构[1]

季鏻盐和氢键供体形成的类离子液体较少，目前只有 Kareem 等[22]合成了含有不同氢键供体的基于鏻盐的六种类离子液体，列于表 1.2。这类类离子液体熔点低，黏度低，电导率高，对氧的溶解性能好。Kareem 等[22~24]也报道了甲苯和庚烷与季鏻盐类离子液体的相平衡关系，为石脑油中提取芳香族化合物提供了理论依据。这类类离子液体能够用于生物柴油中做催化剂，细胞毒性的检测等领域。

表 1.2 季鏻盐和氢键供体形成的类离子液体

$R^1R^2R^3R^4P^+X^-$（季鏻盐）	氢键供体	$R^1R^2R^3R^4P^+X^-$（季鏻盐）	氢键供体
$Me(Ph)_3PBr$	丙三醇[20]	$Bn(Ph)_3PCl$	丙三醇[20]
$Me(Ph)_3PBr$	乙二醇[22]	$Bn(Ph)_3PCl$	乙二醇[20]
$Et(Ph)_3PI$	乙二醇[22]	$Bn(Ph)_3PCl$	2,2,2-三氟乙酰胺[20]
$Et(Ph)_3PI$	环丁砜[22]	$Allyl(Ph)_3PBr$	对甲苯磺酸一水化合物[25]
$Me(Ph)_3PBr$	2,2,2-三氟乙酰胺[20]	$Me(Ph)_3PBr$	三甘醇[26]

除季铵盐和季鏻盐外，目前已出现的其他有机盐和氢键供体形成的类离子液体列于表 1.3。

表 1.3 其他有机盐和氢键供体形成的类离子液体

有机盐	氢键供体	有机盐	氢键供体
$CH_3COONa\cdot 3H_2O$	尿素[27]	$EtNH_3Cl$	乙酰胺[28]
$EtNH_3Cl$	尿素[28]	$EtNH_3Cl$	三氟乙酰胺[28]

1.2.1.2 无机盐与氢键供体形成的类离子液体

无机盐和氢键供体形成的类离子液体较少，主要有 Abbott 等报道的几种氢键供体和氯化锌形成的类离子液体，氢键供体包括尿素（urea）、乙酰胺（AM）、乙二醇（EG）和己二醇（HG），其体系中含有尿素等氢键供体，这类类离子液体主要用于金属锌及其合金的电沉积[13]，虽然现在种类比较少，但相信这类类离子将不断出现。无机盐与氢键供体形成的类离子液体，见表 1.4。

表 1.4　无机盐和氢键供体形成的类离子液体

无机盐	氢键供体	无机盐	氢键供体
$ZnCl_2$	尿素[13]	$SnCl_2$	尿素[13]
$ZnCl_2$	乙酰胺[13]	$FeCl_2$	尿素[13]
$ZnCl_2$	乙二醇[13]	NH_4NO_3	尿素[27]
$ZnCl_2$	己二醇[13]	NH_4Br	尿素[27]

1.2.1.3　有机盐及无机盐与氢键供体形成的类离子液体

氢键供体、无机盐和有机盐（主要为季铵盐或季鏻盐）形成的类离子液体同样很少，它们主要应用于镁、镍及其合金的电化学行为研究。这类类离子液体列于表 1.5。

表 1.5　氢键供体、无机盐和季铵盐形成的类离子液体

$R^1R^2R^3R^4N^+X^-$（季铵盐）					氢键供体	无机盐
R^1	R^2	R^3	R^4	X^-		
CH_3	CH_3	CH_3	C_2H_4OH	Cl^-	乙二醇	$MgCl_2$[29～31]
CH_3	CH_3	CH_3	C_2H_4OH	Cl^-	丙三醇	$MgCl_2$[32]
CH_3	CH_3	CH_3	C_2H_4OH	Cl^-	尿素	$MgCl_2$[33]
CH_3	CH_3	CH_3	C_2H_4OH	Cl^-	尿素	$NiCl_2 \cdot 6H_2O$[34]

1.2.2　水合盐类类离子液体

1.2.2.1　有机盐与水合盐形成的类离子液体

这类类离子液体由有机盐（主要为季铵盐或季鏻盐）与水合盐（主要为无机水合盐）形成均一、稳定的液体，其中中性配体为配位水分子。水合盐类类离子液体可以用于金属及金属合金的电沉积等领域，形成这种类离子液体的季铵盐主要为氯化胆碱。水合盐类类离子液体见表 1.6。

表 1.6　水合盐和季铵盐形成的类离子液体

$R^1R^2R^3R^4N^+X^-$（季铵盐）					水合盐
R^1	R^2	R^3	R^4	X^-	
Me	Me	Me	C_2H_4OH	Cl^-	$MgCl_2 \cdot 6H_2O$[35]
Me	Me	Me	C_2H_4OH	Cl^-	$CrCl_3 \cdot 6H_2O$[35]
Me	Me	Me	C_2H_4OH	Cl^-	$CaCl_2 \cdot 6H_2O$[35]
Me	Me	Me	C_2H_4OH	Cl^-	$CoCl_2 \cdot 6H_2O$[35]
Me	Me	Me	C_2H_4OH	Cl^-	$LaCl_2 \cdot 6H_2O$[35～38]
Me	Me	Me	C_2H_4OH	Cl^-	$CuCl_2 \cdot 2H_2O$[39]
Me	Me	Me	C_2H_4OH	Cl^-	$LiNO_3 \cdot 4H_2O$[39]
Me	Me	Me	C_2H_4OH	Cl^-	$Zn(NO_3)_2 \cdot 4H_2O$[39]

在这类类离子液体中，配位水的存在是该类类离子液体形成的关键。马梅彦等[40]认为无水氯化镁和氯化胆碱在 120℃ 下能够形成类离子液体，而贾永忠等

将氯化胆碱和无水氯化镁在120℃下，甚至在更高的温度下反应，均不能合成类离子液体。并且用相同比例的氯化胆碱、无水氯化镁和水也不能合成此类类离子液体，而六水氯化镁和氯化胆碱在较低温度时即可形成类离子液体，这也说明这类类离子液体的合成必须有配位水分子的存在。2004 年，Abbott 等[2]合成了六水氯化铬-氯化胆碱类离子液体，用相同比例的氯化胆碱、无水氯化铬和水则不能合成类离子液体，说明配位水分子在此类类离子液体合成中具有重要作用。

1.2.2.2 无机盐与水合盐形成的类离子液体

由无机盐与水合盐形成的这类低共熔混合物，在室温相变储能材料中有较为广泛的应用，但是没有一个统一的归类。根据本书中给出的类离子液体的定义，这类由无机盐与水合盐形成的低共熔混合物也可归为类离子液体。目前，出现在室温相变材料中有研究应用的无机盐与水合盐形成的类离子液体，列于表 1.7 中。

表 1.7 无机盐和水合盐形成的类离子液体

无机盐	水合盐	无机盐	水合盐
$CaCl_2$	$MgCl_2 \cdot 6H_2O$[27]	$Al(NO_3)_2 \cdot 9H_2O$	$Mg(NO_3)_2 \cdot 6H_2O$[27]
NH_4NO_3	$LiNO_3 \cdot 3H_2O$[41]	$Ca(NO_3)_2 \cdot 4H_2O$	$Mg(NO_3)_2 \cdot 6H_2O$[27]
$NaNO_3$	$LiNO_3 \cdot 3H_2O$[41]	$Mg(NO_3)_2 \cdot 6H_2O$	$LiNO_3 \cdot 3H_2O$[41]
$CaCl_2 \cdot 6H_2O$	$CaBr_2 \cdot 6H_2O$[27]	$LiNO_3 + Mg(NO_3)_2 \cdot 6H_2O$	$LiNO_3 \cdot 3H_2O$[41]
$CaBr_2 \cdot 6H_2O$	$Mg(NO_3)_2 \cdot 6H_2O$[27]	$NaNO_3 + Mg(NO_3)_2 \cdot 6H_2O$	$LiNO_3 \cdot 3H_2O$[42]

1.3 类离子液体的制备

1.3.1 离子液体的制备

离子液体的合成与制备是研究离子液体的基础与核心。离子液体的合成包括传统合成方法和新型合成方法。传统合成方法分为直接合成法和间接合成法，新型合成方法分为微波及超声辅助合成等方法。

直接合成法也称一步法[4]，是采用叔胺与卤代烃或酯类物质发生加成反应，或利用叔胺的碱性与酸性发生中和反应而一步生成目标离子液体的方法。该方法操作简单，易于纯化，如图 1.5 所示。

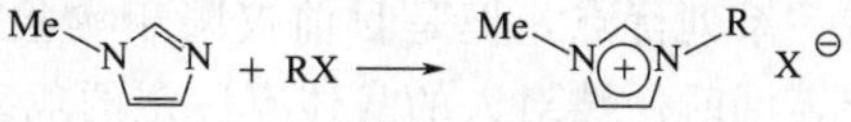

图 1.5 咪唑与卤代烃制备的离子液体结构

Hirao 等[42]用此法合成了一系列含有不同阳离子的四氟硼酸盐离子液体。另外，Bonhote 等[43]通过季铵化反应一步制备出多种同类的离子液体。

间接合成法也称两步法，首先，通过季铵化反应制备出含目标阳离子的卤盐；然后用目标阴离子 Y^- 置换出 X^- 离子或加入 Lewis 酸来得到目标离子液体。

两步合成法的优点是普适性好、收率高。以二烷基咪唑离子液体为例，见图 1.6。

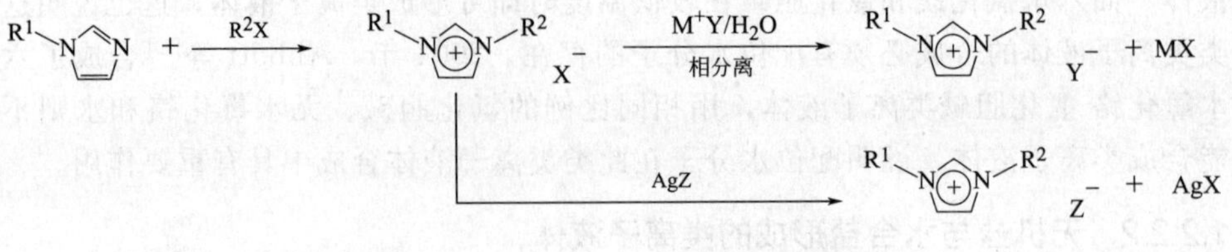

$$\text{R}^1\text{-Im} + \text{R}^2\text{X} \longrightarrow [\text{R}^1\text{R}^2\text{Im}]^+ \text{X}^- \xrightarrow[\text{相分离}]{\text{M}^+\text{Y}/\text{H}_2\text{O}} [\text{R}^1\text{R}^2\text{Im}]^+ \text{Y}^- + \text{MX}$$

$$[\text{R}^1\text{R}^2\text{Im}]^+ \text{X}^- \xrightarrow{\text{AgZ}} [\text{R}^1\text{R}^2\text{Im}]^+ \text{Z}^- + \text{AgX}$$

图 1.6　两步法合成二烷基咪唑离子液体

一步合成法与两步合成法的优缺点列于表 1.8 中。

表 1.8　两步法合成与一步法合成的优缺点

合成方法	优点	缺点
两步合成法	①普遍适用性好 ②收率高	①少量无机盐副产物存在离子液体中,环境污染 ②卤离子存在会降低催化剂活性 ③银盐合成费用高
一步合成法	①操作经济简便 ②收率较高 ③产品易提纯	存在交换副产物

微波辅助合成和超声辅助合成也被应用于离子液体的合成研究。一般离子液体均在有机溶剂中加热回流制备，反应时间较长。而微波辅助合成和超声辅助合成应用于离子液体的合成，具有无需有机溶剂，合成过程中的污染小，且反应速度快，产品收率高，纯度好等特点。

微波技术可缩短合成反应的反应时间，其原理是极性分子在快速变化的电磁场中改变方向，引起分子摩擦加热。微波加热升温速率快，且分子的不断转动是一种分子级别的搅拌，可以提高反应速率，甚至提高产率和选择性。

Varma 等[44]首先将微波技术应用于咪唑类离子液体的合成中；2002 年 Law 等[45]，在微波反应器内采用水浴加热合成离子液体；Lévêque 等[46]系统地研究了在微波作用下咪唑类、吡啶类、吡唑类等离子液体的合成。

虽然微波技术具有一系列优点，但是目前仅限于实验室的探索性研究阶段，还没法应用于工业生产，同时微波对人的身体有一定的危害。

超声波的空化作用和搅拌作用也可大幅度地提高反应速率，尤其是应用于非均相反应中，采用超声波技术得到的产品纯度更高，Lévêque 等[46]利用超声波技术，以氯化-1-丁基-3-甲基咪唑和铵盐为原料，制备出了几种咪唑类离子液体，如 1-丁基-3-甲基咪唑四氟硼酸盐、1-丁基-3-甲基咪唑六氟磷酸盐、1-丁基-3-甲基咪唑双三氟甲磺酰亚胺盐等。

1.3.2　类离子液体的制备

与传统的离子液体制备相比，类离子液体的制备简单，经济，无需辅助技术，无需提纯，其原料易得、便宜。类离子液体制备一般采用一步合成法。将两种或两种以上化合物进行混合，直到形成均一、稳定的液体即为类离子液体，无需纯化就可以获得所需产品。类离子液体对水和空气相对稳定，其制备过程一般在常温常压下进行，基本不需要真空或惰性气氛等特殊的环境。典型的类离子液体为2002年Abbott等制备出一系列由多元醇、羧酸和酰胺等氢键供体与季铵盐组成的类离子液体[11]，其中由氯化胆碱与尿素等氢键供体组成的类离子液体，对多种无机盐具有良好的溶解性。图1.7为典型的氢键供体类类离子液体尿素-氯化胆碱的制备过程[1]。

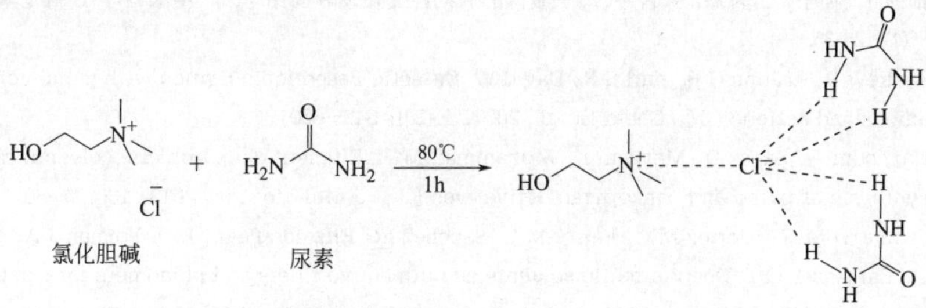

图1.7　氯化胆碱-尿素类离子液体的合成过程和产物

水合盐类类离子液体制备过程与上述过程类似，只需要将盐与水合盐按一定化学计量比混合，在高于共晶点温度下加热即可以得到。如由硝酸铵和三水硝酸锂制备共晶温度为15℃左右的类离子液体用于室温相变储能材料[47]时，只需要将一定比例的硝酸铵和三水硝酸锂均匀混合后，加热至25℃并保持一段时间，即可获得均一液体。

本章主要对类离子液体的定义、分类及制备方法进行了阐述。给出了类离子液体定义，并对其进行分类。依据中性配体的不同，将类离子液体分为氢键供体类类离子液体和水合盐类类离子液体两大类。另外，对类离子液体的制备方法也进行了简单的阐述。

参考文献

[1]　Abbott A P, Capper G, Davies D L, Munro, H L, Rasheed R K, Tambyrajah V. Novel solvent properties of choline chloride/urea mixtures [J]. Chem Commun, 2003, 1: 70-71.

[2]　Abbott A P, Davies D L, Capper G, Rasheed R K, Tambyrajah V. WO02/26701A2, 2002.

[3]　Abbott A P, McKenzie K J. Phys. Chem. Chem. Phys., 2006, 8: 4265-4279.

[4]　Haerens K, Matthijs E, Binnemanscet al K. Green Chem., 2009, 11: 1357-1365.

[5]　Abbott A P, John C B, Karl S R, David W. Eutectic-Based ionic liquids with metal-containing

anions and actions [J] . Chem Eur J, 2007, 13(22): 6495-6501.

[6] Walden P. Molecular weights and electrical conductivity of several fused salts [J] . Bull Acad Imper Sci (St. Petersburg), 1914, 8: 405-422.

[7] Hurley F H. Electrodeposition of aluminum [P] . USA 2446331. 1948.

[8] Hurley F H, Wier T P. The Electrodeposition of aluminum from nonaqueous solutions at room temperature [J] . J Electrochem Soc, 1951, 98(5): 207-212.

[9] Chum H L, Koch V R, Miller L L, Osteryoung R A. Electrochemical scrutiny of organometallic iron complexes and hexamethylbenzene in a room temperature molten salts [J] . J Am Chem Soc, 1975, 97: 3264-3265.

[10] Wilkins J S, Michael J. Z. Air and water stable 1-ethyl-3-methyl-imidazolium based ionic liquid [J] . J Chem Soc Chem Commun, 1992, 13: 965-967.

[11] 张凯. 离子液体的制备、表征及其电化学研究 [D] . 西北师范大学化学化工学院, 2009.

[12] 张锁江, 孙宁, 吕兴梅, 张香平. 离子液体的周期性变化及导向图 [J] . 中国科学 B 辑化学, 2006, 36(1): 23-35.

[13] Andrew P A, John C B, Karl S R, David W. Eutectic-Based ionic liquids with metal-containing anions and actions [J] . Chem Eur J, 2007, 13(22): 6495-6501.

[14] Najmedin A, Sahar D, Meysam K, Mohammad M H. Efficient deep eutectic solvents catalyzed synthesis of pyran and benzopyran derivatives [J] . J Mol Liquids, 2013, 186: 76-80.

[15] Josu é D M, Gutierrez M C, Ferrer M L, Sanchez I C. Elizalde-Pena, E D, Pojman J A, Monte F D, Barcenas, G L. Deep eutectic solvents as both active fillers and monomers for frontal polymerization [J] . J Polymer Scie Part A: Polymer Chem, 2013, 51(8): 1767-1773.

[16] Shahbaz K. Mjalli F S, Hashim M A, Nashef I M A. Prediction of deep eutectic solvents densities at different temperatures [J] . Thermochim Acta, 2011, 515(1-2): 67-72.

[17] Abbott A P, Harris R C. Ryder K R. Application of hole theory to define ionic liquids by their transport properties [J] . J Phys Chem B, 2007, 111(18): 4910-4913.

[18] Abbott A P, Cullis P M, Gibson M J, Harris R C, Raven E. Extraction of glycerol from biodiesel into a eutectic based ionic liquid [J] . Green Chem, 2007, 9: 868-872.

[19] Hayyan A, Mjalli F S, AlNashef I M. Al-Wahaibi Y M. Al-Wahaibi T, Hashim M A. Glucose-based deep eutectic solvents: physical properties [J] . J Mol Liquids, 2013, 178: 137-141.

[20] Carriazo D, Gutierrez M C, Ferrer M L, Monte F. Resorcinol Based Deep Eutectic Solvents as Both Carbonaceous Precursors and Templating Agents in the Synthesis of Hierarchical Porous Carbon Monoliths [J] . Chem Mater, 2010, 22: 6146-6152.

[21] Abbott A P, Capper G, Davies D L, Munro, H L, Rasheed R K. Deep Eutectic Solvents Formed between Choline Chloride and Carboxylic Acids: Versatile Alternatives to Ionic Liquids [J] . J Am Chem Soc, 2004, 126(29): 9142-9147.

[22] Kareem M A, Mjalli, F S, Hashim M A, Alnashef, I M. Phosphonium-based ionic liquids analogues and their physical properties. J Chem Eng Data, 2010, 55: 4632-4637.

[23] Kareem M A, Mjalli F S, Hashim M A, Hadj-Kali M K O, Bagh F S J, Alnashef I M. Phase equilibria of toluene/heptane with deep eutectic solvents based onethyltriphenylphosphonium iodide for the potential use in these paration of aromatics from naphtha [J] . J Chem Thermodynamics, 2013, 65: 138-149.

[24] Kareem M A, Mjalli F S, Hashim M A, Alnashef I M. Liquid-liquid equilibria for the ternary system (phosphonium based deepeutectic solvent-benzene-hexane) at different temperatures:

A new solvent introduced [J] . Fluid Phase Equilibria, 2012, 314: 52-59.

[25] Adeeb H, Mohd A H, Farouq S M, Maan H, AlNashef I M. A novel phosphonium-based deep eutectic catalyst for biodieselproduction from industrial low grade crude palm oil [J] . Chem Eng Sci, 2013, 92(5): 81-88.

[26] Hayyan M, Hashim M A, Mohammed A A, Hayyan A, AlNashef I M. Mohamed E.S. Mirghani. Assessment of cytotoxicity and toxicity for phosphonium-based deepeutectic solvents [J] . Chemosphere, 2013, 93(2): 455-459.

[27] Atul Sharma, V.V. Tyagi, C.R. Chen, D. Buddhi. enewable and Sustainable Energy Reviews 13 (2009) 318-345.

[28] Qinghua Zhang, Karine De Oliveira Vigier, Se ´ bastien Royer and Franc ¸ ois Je ´ ro ˆ me. Chem. Soc. Rev., 2012, 41, 7108-7146.

[29] Wang H Y, Jia Y Z, Wang X H, Ma J, Yao Y. Physico-chemical properties of magnesium ionic liquid analogous [J] . J Chil Chem Soc, 2012, 57: 1208-1211.

[30] Yue D Y, Jing Y, Sun J H, Wang X H, Jia Y Z. Structure and ion transport behavior analysis of ionic liquid analogues based on magnesium chloride [J] . J Mol Liquids, 2011, 158: 124-130.

[31] Wang H Y, Jia Y Z, Wang X H, Ma J, Yao Y, Jia Y Z. Structure and physico-chemical properties of three analogous ionic liquids containing magnesium chloride [J] . J Mol Liquids, 2012, 170: 20-24.

[32] Yue D Y, Jia Y Z, Jing Y, Sun J H, Ma J. Structure and electrochemical behavior of ionic liquid analogue based on choline chloride and urea [J] . Electrochimica Acta, 2012, 65: 30-36.

[33] Wang H Y, Jia Y Z, Wang X H, Ma J, Yao Y, Jia Y Z. Physical - chemical properties of nickel analogs ionic liquid based on choline chloride [J] . J Thermal Anal Calorimetry, 2014, 115 (2): 1779-1785.

[34] Holbrey D, Reichert M W, Swatloski P R. Efficient, halide free synthesis of new low cost ionic liquids: 1, 3-dialkylimidazolium salts containing methyl and ethyl sulfate anions [J] . Green Chem, 2002, 4: 407-413.

[35] Abbott A P, Capper G, David L D, Rasheed R. Ionic liquids based upon metal halide/substituted quaternary ammonium salt mixtures [J] . Inorg Chem, 2004, 43 (11): 3447-3452.

[36] Wang H Y, Jing Y, Wang X H, Yao Y, Jia Y Z. Ionic liquid analogous formed from magnesium chloride hexahydrate and its physico-chemical properties [J] . J Mol Liquids, 2011, 163(2): 77-82.

[37] Rodgers R D, Seddon K R. Ionic Liquids as Green Solvents: Progress and Prospects [M] . Mallakpour S, Dinari, M. Washington, D C. ACS, 2003, 439-452.

[38] Frank E, Abbott A P, Douglas R M. Electrodeposition from ionic liquids [M] . Weinheim, Wiley-VCH, 2008, 83: 123.

[39] Harris R C. Physical properties of alcohol-Based deep-eutectic solvents, Ph. D. Thesis, University of Leicester, 2009.

[40] 马梅彦. 离子液体低温电解镁的研究 [D] , 江南大学, 2011.

[41] Bihai Li, Dewen Zeng, Xia Yin, Qiyuan Chen. J Therm Anal Calorim (2010) 100:685 - 693.

[42] Hirao M, Sugimotoh O. Ohno H. Preparation of novel room erature molten salts by neutralization of amines [J] . Electrony Chem, 2000, 147(11): 4168-4172.

[43] Bonhote P, Dias A P, Nicholas P, Kalyanasundaram K, Michael G. Hydrophobic, Highly Conductive Ambient-Temperature Molten Salts [J] . Inorg Chem, 1996, 35 (5): 1168-1178.

[44] Vasudevan V, Namboodiri, Rajender S, Varma, et al, An improved preparation of 1,3-dialkylimidazolium tetrafluoroborate ionic liquids using microwaves [J]. Tetrahedron Lett, 2002, 43(31): 5381-5383.

[45] Law M C, Xong K Y, Chan T H. Solvent-free route to ionic liquid precursors using a water-moderated microwave process [J]. Green Chem, 2002, 4: 328-330.

[46] Lévêque J M, Luche J L, Christian P. An improved preparation of ionic liquids by ultrasound [J]. Green Chem, 2002, 4: 357-360.

[47] 曾德文, 林大泽, 李碧海, 张永德, 尹霞, 徐文芳, 周俊. 一种室温相变储能介质 [P]. CN101067077 B.

第2章

类离子液体的物理化学性质

类离子液体的物理化学性质对于其在化学合成、化工分离和电化学沉积等方面的应用具有重要的影响。通过选择合适的组分和改变组分比例，可以在较大范围内调节类离子液体的物理化学性质。本章阐述了类离子液体的物理化学性质研究概况，介绍了几种典型类离子液体的物理化学性质。

2.1 概述

2.1.1 类离子液体物理性质

2.1.1.1 类离子液体的熔点

熔点作为类离子液体的一个物理化学参数，其决定了类离子液体适用温度的下限，是界定类离子液体适用范围的一个常用指标。类离子液体的熔点即为其组分的低共熔点，以适当比例混合组分，在某一特定温度下固体组分熔化形成类离子液体，该特定温度即为类离子液体的熔点。

离子液体的熔点在0～150℃之间。影响离子液体熔点的因素有：离子价态、阴阳离子、离子组分比例等因素。与离子液体相比，类离子液体体系中存在的氢键供体或水合盐能够与体系中的离子形成氢键网络，导致类离子液体的熔点范围变化，根据已有的文献报道，类离子液体的熔点范围在－66～150℃之间。类离子液体体系存在如下特征：

① 氢键供体或水合盐与体系中的离子相互键合形成了氢键网络；

② 离子电荷通过氢键网络易于发生离域；

③ 氢键网络的形成使得体系总熵处于较低水平。

类离子液体熔点通常采用低温差示扫描量热仪进行测量。

（1）氢键供体类类离子液体的熔点　氢键供体类类离子液体主要为有机化合物和季铵盐形成的类离子液体，其熔点列于表2.1中。这类类离子液体的熔点变化范围明显大于离子液体的熔点变化范围。该类离子液体中，氢键供体与体系中的离子形成氢键网络，导致离子电荷发生离域。由于类离子液体体系电荷离域能多变，使得类离子液体熔点范围增大。

氢键供体类类离子液体的熔点大小主要由氢键供体的类型、季铵盐的种类和结构、季铵盐与氢键供体的配比等因素决定。

① 氢键供体种类。类离子液体中氢键供体的种类不同，导致其在体系中与离子形成氢键的能力不同。尿素、2,2,2-三氟乙酰胺、醇类和几种羧酸等氢键供体与季铵盐体系中的离子所形成氢键的能力不同，导致上述几种氢键供体所形成的类离子液体的熔点存在差异（表 2.1）。因此在类离子液体制备过程中，可通过选择不同的氢键供体以实现对类离子液体熔点的控制。

表 2.1　有机化合物和季铵盐形成的类离子液体的熔点

R^1	R^2	R^3	R^4	X^-	有机化合物	T_f/℃
C_2H_5	C_2H_5	C_2H_5	C_2H_5	Br	尿素[1]	113
CH_3	CH_3	CH_3	C_2H_4OH	Cl	尿素[1]	12
CH_3	CH_3	CH_3	C_2H_4OH	BF_4	尿素[1]	67
CH_3	CH_3	CH_3	C_2H_4OH	NO_3	尿素[1]	4
CH_3	CH_3	CH_3	C_2H_4OH	F	尿素[1]	1
CH_3	CH_3	$PhCH_2$	C_2H_4OH	Cl	尿素[1]	−33
CH_3	CH_3	C_2H_5	C_2H_4OH	Cl	尿素[1]	−38
CH_3	CH_3	CH_3	$PhCH_2$	Cl	尿素[1]	26
CH_3	CH_3	CH_3	C_2H_4OAc	Cl	尿素[1]	−14
CH_3	CH_3	CH_3	C_2H_4Cl	Cl	尿素[1]	15
CH_3	$PhCH_2$	C_2H_4OH	C_2H_4OH	Cl	尿素[1]	−6
CH_3	CH_3	CH_3	C_2H_4F	Br	尿素[1]	55
CH_3	CH_3	CH_3	C_2H_4OH	Cl	甲基脲[1]	29
CH_3	CH_3	CH_3	C_2H_4OH	Cl	1,3-二甲基脲[1]	70
CH_3	CH_3	CH_3	C_2H_4OH	Cl	1,1-二甲基脲[1]	149
CH_3	CH_3	CH_3	C_2H_4OH	Cl	烯丙基脲[2]	9
CH_3	CH_3	CH_3	C_2H_4OH	Cl	硫脲[1]	69
CH_3	CH_3	CH_3	C_2H_4OH	Cl	水杨酰胺[2]	91
CH_3	CH_3	CH_3	C_2H_4OH	Cl	乙酰胺[1]	51
CH_3	CH_3	CH_3	C_2H_4OH	Cl	苯酰胺[1]	92
CH_3	CH_3	CH_3	C_2H_4OH	Cl	2,2,2-三氟乙酰胺[3]	−45
C_2H_5	C_2H_5	C_2H_4OH	H	Cl	2,2,2-三氟乙酰胺[3]	0
CH_3	CH_3	CH_3	C_2H_4OH	Cl	盐酸羟胺[2]	81
CH_3	CH_3	CH_3	C_2H_4OH	Cl	三乙醇胺[2]	−24
CH_3	CH_3	CH_3	C_2H_4OH	Cl	香草醛[2]	17
CH_3	CH_3	CH_3	C_2H_4OH	Cl	乙二醇[3]	−66
C_2H_5	C_2H_5	C_2H_4OH	H	Cl	乙二醇[3]	−23
C_2H_5	C_2H_5	C_2H_4OH	H	Cl	丙三醇[3]	−2
CH_3	CH_3	CH_3	C_2H_4OH	Cl	丙三醇[4]	−35
CH_3	CH_3	CH_3	C_2H_4OH	Cl	苯酚[5]	−20
CH_3	CH_3	CH_3	C_2H_4OH	Cl	邻苯甲酚[5]	−24
CH_3	CH_3	CH_3	C_2H_4OH	Cl	2,3-二甲苯酚[5]	17
CH_3	CH_3	CH_3	C_2H_4OH	Cl	甘露醇[2]	108

续表

R^1	R^2	R^3	R^4	X^-	有机化合物	T_f/℃
CH_3	CH_3	CH_3	C_2H_4OH	Cl	D-果糖[2]	5
CH_3	CH_3	CH_3	C_2H_4OH	Cl	香草醛[2]	17
CH_3	CH_3	CH_3	C_2H_4OH	Cl	D-葡萄糖[6]	15
CH_3	CH_3	CH_3	C_2H_4OH	Cl	丙烯酰胺[7]	32
CH_3	CH_3	CH_3	C_2H_4OH	Cl	丙烯酸[7]	−4.5
CH_3	CH_3	CH_3	C_2H_4OH	Cl	甲基丙烯酸[7]	15
CH_3	CH_3	CH_3	C_2H_4OH	Cl	戊酸[2]	22
CH_3	CH_3	CH_3	C_2H_4OH	Cl	苯乙醇酸[2]	33
CH_3	CH_3	CH_3	C_2H_4OH	Cl	4-羟基苯甲酸[2]	87
CH_3	CH_3	CH_3	C_2H_4OH	Cl	没食子酸[2]	77
CH_3	CH_3	CH_3	C_2H_4OH	Cl	反式肉桂酸[2]	93
CH_3	CH_3	CH_3	C_2H_4OH	Cl	对香豆酸[8]	67
CH_3	CH_3	CH_3	C_2H_4OH	Cl	咖啡酸[8]	67
CH_3	CH_3	CH_3	C_2H_4OH	Cl	亚甲基丁二酸[8]	57
CH_3	CH_3	CH_3	C_2H_4OH	Cl	辛二酸[8]	93
CH_3	CH_3	CH_3	C_2H_4OH	Cl	L-(+)-酒石酸[8]	171
CH_3	CH_3	CH_3	C_2H_4OH	Cl	酒石酸[2]	74
CH_3	CH_3	CH_3	C_2H_4OH	Cl	谷氨酸[2]	13
CH_3	CH_3	CH_3	C_2H_4OH	Cl	三氟乙酸[2]	<−40
CH_3	CH_3	CH_3	C_2H_4OH	Cl	丙三羧酸[9]	90
CH_3	CH_3	CH_3	C_2H_4OH	Cl	己二酸[9]	85
CH_3	CH_3	CH_3	C_2H_4OH	Cl	苯甲酸[9]	95
CH_3	CH_3	CH_3	C_2H_4OH	Cl	柠檬酸[9]	69
CH_3	CH_3	CH_3	C_2H_4OH	Cl	丙二酸[9]	10
CH_3	CH_3	CH_3	C_2H_4OH	Cl	草酸[9]	34
CH_3	CH_3	CH_3	C_2H_4OH	Cl	苯乙酸[9]	25
CH_3	CH_3	CH_3	C_2H_4OH	Cl	苯丙酸[9]	20
CH_3	CH_3	CH_3	C_2H_4OH	Cl	琥珀酸[9]	71
CH_3	CH_3	CH_3	C_2H_4OH	Cl	丙三酸[9]	90
CH_3	CH_3	CH_3	C_2H_4OH	Cl	咪唑[10]	56
CH_3	CH_3	CH_3	C_2H_4OH	Cl	间苯二酚[11]	87

② 季铵盐的种类和结构。季铵盐的阳离子越小，熔点降低幅度越大；阳离子的结构越对称，类离子液体的熔点越高；季铵盐阴离子的种类不同，所形成的类离子液体的熔点也不同。尿素与不同阴离子的季铵盐形成的类离子液体中，其熔点按 $F^- > NO_3^- > Cl^- > BF_4^-$ 顺序降低。

③ 季铵盐与氢键供体的配比。在类离子液体体系中，季铵盐和氢键供体的摩尔比会对类离子液体的熔点产生影响，只有当摩尔比达到一定范围时，类离子液体才会存在低共熔点。尿素-氯化胆碱、苯乙酸-氯化胆碱、乙二醇-氯化胆碱等类离子液体中，只有当季铵盐和氢键供体的比例达到 1∶2 时，形成的类离子液体才会出现低共熔点。同时在草酸-氯化胆碱、丙二酸-氯化胆碱、琥珀酸-氯化胆

碱等类离子液体中，只有当季铵盐和氢键供体的比例达到 1∶1 时，形成的类离子液体才会出现低共熔点。上述类离子液体中氢键供体与季铵盐形成氢键过程中所提供的氢键数量不同，尿素、苯乙酸、乙二醇等氢键供体一个分子只能与季铵盐形成一个氢键，而草酸、丙二酸、琥珀酸等氢键供体一个分子可与季铵盐形成两个氢键。

(2) 水合盐类类离子液体　水合盐类类离子液体主要为季铵盐和含结晶水的无机盐形成的类离子液体（熔点见表 2.2），这类类离子液体的熔点降低的幅度较大，因为类离子液体体系中水合盐-金属氯化物和季铵盐之间形成了结晶水分子、氯离子和金属的配合物，熔点在 14～50℃之间。影响这种类离子液体熔点的因素有结晶水、阳离子大小、阳离子对称性和阳离子功能基团等。

表 2.2　$R^1R^2R^3R^4N^+X^-$ 季铵盐和金属氯化物形成的类离子液体的熔点

R^1	R^2	R^3	R^4	阴离子	金属氯化物	熔点/℃
Me	Me	Me	C_2H_4OH	Cl^-	$MgCl_2 \cdot 6H_2O$[12]	16
Me	Me	Me	C_2H_4OH	Cl^-	$CrCl_3 \cdot 6H_2O$[13]	14
Me	Me	Me	C_2H_4OH	Cl^-	$CaCl_2 \cdot 6H_2O$[14]	5
Me	Me	Me	C_2H_4OH	Cl^-	$CoCl_2 \cdot 6H_2O$[14]	16
Me	Me	Me	C_2H_4OH	Cl^-	$LaCl_2 \cdot 6H_2O$[14,15]	6
Me	Me	Me	C_2H_4OH	Cl^-	$CuCl_2 \cdot 2H_2O$[14]	48

2.1.1.2　类离子液体的黏度

液体在流动时，在其分子间产生内摩擦的性质，称为液体的黏性，黏性的大小用黏度表示，黏度是用来表征液体性质相关的阻力因子。黏度又分为动力黏度和运动黏度。黏度也是由分子运动和分子间相互作用力产生的。Bonhote 等[16]的研究表明，黏度实际上由液体中的氢键和范德华力来决定。

离子液体黏度的大小主要受范德华力和氢键作用的影响，离子之间的静电作用也起到一定的作用[17]。离子液体的组成决定了其具有比较高的黏度，比传统溶剂高 1～3 个数量级，这限制了离子液体更广泛的应用空间。因此开展离子液体黏度影响因素的研究，选择合适的离子液体组成可以有效地降低离子液体的黏度。王军等[18]总结并比较了不同阴阳离子对离子液体黏度的影响。研究结果表明，随着阴离子种类的不同，离子液体黏度大小的变化顺序如下：$[(CF_3SO_2)_2N]^- \leqslant [BF_4]^- \leqslant [CF_3CO_2]^- \leqslant [CF_3SO_2]^- < [(C_2H_5SO_2)_2N]^- < [C_3F_7CO_2]^- < [CH_3CO_2]^- \leqslant [CH_3SO_3]^- < [C_4F_9SO_3]^-$。对有相同阴离子的离子液体，在咪唑环上阳离子的取代基越大，流体的黏度越大。含有咪唑鎓阳离子和二（三氟甲磺酰）亚胺的烷基咪唑非卤化铝离子液体，其黏度变化顺序为：$[EMIM]^+ < [EEIM]^+ < [EMM(5)IM]^+ < [BEIM]^+ < [BMIM]^+ < [PMMIM]^+ < [EMMIM]^+$。离子液体的黏度对有机溶剂或是少量杂质特别敏感，加入少量的有机溶剂、水或卤素离子可以极大地降低离子液体的黏度。此

外，随着温度的升高，离子液体的黏度呈现降低的趋势。

类离子液体的黏度多采用旋转式黏度计测量。不同类离子液体的黏度差别很大，从4～85000mPa·s不等。六水三氯化铬-氯化胆碱[13]和氯化锌-尿素[19]类离子液体的黏度较高，最高可分别达到14000mPa·s和23000mPa·s；尿素/乙二醇/丙三醇-氯化胆碱[20～22]类离子液体的黏度在10～1100mPa·s之间；氯化镁-尿素/乙二醇/丙三醇-氯化胆碱[23～25]类离子液体的黏度在10～700mPa·s。类离子液体中黏度比较低的是乙二醇-氯化胆碱类类离子液体。

类离子液体中化学基团的种类是影响类离子液体黏度的主要因素。不同的化学基团会导致类离子液体中形成的氢键、范德华力和静电引力不同，进而影响类离子液体的黏度。根据已有的文献报道，大多数类离子液体的黏度大于100mPa·s，造成类离子液体黏度较高的原因主要有以下三个方面：第一，类离子液体体系中氢键供体或水合盐与阴离子间形成了复杂的氢键网络；第二，在类离子液体体系中离子尺寸比较大，而空穴体积很小；第三，阴阳离子与氢键网络之间较大的静电引力和范德华力。

由于氢键的结合强度随温度的升高会减弱，因此，类离子液体的黏度通常随着温度的升高而降低。黏度随温度的变化可以由公式(2.1) 计算[26]：

$$\ln\eta=\ln\eta_0+\frac{E_\eta}{RT} \tag{2.1}$$

式中，η为黏度，η_0为常数；E_η为黏流活化能；R为理想气体常数。

类离子液体的黏度受温度的影响很大，同时表现出Arrhenius行为。黏度的一些热力学数据可由公式(2.2) 计算得到[27,28]：

$$\eta=\frac{hN_A}{V_m}\exp\left(\frac{\Delta G_m^*}{RT}\right) \tag{2.2}$$

式中，η为黏度；N_A为阿伏伽德罗常数；h为普朗克常量；V_m为离子液体的摩尔体积（可由摩尔质量和密度计算得出）；ΔG_m^*为黏度的摩尔吉布斯活化能。结合公式(2.3)：

$$\Delta G_m^*=\Delta H_m^*-T\Delta S_m^* \tag{2.3}$$

可得到公式(2.4)：

$$\ln\left(\frac{\eta V}{hN_A}\right)=\frac{\Delta H_m^*}{RT}-\frac{\Delta S_m^*}{R} \tag{2.4}$$

由黏度和密度数据，$\ln(\eta V/hN_A)$对$1/T$作图可以得到焓变（ΔH_m^*）和熵变（ΔS_m^*），再根据公式(2.3) 计算得到ΔG_m^*。

2.1.1.3 类离子液体的密度

密度是物质的一种特性，不随质量和体积的变化而变化，随物态（温度、压强）变化而变化，密度与物质的相对分子质量、分子间的相互作用力和分子结构有关。对类离子液体而言，密度是一个易于调变的物理性质，可以通过改变体系的氢键供体、水合盐、阴阳离子种类及组分之间的比例来改变溶液结构，进而调节密度。

离子液体的密度主要由组成的阴阳离子的类型所决定，大部分离子液体的密度都在 1.1～1.6g·cm^{-3}[29]。由 N-丁基-N-甲基吡咯烷双（三氟甲烷磺酰）亚胺盐，可以发现密度与烷基链的长度呈线形关系，随着烷基链增大而降低，咪唑环上 2 位 C 上的 H 被取代后，密度减小[30]。阴离子对密度的影响更加明显，随着阴离子相对分子质量的增大，密度增大。因此，设计不同密度的离子液体，要充分考虑阴离子种类和阳离子结构对密度的影响。

其他因素如温度、组成等也会影响离子液体的密度。类离子液体密度随着温度的升高而降低。另外，无论是在阳离子取代基或是阴离子中增加卤素的含量都会使密度增大。类离子液体中的中性分子可使体系的密度发生变化。

类离子液体的密度与离子液体的密度类似，一般比水的密度要大，在 0.995～1.63g·cm^{-3}之间。六水氯化铬-氯化胆碱类离子液体[13]的密度比较大，为 1.54g·cm^{-3}；乙二醇-氯化胆碱类离子液体的密度在 0.995～1.505g·cm^{-3}之间[5,20～22,31]；磷酸盐-氯化胆碱[32]类离子液体的密度为 1.18～1.39g·cm^{-3}；葡萄糖-氯化胆碱类离子液体的密度[6]为 1.20～1.2978g·cm^{-3}；氯化锌-尿素[19]类离子液体的密度为 1.38～1.63g·cm^{-3}；氯化镁-乙二醇/甘油/尿素-氯化胆碱[23～25]类离子液体的密度为 1.1085～1.1639g·cm^{-3}；六水氯化镁-氯化胆碱类离子液体[12]的密度为 1.3253～1.3702g·cm^{-3}，其中只有部分丁二醇-氯化胆碱型类离子液体的密度小于水，其他类离子液体的密度都大于水。

类离子液体的密度随温度和组成的变化而变化，密度和温度呈线性关系并符合公式(2.5)[32]。

$$\{\rho\}_{g\cdot cm^{-3}}=a\times\{t\}_{℃}+b \tag{2.5}$$

式中，ρ 为密度；t 为温度；a 和 b 为取决于离子液体种类的常数。

Leron 等[33]利用振动管密度计测定了 25～50℃范围内、常压～50MPa 时类离子液体甘油-氯化胆碱及其与水的混合溶液的密度。研究发现类离子液体及其与水的混合溶液密度随温度的升高而降低，随压力升高和类离子液体摩尔分数的增加而增加。同时 Leron 等还在高压条件下测定了尿素-氯化胆碱类离子液体及其与水混合溶液的密度[34]。

2.1.1.4 类离子液体的表面张力

表面张力，为液面上任一分界直线一边的表面层与另一边的表面层之间相互吸引的力。通常由于环境不同，处于界面的分子与处于相本体内的分子所受力是不同的。不同物质具有不同的表面结构和表面性质，因此表面分子间的作用力不同，将导致表面张力的数值差别很大。

类离子液体的表面张力大小与高温熔盐和离子液体的表面张力相似，相对于多数分子溶剂，其表面张力较大，这与其溶液本身具有的氢键网络和较高的黏度有关。到目前为止，对已报道的类离子液体体系的表面张力数据进行统计，其表面张力范围为 33～78mN·m^{-1}。其中六水氯化铬-氯化胆碱[13]类离子液体的表面张力为77.68mN·m^{-1}；丙二酸-氯化胆碱和苯乙酸-氯化胆碱类离子液体[9]的表面张力分别为 65.68mN·m^{-1}和 41.86mN·m^{-1}；甘油/乙二醇-氯化胆碱类离子液体[20]表面张力为 45～64mN·m^{-1}；丁二醇-氯化胆碱类离子液体[35]的表面张力为 33～47mN·m^{-1}；葡萄糖-氯化胆碱类离子液体[6]的表面张力为 68.5～75mN·m^{-1}；氯化镁-乙二醇-氯化胆碱类离子液体的表面张力[23]为 54～66mN·m^{-1}；氯化锌-尿素、氯化锌-乙酰胺、氯化锌-乙二醇和氯化锌-1，6-己醇等类离子液体[19]的表面张力分别为 72mN·m^{-1}、53mN·m^{-1}、56.9mN·m^{-1}和49mN·m^{-1}。类离子液体的表面张力接近于高温熔盐[36]和离子液体[37]的表面张力，但高于多数分子溶剂的相应值[38]。类离子液体较大的表面张力与体系本体中氢键供体、水合盐与离子之间形成的氢键网络有关，氢键网络使体系中的氢键供体或水合盐和离子形成了较大的分子或离子团簇，进而增大了体系的表面张力。

与离子液体类似，类离子液体的表面张力也可以通过空穴理论解释，其表面张力和空穴尺寸关系符合公式(2.6)[26]：

$$4\pi r^2 = 3.5\frac{kT}{\gamma} \tag{2.6}$$

式中，k 为波尔兹曼常数；T 为绝对温度；r 为平均空穴半径。根据以上公式可以求得类离子液体中空穴的大小，解释类离子液体中离子的迁移率及黏度、电导率等性质。减小离子半径，增大空穴体积，可增大离子的移动性，从而降低体系的表面张力。此外，表面张力和黏度均与空穴/离子比值相关。

表面张力随温度的升高而下降，符合公式(2.7)[39]：

$$\gamma = a - bT \tag{2.7}$$

式中，γ 为表面张力；a、b 为由实验数据拟合的参数；T 为温度。

2.1.1.5　类离子液体的溶解性

类离子液体与离子液体一样，能溶解许多有机和无机化合物，其溶解范围广、溶解能力强。离子液体的溶解性与其阳离子和阴离子的特性密切相关[40]。离子液体可溶解极性溶剂，如乙醇、丙酮、乙腈、四氢呋喃等，而不溶解非极性溶剂，如甲苯、己烷、乙醚等。从目前有关离子液体的报道来看，可以选择不同的阴阳离子来增加或减少离子液体对其他化合物的溶解度。

类离子液体体系中由于存在氢键供体或水合盐和离子，能够提供或接受电子和质子而形成氢键网络，大量的氢键使类离子液体表现出不寻常的溶剂性能，能够溶解金属氧化物[19,41,42]、二氧化碳[43～47]、二氧化硫[48]及金属氯化物[24,49]

等无机物，以及氨基酸和药物等难溶于水的有机物。

Abbott 等[42]报道了 17 种氧化物在尿素-氯化胆碱、丙二酸/乙二醇-氯化胆碱等三种类离子液体中的溶解度。图 2.1 显示不同氧化物在尿素-氯化胆碱类离子液体中溶解后的颜色变化。金属氧化物在类离子液体中的溶解度根据条件变化可进行调节。表 2.3 为不同金属氧化物在几种类离子液体中溶解度。在此基础上，Abbott[19]等研究了羧酸-氯化胆碱类离子液体中溶解氧化铜、四氧化三铁和氧化锌等氧化物的能力。

图 2.1　不同金属氧化物在类离子液体中的溶解图

表 2.3　金属氧化物在不同溶剂中溶解度　　单位：mg/kg

溶剂 / 氧化物	氯化胆碱-丙二酸 (1+1,50℃)	氯化胆碱-尿素 (1+2,50℃)	氯化胆碱-乙二醇 (1+2,50℃)	氯化钠水溶液 (0.181mol/L, 50℃)	盐酸溶液 (3.14mol/L, 50℃)	尿素 (70℃)
TiO_2	4	0.5	0.8	0.8	36	
V_2O_3	365	148	142	3616	4686	
V_2O_5	5809	4593	131	479	10995	
Cr_2O_3	4	3	2	13	17	
CrO_3	6415	10840	7	12069	2658	
MnO	6816	0	12	0	28124	
Mn_2O_3	5380	0	7.5	0	25962	3.7
MnO_2	114	0.6	0.6	0	4445	
FeO	5010	0.3	2	2.8	27053	
Fe_2O_3	376	0	0.7	11.7	10523	
Fe_3O_4	2314	6.7	15	4.5	22403	
CoO	3626	13.6	16	22	166260	
Co_3O_4	5992	30	18.6	4	142865	
NiO	151	5	9	3.3	6109	21
Cu_2O	18337	219	394	0.1	53942	22888
CuO	14008	4.8	4.6	0.1	52047	234
ZnO	16217	1894	469	5.9	63896	90019

在 50℃下尿素-氯化胆碱[1]类离子液体体系中，无机盐氯化锂的溶解度大于 2.5mol·L^{-1}，氯化银溶解度为 0.66mol·L^{-1}，苯甲酸溶解度为 0.82mol·L^{-1}以及 D-丙氨酸溶解度为 0.38mol·L^{-1}，说明类离子液体具有很高的溶解性能。

Hou 等[10]报道了咪唑-氯化胆碱类离子液体中有机物的溶解性，由于这类类离子液体具有较高的极性，所以对于非极性的溶剂如甲苯、苯和己烷几乎不溶；对于极性溶剂乙腈、二氯甲烷、乙醇和氯仿在咪唑-氯化胆碱类离子液体中的溶解度很大。同时还可以溶解金属氧化物如氧化铜、三氧化二铁，金属氯化物如氯化镁、氯化锂、氯化锌及固体有机化合物如葡萄糖、草酸和苯甲酸等。

类离子液体的溶解性还体现在对气体的溶解能力方面。目前已有相关文献报道了类离子液体在溶解二氧化碳气体方面的研究。Li 等[43]报道了二氧化碳在尿素-氯化胆碱类离子液体中的溶解性能，结果表明二氧化碳在该类离子液体中具有较高的溶解度，且随温度升高而降低，随压力的增大而增大。Leron 等[45]采用热重技术，在温度 303.15～343.15K，压力 6MPa 条件下，观察了乙二醇-氯化胆碱类离子液体中二氧化碳的溶解行为。

目前已有的文献报道大多集中在类离子液体对金属氧化物、二氧化碳等溶解性能的研究上，而对于有机大分子在类离子液体中溶解性能的研究报道较少。Morrison 等[50]研究了几种难溶解药物在尿素-氯化胆碱、丙二酸-氯化胆碱类离子液体中的溶解行为。研究发现苯甲酸、达那唑、伊曲康唑、灰黄素和 TRPV1 拮抗剂（AMG517）等 5 种药物在不同氯化胆碱类离子液体中的溶解度比在水中高 5～22000 倍。将类离子液体和水混合，发现以上五种药物的溶解度也比在水中的溶解度大。由此可见，类离子液体在药物增溶领域有着潜在的应用价值。表 2.4 为 5 种难溶解药物在类离子液体丙二酸-氯化胆碱、水与类离子液体和水混合物三个体系中的溶解度，苯甲酸在类离子液体丙二酸-氯化胆碱中的溶解度是其在水中溶解度的 22000 倍，是其在体积比为 1∶1 的类离子液体和水混合物中溶解度的 18 倍。

表 2.4　难溶解药物在类离子液体丙二酸-氯化胆碱、水与类离子液体和水混合物中的溶解度

溶剂(摩尔比)	药物溶解性/(mg/mL)				
	苯甲酸	达那唑	灰黄素	AMG517	伊曲康唑
丙二酸-氯化胆碱	35	0.160	1.0	0.4727	22
类离子液体-水(75∶25)	18(0.2)	0.0044(0.3)	0.1007(0.3)	0.014(0.4)	6.6(0.6)
类离子液体-水(50∶50)	11(0.6)	0.002(0.6)	0.043(0.7)	0.002(0.7)	1.2(0.85)
水	3(3.8)	<0.0005(8.9)	0.007(8.9)	<0.0001(9.5)	<0.001(8.5)

注：括号中的数值为 pH 值。

2.1.2 类离子液体化学性质

2.1.2.1 类离子液体的电导率

类离子液体在电化学领域得到广泛应用的原因之一为类离子液体具有较高的电导率。离子液体的电导率大小与其载流子的数量和流动性有关。离子电导率的测量方法可分为直流法和交流法。离子液体大都采用交流技术来测定，主要为阻抗桥法和综合阻抗法。类离子液体的电导率与体系中的氢键网络和载流子有关，类离子液体电导率测定方法与离子液体电导率测定方法相同。

对于离子液体电导率的研究，主要是为其在电化学领域的应用提供基础数据和理论支持，文献[33~37]报道了室温下离子液体的电导率为 $10^{-3}\,mS\cdot cm^{-1}$ 左右，其大小与离子液体的黏度、相对分子质量、密度以及粒子大小有很大的关系。其中离子液体的电导率也受到阴阳离子种类的影响，体积较大的阴离子电导率比较低。目前来说，离子液体的电导率主要取决于体系的黏度。

与离子液体类似，类离子液体的电导率也比较高，但两者之间的电子移动机理具有本质的差异，离子液体的电导主要依靠体系中离子的移动传递电荷，而类离子液体的电导同时依靠氢键网络的电子移动传递电荷和离子的移动传递电荷两种方式。电导率的大小与类离子液体体系的氢键供体或水合盐与离子形成的氢键网络有关，大多数类离子液体的电导率优于常规离子液体，已有文献报道大多数类离子液体的电导率大致在 $0.028\sim52mS\cdot cm^{-1}$ 范围以内，适用于电化学领域。

氯化锌-氯化胆碱离子液体体系全部由阴阳离子构成，其载流子密度通常大于类离子液体的载流子密度，其离子半径与类离子液体体系中离子半径大小处于同一数量级，其电导率为 $0.028\sim0.794mS\cdot cm^{-1}$，而类离子液体六水氯化镁-氯化胆碱类离子液体[12]的电导率为 $0.031\sim6.57mS\cdot cm^{-1}$，尿素/乙二醇/甘油-氯化胆碱[20~22]的电导率为 $0.1\sim7.61mS\cdot cm^{-1}$，氯化镁-尿素/乙二醇/甘油-氯化胆碱[23~25]的电导率为 $1\sim22.7mS\cdot cm^{-1}$。与氯化胆碱基的离子液体电导率相比，类离子液体电导率高出一个数量级。类离子液体与离子液体在结构上最大的区别在于氢键供体或水合盐的存在，氢键供体或水合盐与体系中的离子之间形成了氢键网络。因此，类离子液体电子传输方式除包括传统的离子移动传输电荷外，还可能包括了采用氢键网络的链式传输电子方式，两种传输方式的共同作用，导致类离子液体电导率高于离子液体电导率。

温度对类离子液体的电导率产生影响，温度越高，氢键网络中电子传输速度越快，离子的电导率越高。与黏度类似，类离子液体的电导率和温度的关系符合公式(2.8)[26]：

$$\ln\sigma=\ln\sigma_0-\frac{E}{RT} \tag{2.8}$$

式中，σ 为电导率；σ_0 为常数，E 为电导活化能；T 为温度；R 为理想气体常数。利用公式(2.8) 可以求出黏流活化能等热力学相关参数。

2.1.2.2 类离子液体的电化学窗口

类离子液体电化学窗口是指体系开始发生氧化反应的电位和开始发生还原反应的电位差值。Schroeder 和 Seddon 等[51,52]系统地研究了 33 种离子液体的电化学窗口，研究结果表明离子液体的电化学窗口最大可以达到 7.1V。离子液体的氧化电位与其阴离子有关，还原电位与其阳离子有关。电化学窗口的大小及稳定性主要受离子液体的阴离子尺寸大小、卤素离子杂质、电极材料的影响。与离子液体相比，类离子液体也具有较宽的电化学窗口、足够高的电导率。类离子液体的电化学窗口主要由阳离子的还原能力以及阴离子的氧化能力决定。外工作电极和参比电极的选择对电化学窗口也有一定的影响。电化学窗口是类离子液体稳定存在的电势范围，电化学窗口越大，类离子液体的电化学稳定性越高。

电化学窗口可通过循环伏安曲线得到，利用电化学工作站，采用三电极体系进行测量。六水氯化铬-氯化胆碱类离子液体[13]电化学窗口为 2.7V；尿素/丙二酸-氯化胆碱类离子液体[10,31]电化学窗口为 2.2V 和 1.8V；氯化锌-尿素类离子液体[19]电化学窗口为 2.0V。类离子液体的电化学窗口从 0.6～3.0V 不等。与离子液体相比，类离子液体中的离子并未与氢键供体或水合盐形成稳定的络合离子，而仅仅通过氢键作用形成松散的团簇结构，这使得阳离子还原电极电位的降低和阴离子氧化电极电位的升高不如离子液体中的变化幅度大。

Figueiredo 等[53]利用循环伏安曲线和电化学阻抗谱研究了甘油-氯化胆碱类离子液体和铂、金和玻碳电极界面的性质，获得了双电层微分电容，揭示电势轻微阻抗的存在，微分电容随温度的升高而增加，金电极对微分电容的影响大于铂和玻碳电极。

2.1.2.3 类离子液体的热稳定性

类离子液体的热稳定性即为类离子液体液态稳定存在的温度范围。离子液体体系中，由于仅存在阴阳离子，阴阳离子间存在库仑力的相互作用。在类离子液体中，由于氢键供体或水合盐的存在，体系中各组分间的相互作用以氢键作用为主。与库仑力作用相比，氢键间的相互作用明显减弱，因此与离子液体相比，类离子液体稳定液态温度范围上限降低。

关于类离子液体热稳定性研究的相关文献报道较少。Yue 等[23,24]报道的氯化镁-乙二醇/甘油-氯化胆碱两种类离子液体的最高稳定温度为 120℃和 140℃。六水氯化镍-尿素-氯化胆碱类离子液体的最高稳定温度为 215℃。

2.1.2.4 类离子液体的其他性质

Leron 等[54]研究了尿素-氯化胆碱、乙二醇-氯化胆碱和甘油-氯化胆碱等三种类离子液体及它们和水混合物在标准大气压，温度为 30～80℃条件下的摩尔比热容 $c_{p,\mathrm{m}}$。结果表明，随着温度的升高类离子液体的摩尔比热容变化不大。对于类离子液体和水的混合系统，摩尔比热容随温度和类离子液体的含量增加而增加。Wu 等[55]探索了尿素-氯化胆碱、乙二醇-氯化胆碱和甘油-氯化胆碱三种类离子液体与水在不同温度（30℃、40℃、50℃、60℃和 70℃）下的蒸气压。蒸气压和温度的关系符合 Antoine 方程；蒸气压和温度的关系可以用 Volger-Tamman-Fulcher 公式表示。Shahbaz 等[56]利用原子贡献法预测了几种类离子液体的折射率和密度。

Costa 等[57]利用循环伏安法和电化学阻抗谱等电化学方法研究了汞电极和胆碱类类离子液体表面之间的界面性质，获得了双电层的微分电容-电势曲线。在大的负电位极化时，表面结构由吸附的胆碱阳离子决定；在小的负电位极化和正电位极化时，表面结构由吸附的阴离子决定。几种氯化胆碱类离子液体的阴极极化极限取决于有机化合物，随着温度的增加，电容电流增加，电化学窗口减小。

Reichardt 染色法可以用来计算不同摩尔比条件下甘油-氯化胆碱类离子液体的极性（表 2.5）。甘油-氯化胆碱类离子液体中，氯化胆碱与甘油的摩尔比增大，类离子液体的极性呈现降低的趋势。

表 2.5　不同摩尔比下甘油-氯化胆碱类离子液体极性参数 E_T (30)

溶剂	甘油-氯化胆碱摩尔比	$E_T(30)/(kcal \cdot mol^{-1})$
甘油	—	57.17
甘油-氯化胆碱	1∶3	57.96
	1∶2	58.28
	1∶1.5	58.21
	1∶1	58.49

2.1.3　类离子液体物理化学性质的理论预测

Shahbaz 等[56]合成了 24 种类离子液体，测定了其熔点、折射率和密度等物理化学性质，利用原子贡献法计算了 24 种类离子液体的折射率和密度，并与测定结果进行了对比，发现数据吻合性好，模拟方法具有很好的应用前景。折射率的预测是通过类离子液体的摩尔分数，采用 Lorentz-Lorenz 方程计算获得。同时 Shahbaz 等[58]采用两种方法预测了 9 种类离子液体的表面张力。第一种方法中，将等张比热容作为表面张力和密度及它们的分子结构可靠的预测连接。结果显示预测数据和实验数据相差非常小，说明第一种方法用来预测类离子液体表面张力等物化性质非常适用。通过密度可以预测表面张力，同样通过表面张力可以预测密度。在第二种方法中，利用 Othmer 公式预测不同温度下的表面张力。对于所测的类离子液体体系，平均误差为 2.57%，说明此方法可以有效地预测不同温度类离子液体的表面张力。

类离子液体物理化学性质的预测，有助于设计、开发新型的类离子液体。Shahbaz 等[59]利用人工智能和基团贡献法预测了三种季铵盐和季鏻盐类离子液体的密度。人工智能模型采用具有 9 个隐蔽前馈反向传播网络进行密度数据的测量。基团贡献模型采用 Lydersen-Joback-Reid，Lee-Kesler 和 Rackett 等公式进行模拟，该方法的绝对误差为 0.14%和 2.03%。研究结果表明，基团贡献模型存在较大的误差，而人工智能模型对密度的预测结果较准确。类离子液体中由于盐和有机化合物自然结合的性质，采用传统方法预测其物理化学性质有很大的偏差。Shahbaz 等[60]利用经验方法预测了三种不同的盐形成的类离子液体的密度。单盐和有机化合物采用 Lydersen-Joback-Reid 法，而混合物采用 Lee-Kesler 公式计算。由 Spencer 和 Danner 修正的 Rackett 公式计算和预测类离子液体的密度。计算值和测量值的绝对误差为 1.9%。

Bagha 等[61]采用人工智能方法研究了两种典型的季铵盐和季鏻盐类离子液体不同组成和不同温度条件下的电导率。结果显示电导率的变化主要取决于温度。具有 8 个隐蔽前馈反向传播网络用于测量类离子液体的电导率，预测值和实验值能够很好地吻合，平均相对偏差为 4.40%。

2.2 典型类离子液体的物理化学性质

季铵盐氯化胆碱和氢键供体或水合盐形成的类离子液体是典型的类离子液体。在此着重介绍几种氯化胆碱型类离子液体的物理化学性质，包括氢键供体类类离子液体和水合盐类离子液体中几种典型的类离子液体的物理化学性质。

2.2.1 氢键供体类类离子液体

本章介绍的典型氢键供体类类离子液体主要包括尿素-氯化胆碱类离子液体、甘油-氯化胆碱类离子液体、羧酸-氯化胆碱类离子液体，其主要物理化学性质如下。

2.2.1.1 尿素-氯化胆碱类离子液体

Abbott 等合成了尿素-氯化胆碱类离子液体，形成的类离子液体降低了尿素和氯化胆碱的晶格能，同时该类离子液体存在最低共熔点。图 2.2 是不同组分比例下氯化胆碱和尿素混合物的熔点图。

当类离子液体中氯化胆碱和尿素的摩尔比为 1∶2 时，体系的熔点为 12℃，这比其中任一组分的熔点都低（氯化胆碱的熔点为 302℃，尿素的熔点为 133℃）。

表 2.6 为不同季铵盐和尿素形成的类离子液体的熔点。阳离子对称性降低，类离子液体的熔点降低，这和离子液体熔点变化规律一致[62,63]。另外盐类组分中的一价阴离子可以与氢键供体或水合盐形成氢键，对体系熔点产生影响。随着阴离子不同，盐类和尿素形成的类离子液体的熔点大小顺序为 F^- ＞NO_3^- ＞Cl^- ＞BF_4^-，其原因在于不同阴离子和氢键供体形成的氢键强度不同。氢键强度不仅对体系的熔点产生影响，对类离子液体的其他性质也同样产生影响，如溶解性、电导率等。

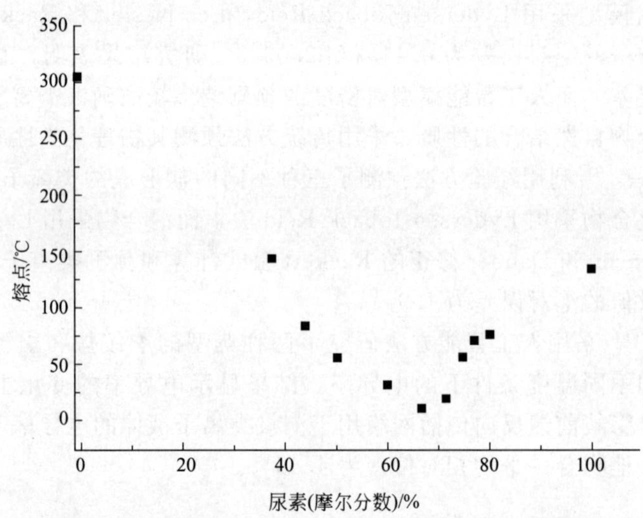

图 2.2 尿素-氯化胆碱类离子液体熔点随尿素含量的变化图

表 2.6 不同季铵盐和尿素形成的类离子液体的熔点

R^1	R^2	R^3	R^4	X^-	T_f/℃
C_2H_5	C_2H_5	C_2H_5	C_2H_5	Br	113
CH_3	CH_3	CH_3	C_2H_4OH	Cl	12
CH_3	CH_3	CH_3	C_2H_4OH	BF_4	67
CH_3	CH_3	CH_3	C_2H_4OH	NO_3	4
CH_3	CH_3	CH_3	C_2H_4OH	F	1
CH_3	CH_3	$PhCH_2$	C_2H_4OH	Cl	−33
CH_3	CH_3	C_2H_5	C_2H_4OH	Cl	−38
CH_3	CH_3	CH_3	$PhCH_2$	Cl	26
CH_3	CH_3	CH_3	C_2H_4OAc	Cl	−14
CH_3	CH_3	CH_3	C_2H_4Cl	Cl	15
CH_3	$PhCH_2$	C_2H_4OH	C_2H_4OH	Cl	−6
CH_3	CH_3	CH_3	C_2H_4F	Br	55

Morrison 等[50]利用低温差示扫描量热仪和扫描热显微镜研究了尿素-氯化胆碱类离子液体的低共熔点和体系中存在的共晶体。图 2.3 说明此类离子液体的低共熔组成为氯化胆碱和尿素的摩尔比为 1∶2。图 2.4 从−60℃对类离子液体加热，在−27℃开始吸热，接下来的吸热曲线起点在 17℃，这种热行为是晶相融化吸热造成的。图 2.5 为尿素-氯化胆碱类离子液体的扫描热显微镜图像。该类离子液体在−90℃时，扫描热显微镜图像未观察到相应无定形态和晶态。当温度

升高到－40℃时，扫描热显微镜图像显示该类离子液体中出现了无定形玻璃态物质，当温度继续升高到－24℃时，该类离子液体主要以无定形态存在。随着温度继续升高到－17℃时，此时扫描热显微镜图像表明，类离子液体出现晶相熔化的现象。在该类离子液体中存在新的晶相，组成为 2urea · ChCl。这种共晶体说明在低熔点形成了一种新的化合物，所以类离子液体并不是单一的低共熔混合物。在尿素摩尔含量为 60%和 70%时，并没有发现明显的低共熔温度。

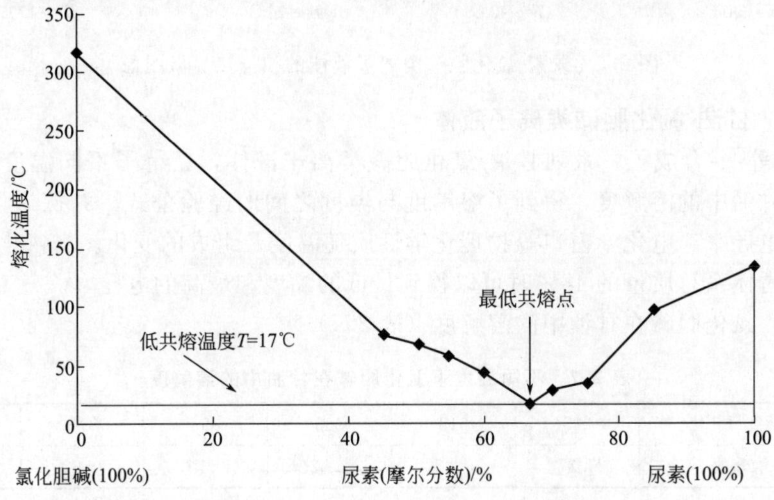

图 2.3　尿素-氯化胆碱混合物的相图

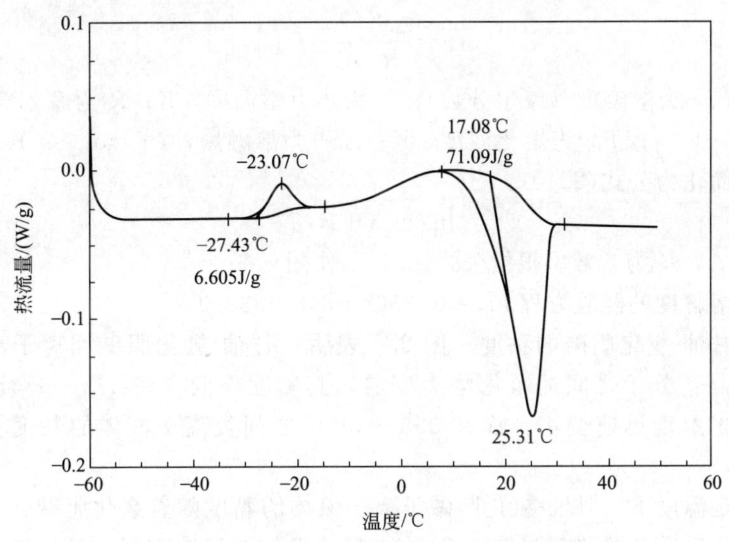

图 2.4　尿素-氯化胆碱类离子液体的 DSC 曲线

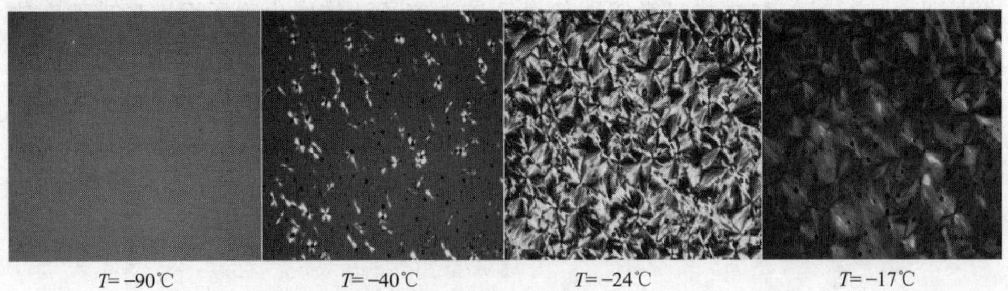

图 2.5　尿素-氯化胆碱类离子液体的扫描热显微图像

2.2.1.2　甘油-氯化胆碱类离子液体

Jia 等[64]合成了一系列甘油-氯化胆碱类离子液体，获得了不同温度下氯化胆碱在甘油中的溶解度，得到了溶解度与温度之间的经验公式，并探讨了密度、黏度、电导率、电化学窗口等物理化学性质随温度及组成的变化。当氯化胆碱质量分数占体系总质量的 48%时可以得到最低的黏度和最高的电导率。

(1) 氯化胆碱在甘油中的溶解度（表 2.7）

表 2.7　不同温度下氯化胆碱在甘油中的溶解度

温度/K	293	313	333	353	373	393
摩尔分数	0.37	0.45	0.52	0.57	0.62	0.67

根据固-液相平衡理论，在一定的温度范围内，温度与溶解度之间遵循公式(2.9)[65]：

$$\ln x=\frac{\Delta S^{\mathrm{f}}}{R}\left(\frac{T_{\mathrm{m}}}{T}-1\right) \tag{2.9}$$

式中，x 为溶解度（摩尔分数）；T 为热力学温度，K；R 为摩尔气体常数，$\mathrm{J\cdot mol^{-1}\cdot K^{-1}}$；$T_{\mathrm{m}}$ 为熔化温度，K；ΔS^{f} 为熔融熵，$\mathrm{J\cdot mol^{-1}\cdot K^{-1}}$。上述公式可以简化为公式(2.10)：

$$\ln x=A+B/T \tag{2.10}$$

其中 A，B 为常数。根据公式(2.10) 作图 2.6。

求得溶解度的经验方程 $\ln x=1.2668-648.4839/T$。

(2) 甘油-氯化胆碱的黏度　图 2.7 表明，甘油-氯化胆碱类离子液体随着温度的升高，分子之间的范德华力变弱，其黏度降低。在 293～353K 之间类离子液体的黏度迅速变小，而在 353～393K 之间类离子液体的黏度变化趋势缓慢。

在一定温度下，甘油-氯化胆碱类离子液体的黏度随着氯化胆碱含量的增加呈现先下降后升高的趋势（图 2.8），这归结于甘油三维空间的氢键结构。随着氯化胆碱的加入，由于氯化胆碱与甘油之间氢键的形成，破坏了甘油自身三维空

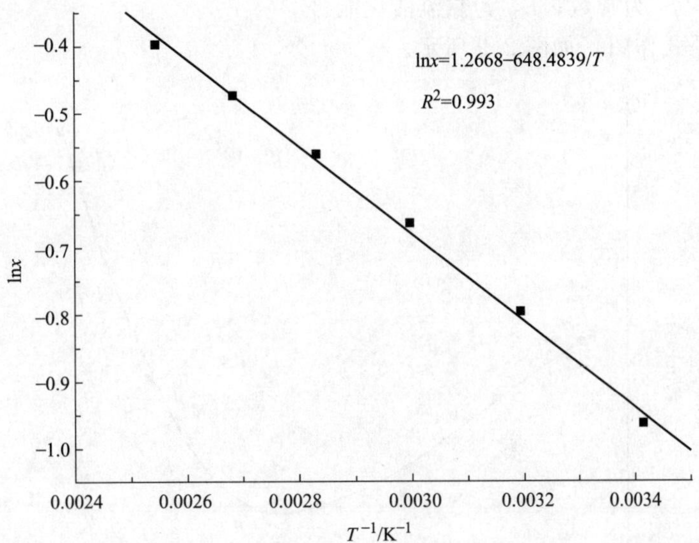

图 2.6 尿素-氯化胆碱类离子液体溶解度的对数随温度的倒数变化趋势

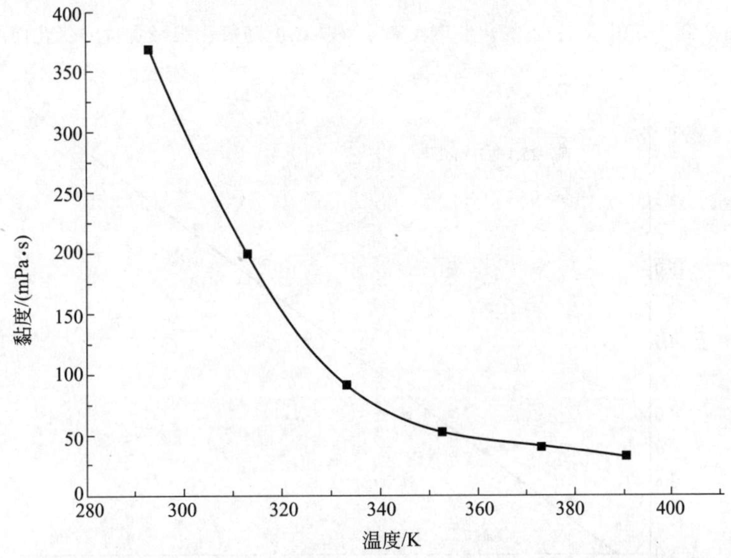

图 2.7 甘油-氯化胆碱类离子液体黏度随温度的变化趋势

间的氢键结构，所以出现黏度下降的趋势。当氯化胆碱质量分数为 48%时，类离子液体黏度达到最小值。所以在氯化胆碱质量分数为 48%时，可以获得最低的黏度，类离子液体黏度随温度变化的趋势可以用公式(2.11) 进行描述[26]：

$$\ln\eta = \ln \eta_0 + \frac{E_\eta}{RT} \tag{2.11}$$

式中，η_0 为常数；E_η 为黏流活化能。

根据公式作图，如图 2.9 所示。

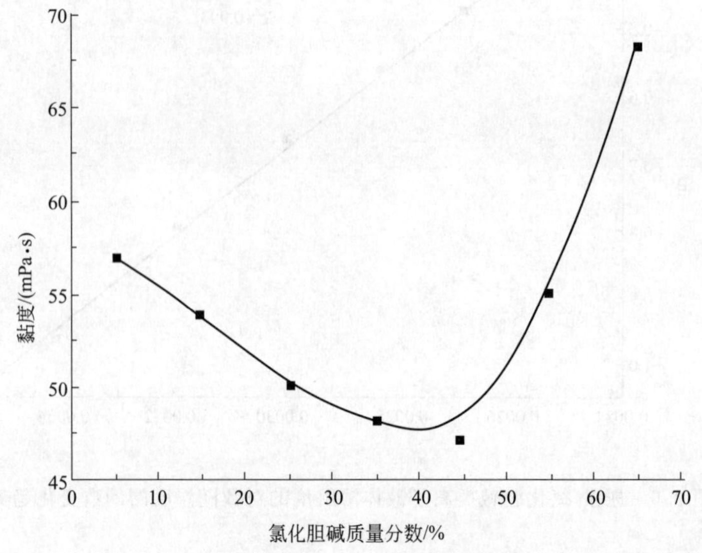

图 2.8　353K 下甘油-氯化胆碱类离子液体黏度随氯化胆碱含量的变化曲线

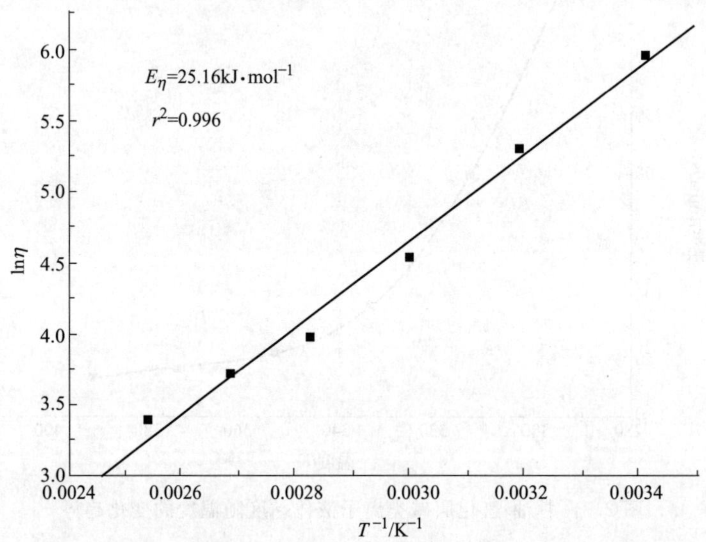

图 2.9　甘油-氯化胆碱类离子液体黏度的对数与温度的倒数之间的关系曲线

类离子液体黏度的自然对数与温度倒数的变化呈直线关系（图 2.9），该类离子液体的黏流活化能为 25.16kJ·mol^{-1}。由于在该类离子液体体系中，甘油-氯化胆碱之间存在氢键作用，因此该类离子液体的黏流活化能与已有的文献报道的乙二醇-氯化胆碱类离子液体（5.3～5.8kJ·mol^{-1}）相比偏大。

（3）甘油-氯化胆碱电导率　在测定温度范围内，甘油-氯化胆碱类离子液体的电导率随着温度的升高呈现逐渐增强的趋势（图 2.10）。随着温度的逐渐升高，甘油-氯化胆碱类离子液体体系中甘油与氯化胆碱之间所形成的氢键相互作用减弱，类离子的黏度降低，电子通过氢键传输速率和离子迁移速率均得到了提高，从而电导率升高。不同温度下，甘油-氯化胆碱类离子液体的电导率随氯化胆碱质量分数的变化趋势见表 2.8。

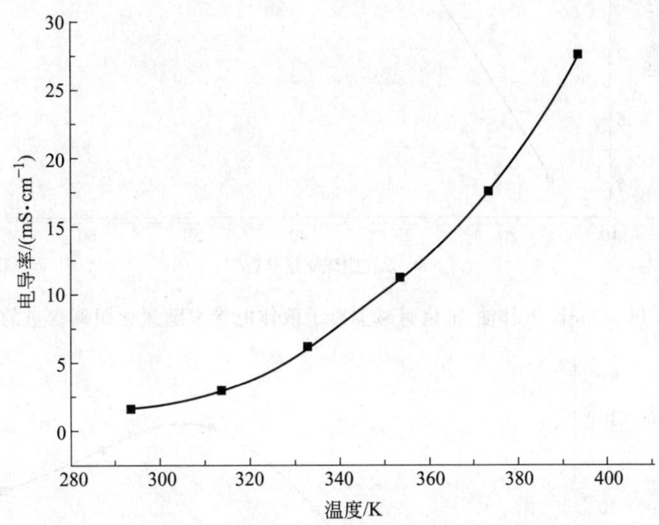

图 2.10　甘油-氯化胆碱类离子液体电导率随温度的变化曲线

表 2.8　不同温度下，甘油-氯化胆碱类离子液体的电导率随氯化胆碱质量分数的变化趋势

温度/K	不同氯化胆碱含量下的电导率/(mS·cm^{-1})											
	15.77%	27.24%	35.96%	42.81%	48.34%	52.90%	56.71%	59.96%	62.75%	65.18%	67.31%	69.19%
293.00	0.24	0.52	1.23	1.69	1.78	1.56						
313.00	1.01	1.90	2.55	2.74	2.87	2.81	2.73					
333.00	2.78	4.56	5.64	6.01	6.17	5.99	5.75	5.47				
353.00	5.11	8.14	10.09	10.93	11.18	10.93	10.52	9.97	9.49	8.71		
373.00	8.75	13.69	17.05	17.18	17.47	16.85	16.42	16.06	15.75	15.40	11.84	
393.00	14.27	20.09	24.80	27.00	27.60	27.20	26.91	26.64	25.51	25.20	24.01	23.41

随着氯化胆碱含量的增加，甘油-氯化胆碱类离子液体的电导率出现先增加后降低的趋势（图 2.11），当氯化胆碱含量为 48%时出现最大电导率。类离子液体的电导率与其黏度大小有关，当类离子液体中，氯化胆碱的含量为 48%时，此时类离子液体的黏度最低，因此其电导率此时最高。甘油-氯化胆碱类离子液体的摩尔电导率随氯化胆碱含量的变化趋势与电导率随氯化胆碱含量的变化趋势一致，如图 2.12 所示。

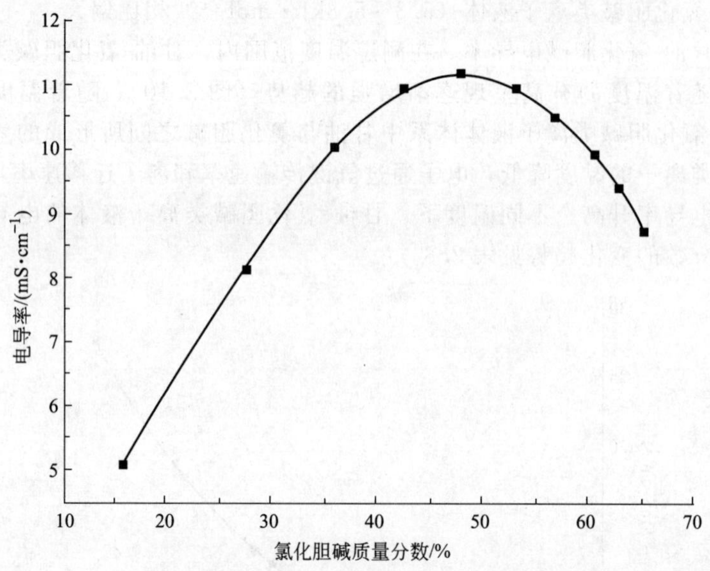

图 2.11　353K 下甘油-氯化胆碱类离子液体电导率随氯化胆碱含量的变化

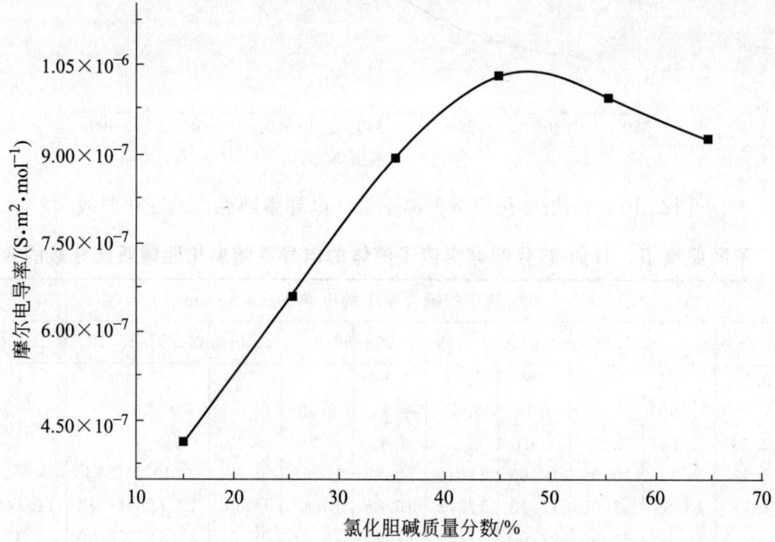

图 2.12　甘油-氯化胆碱类离子液体摩尔电导率随氯化胆碱含量的变化

与黏度相似，类离子液体的电导率随温度的变化可以用公式(2.12) 进行描述[26]：

$$\ln\sigma = \ln\sigma_0 - \frac{E_\sigma}{RT} \tag{2.12}$$

式中，E_σ 为电导活化能，根据公式(2.12) 作图见图 2.13。

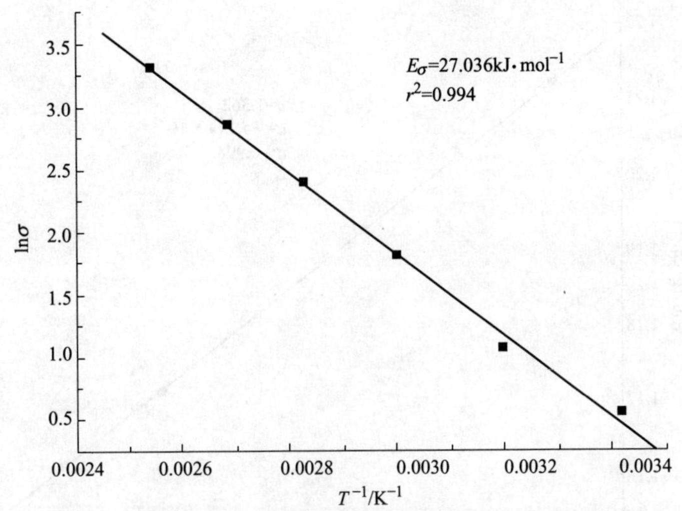

图 2.13 甘油-氯化胆碱类离子液体电导率的对数与温度倒数之间的关系

甘油-氯化胆碱类离子液体体系电导率对数与温度倒数之间呈现线性关系。依据格鲁萨斯导电机理，在醇类溶液中，质子可以通过氢键传递实现电荷的传输，传输速率决定于醇类分子结构的翻转速度，随着温度的升高，分子结构翻转速度加快，电导率随之增加。

（4）甘油-氯化胆碱的密度（表 2.9）

表 2.9 不同温度下甘油-氯化胆碱类离子液体的密度

T/K	293	313	333	353	373	393
ρ/(g·cm^{-3})	1.1903	1.1812	1.1721	1.1634	1.1563	1.1492

在一定温度范围内，离子液体的密度与温度的关系遵循公式(2.13)[32]

$$\rho = aT + b \tag{2.13}$$

式中，a 为体积膨胀系数（g·cm^{-3}·K^{-1}）；T 为热力学温度。根据公式(2.13) 作图得图 2.14。

甘油-氯化胆碱类离子液体密度与温度呈现线性关系，拟合系数达到 0.998。类离子液体的体积膨胀系数可通过公式(2.13) 计算得出。该类离子液体的体积膨胀系数为 5.114×10^{-4}g·cm^{-3}·K^{-1}。

密度随温度的升高和氯化胆碱含量的增加均呈现下降的趋势（参见图 2.14、图 2.15）。甘油-氯化胆碱类离子液体的摩尔体积可以通过温度、氯化胆碱含量与密度之间的关系计算求得，见表 2.10。

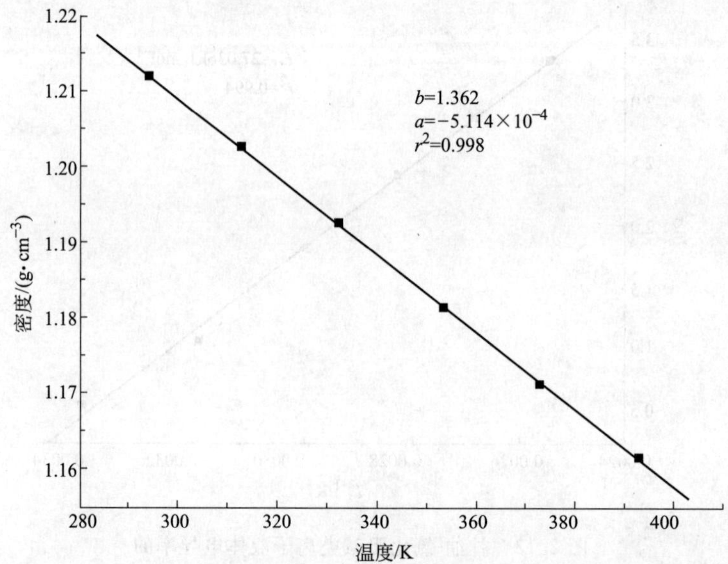

图 2.14　甘油-氯化胆碱类离子液体类离子液体密度随温度的变化趋势

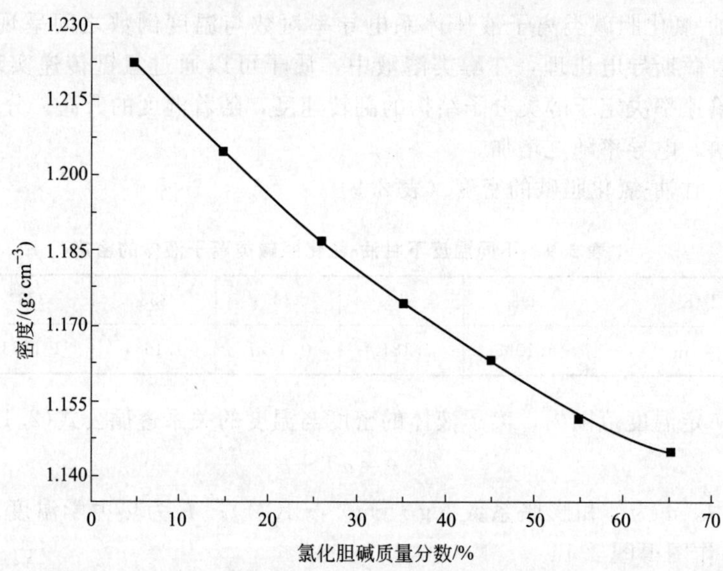

图 2.15　353K 下甘油-氯化胆碱类离子液体密度随氯化胆碱含量的变化曲线

表 2.10　甘油-氯化胆碱类离子液体的摩尔体积随组成的变化

氯化胆碱质量分数	15%	25%	35%	45%	55%	65%
$M/(g\cdot mol^{-1})$	97.33	100.65	104.46	108.73	113.01	118.24
$\rho/(g\cdot cm^{-3})$	1.2052	1.1861	1.1751	1.1632	1.1511	1.1453
$V_m/(cm^3)$	80.77	84.87	88.90	93.49	98.18	103.27

(5) 甘油-氯化胆碱类离子液体的电化学窗口

① 电极种类对电化学窗口的影响（图 2.16～图 2.18）

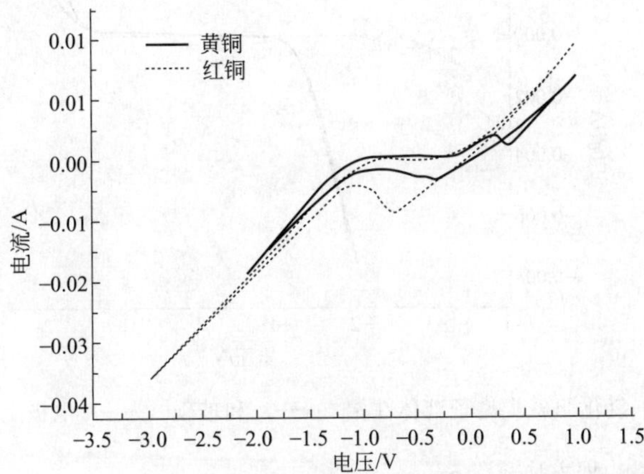

图 2.16　甘油-氯化胆碱类离子液体在黄铜（——）和红铜（……）电极上循环伏安曲线

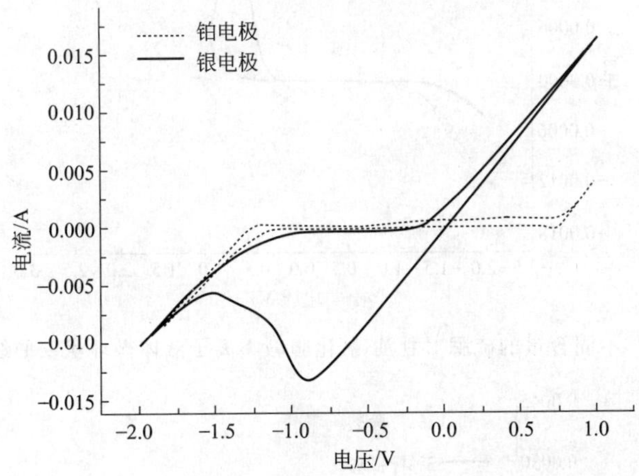

图 2.17　甘油-氯化胆碱类离子液体在银（——）和铂（……）电极上的循环伏安曲线

由图可见，红铜、黄铜、银电极在甘油-氯化胆碱类离子液体中的电化学窗口比较窄，铂、玻碳、铝电极的电化学窗口比较宽，能较好地应用于电化学研究，如电沉积实验。

② 添加剂种类对电化学窗口的影响。Jia 等[64]研究了不同种类添加剂及用量与甘油-氯化胆碱类离子液体的电化学窗口之间的关系。图 2.19～图 2.23 为铝电极为工作电极的条件下，硫脲、柠檬酸、咪唑等添加剂及其含量对该类离子液体电化学窗口的影响。

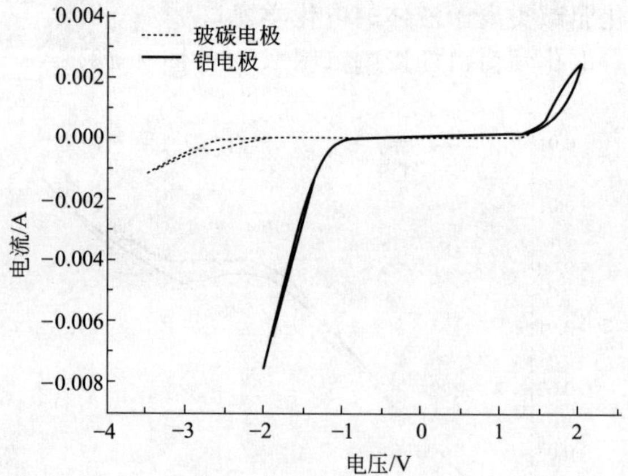

图 2.18 甘油-氯化胆碱类离子液体在铝（——）和玻碳（……）电极上的循环伏安曲线

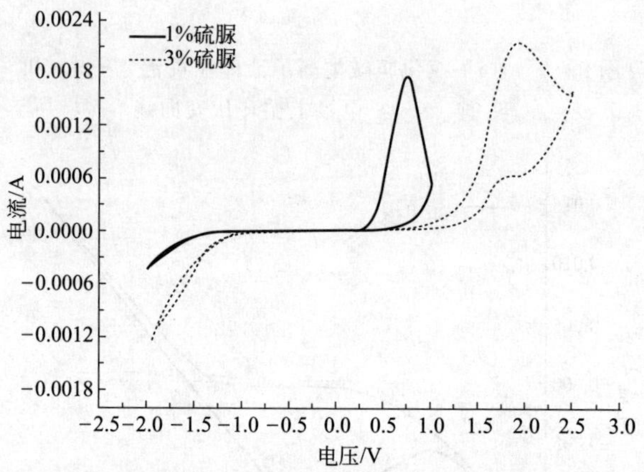

图 2.19 不同含量的硫脲对甘油-氯化胆碱类离子液体循环伏安曲线的影响

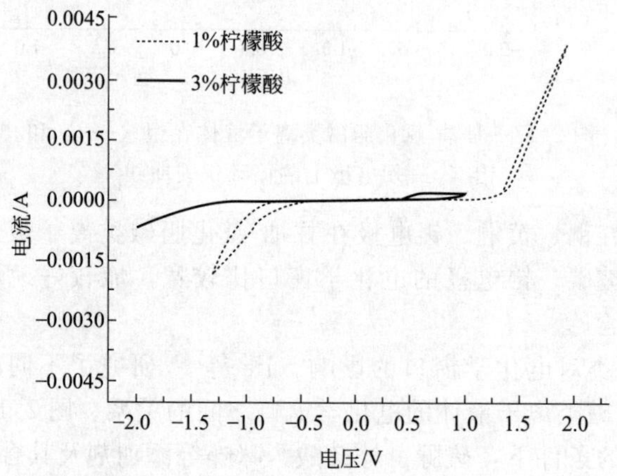

图 2.20 不同含量的柠檬酸对甘油-氯化胆碱类离子液体循环伏安曲线的影响

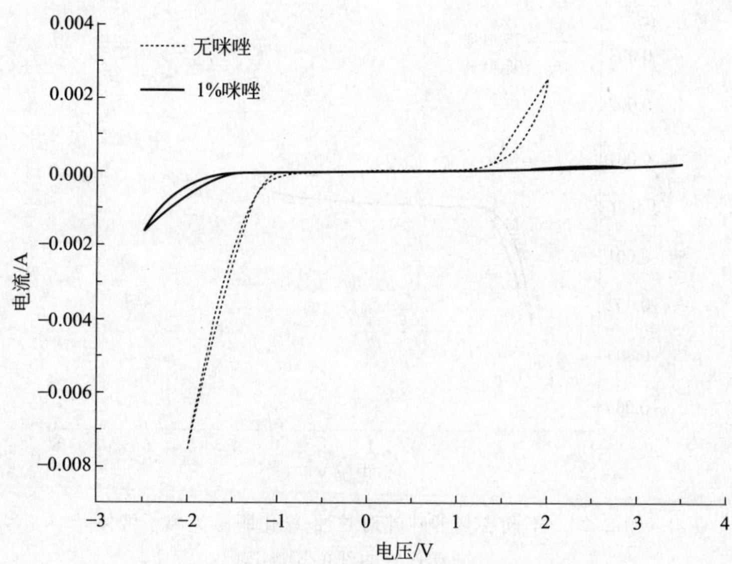

图 2.21 咪唑对甘油-氯化胆碱类离子液体循环伏安曲线的影响

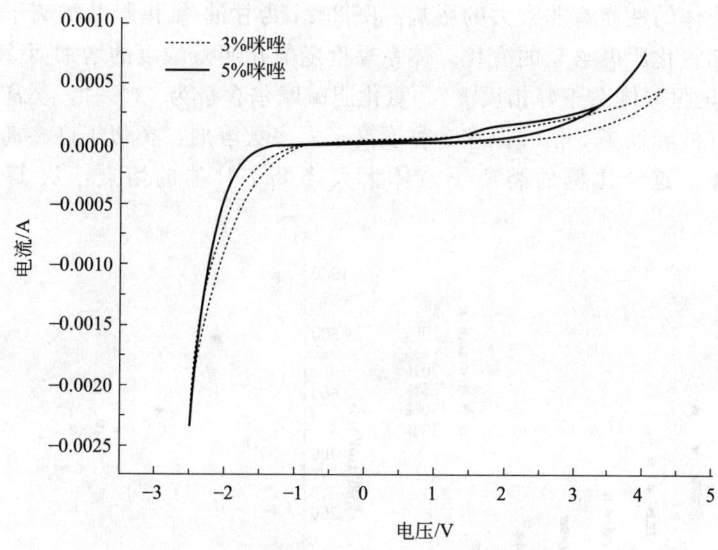

图 2.22 不同含量的咪唑对甘油-氯化胆碱类离子液体循环伏安曲线的影响

咪唑可以拓宽该类离子液体的电化学窗口，当咪唑的含量达到 9%时，电化学窗口可以达到 5.291V，当咪唑的含量继续增加时，电化学窗口没有明显的增加。

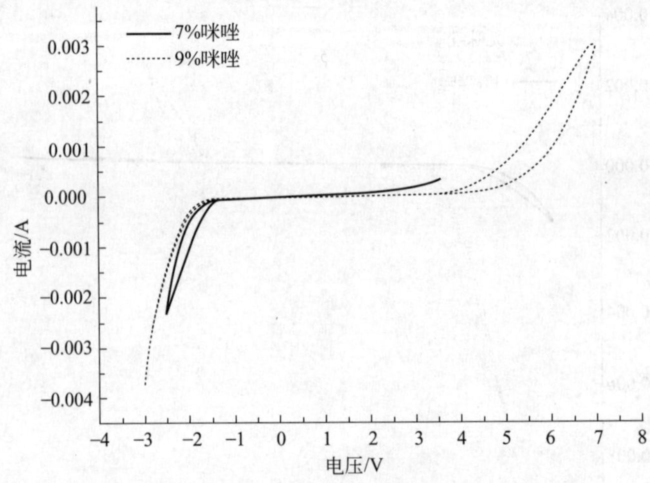

图 2.23　不同含量的咪唑对甘油-氯化胆碱类离子液体循环伏安曲线的影响

Abbott[22]等合成了甘油-氯化胆碱类离子液体，测定了其物理化学性质。由于甘油有很高的黏度（1200mPa·s室温），溶质在其中的溶解很困难，加入盐类对甘油液体的性质有非常大的影响。图 2.24 为甘油-氯化胆碱类离子液体的黏度随温度和氯化胆碱含量的变化。体系黏度随氯化胆碱浓度的增加而降低，这与乙二醇-氯化胆碱体系正好相反[20]。氯化胆碱摩尔含量为 33%时，类离子液体的黏度相比甘油降低了 3 倍。但这个黏度高于大多数溶剂，类似于许多离子液体和类离子液体。这个比例的类离子液体大大降低了甘油的熔点，从 17.8℃降到 −40℃。

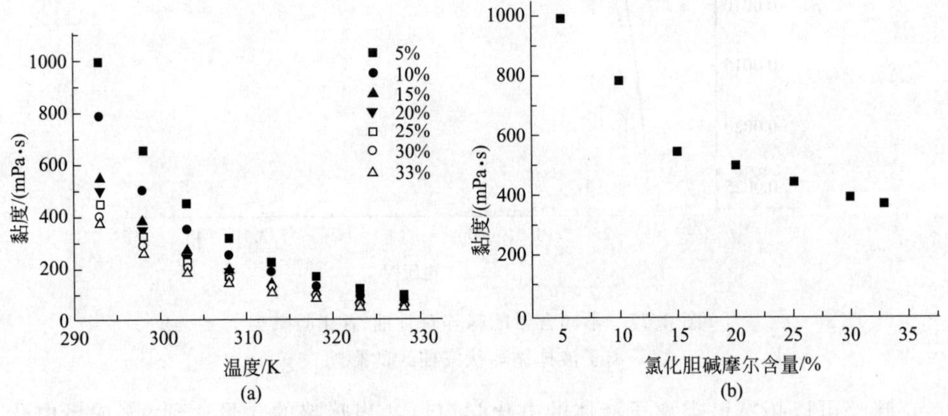

图 2.24　(a) 甘油-氯化胆碱类离子液体的黏度随温度和氯化胆碱含量的变化；(b) 甘油-氯化胆碱类离子液体在 298K 时随氯化胆碱含量的变化

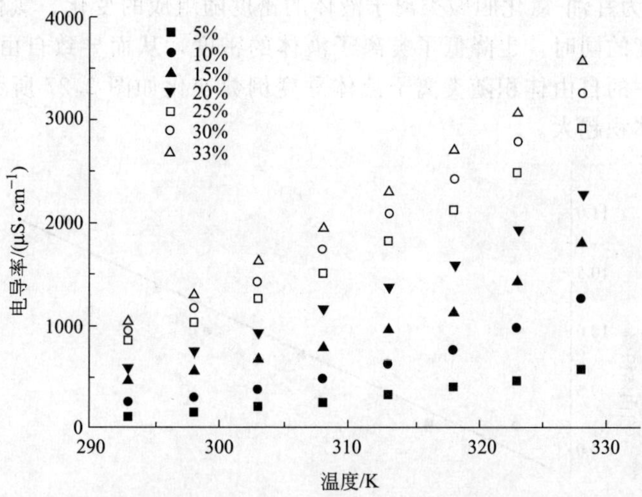

图 2.25 甘油-氯化胆碱类离子液体的电导率随温度和氯化胆碱含量的变化

如图 2.25 所示，电导率的变化趋势与黏度相反，随着氯化胆碱含量的增加而变大，在氯化胆碱摩尔含量为 33%时，电导率达到最大。同样黏度和电导与温度的关系符合公式(2.1) 和式(2.5)，求得的黏流活化能从 54.7kJ · mol^{-1} 降低到 45.1kJ · mol^{-1}；电导活化能从 −38.5kJ · mol^{-1} 到 −27.9kJ · mol^{-1}。这些值类似于其他离子液体和类离子液体[66,67]。黏流活化能和电导活化能总是异号并且数量级相同，是因为这两者之间存在相反的关系，如公式(2.14)：

$$\sigma = z^2 Fe / 6\pi\,\eta (R^+ + R^-) \tag{2.14}$$

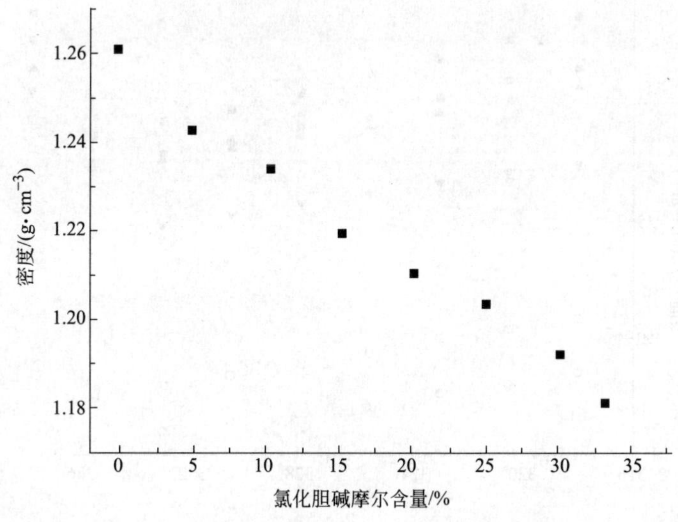

图 2.26 甘油-氯化胆碱类离子液体的密度随氯化胆碱含量的变化

图 2.26 为甘油-氯化胆碱类离子液体的密度随组成的变化。氯化胆碱降低类离子液体黏度的同时，也降低了类离子液体的密度，从而导致自由体积的增加。类离子液体中的自由体积随类离子液体黏度倒数变化如图 2.27 所示，显示黏度越小，自由体积越大。

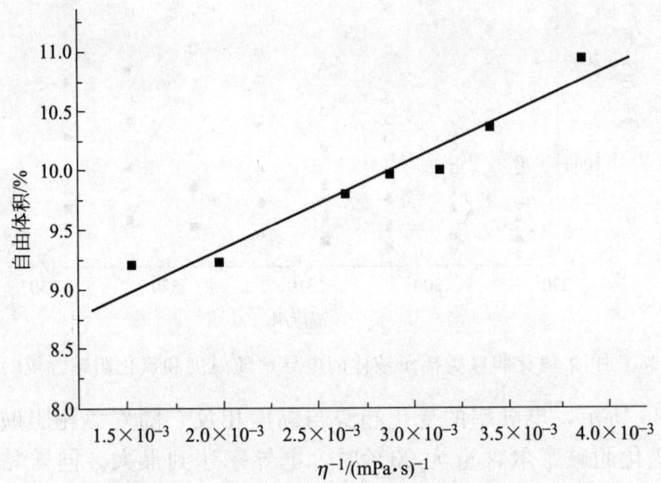

图 2.27　甘油-氯化胆碱类离子液体中的自由体积随类离子液体黏度倒数变化

图 2.28 为表面张力随温度的变化，表面张力和温度呈线性关系。表面张力随氯化胆碱含量的增加而减小，该研究结果进一步证明了氯化胆碱破坏了甘油分子间的相互作用力。

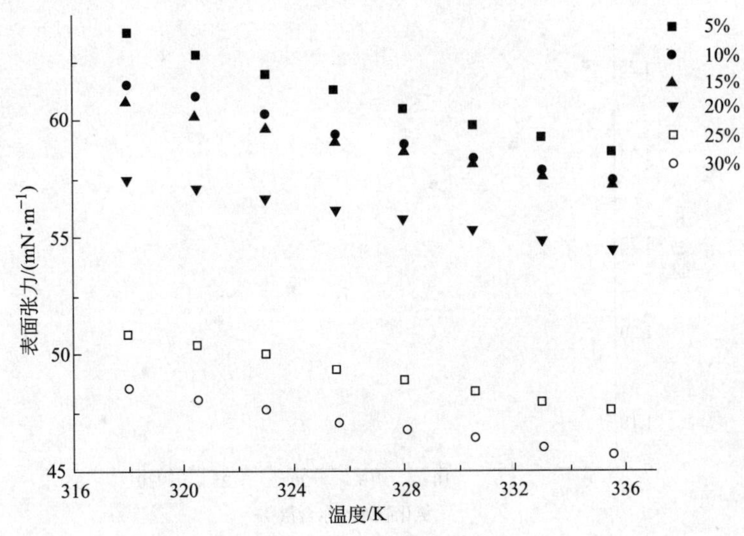

图 2.28　甘油类离子液体表面张力随温度的变化

(6) 甘油-氯化胆碱类离子液体的极性　溶剂的极性可以用半经验线性自由能来表征，最普遍的两个考核指标是 Dimroth，Reichardt 极性参数 E_T（30）和 Kamlet，Taft 参数。为了计算 π^*，α 和 β 值，三种指示剂探针分子用来观察以上参数。三种指示剂探针分别为 4-硝基苯胺、N,N-二甲基-4-硝基苯胺和 Reichardt 染色 30。

图 2.29 为 E_T（30）和氯化胆碱浓度的线性增长关系，外推这种趋势到 100%ChCl，值大约为 59kcal・mol^{-1}（1kcal・mol^{-1}＝4.18kJ・mol^{-1}），这和硝酸乙基铵类似[68]。参数 π^* 和 α 也有类似的趋势，尽管参数在极性变化时不明显，特别是参数 β 随着氯化物浓度的增加并没有明显的改变，这是因为甘油羟基基团的数量超过了指示剂溶剂的量。这说明在高极性溶剂中，指示剂对组分改变不敏感，这是因为溶剂-溶剂相互作用超过溶剂-溶质相互作用。

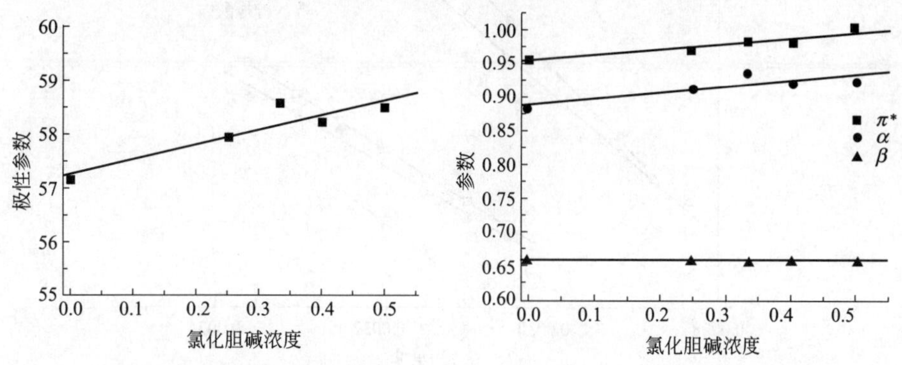

图 2.29　甘油中不同含量的 ChCl 对 E_T（30），π^*，α 和 β 值的影响

2.2.1.3 羧酸-氯化胆碱类离子液体

(1) 羧酸-氯化胆碱类离子液体的熔点　Abbott[9] 等以氯化胆碱和羧酸为原料合成了一系列类离子液体，并测定了其熔点、黏度和电导率等物理化学性质。苯乙酸和苯丙酸与氯化胆碱形成类离子液体，其低共熔熔点处体系的组成为酸的摩尔百分含量占 67%，这类似于尿素-氯化胆碱[12]类离子液体。在体系中两个羧酸分子和一个氯离子形成配合物，说明羧酸根和阴离子紧密结合。在体系中加入碳酸氢钠固体，除刚开始有少量气泡外，放置很多天后没有变化，说明体系中的氯离子和两个羧酸形成配合物。

草酸、琥珀酸和丙二酸等二元酸与氯化胆碱形成的类离子液体，其低共熔点的组成中二元酸摩尔百分含量为 50%，可知在体系中一个氯离子和一个酸根形成配合物或者是在相邻氯离子之间桥连一个酸分子。丙三羧酸和柠檬酸等三元酸与氯化胆碱形成的类离子液体的低共熔点的组成中三元酸摩尔百分含量为30%～35%。部分类离子液体熔点列于表 2.1 和表 2.2 中，每种类离子液体的熔点相对于单一组分都降低了很多。体系熔点取决于盐和有机化合物的晶格能、盐的阴离子和氢键供体相互作用引起熵的降低，从而形成液体。

(2) 羧酸-氯化胆碱类离子液体的黏度和电导率

图 2.30 为不同类离子液体黏度随温度和组成的变化，这类类离子液体的黏度范围为 50～50000mPa·s，黏度和温度的关系可用公式(2.12) 考察。羧酸-氯化胆碱类离子液体黏流活化能的值大于传统液体和高温熔融盐，黏流活化能和熔点的关系符合公式(2.15)：

$$E_\eta = 3.74RT_m \tag{2.15}$$

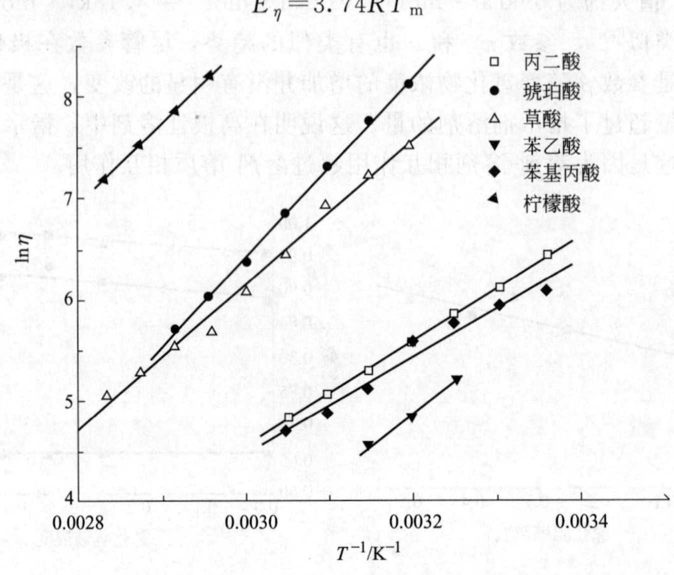

图 2.30 不同类离子液体黏度的对数与温度的倒数之间的关系

该类类离子液体的电导率为 0.1～10mS·cm^{-1}，类似于咪唑类离子液体[69]和尿素-氯化胆碱类离子液体。该类类离子液体电导活化能范围为 29～54kJ·mol^{-1}，这些值大于熔融盐的相应值。黏流活化能和电导活化能成反比。草酸-氯化胆碱类离子液体在 45℃时的最高电导率和最低黏度都在低共熔组成点上(摩尔分数 50%的草酸)，电导率和黏度的倒数呈线性关系。不同类离子液体电导率与黏度倒数的关系见图 2.31。

(3) 羧酸-氯化胆碱类离子液体的表面张力　丙二酸-氯化胆碱和苯乙酸-氯化胆碱的表面张力分别为 65.68mN·m^{-1}和 41.86mN·m^{-1}，类似于咪唑类离子液体和高温熔融盐。应用空穴理论计算了丙二酸-氯化胆碱的平均空穴尺寸半径为 1.32Å，而胆碱阳离子的半径为 3.29Å，KBr 在 900℃平均空穴半径尺寸为 2.1Å，阳离子半径 1.3Å[26,36]；(BMIM) BF_4 平均空穴尺寸为 1.57Å，而阳离子半径为 3.55Å，这说明高温熔融盐和离子液体、类离子液体的性质有很大不同。离子液体、类离子液体的离子半径和空穴半径之比大于熔融盐。

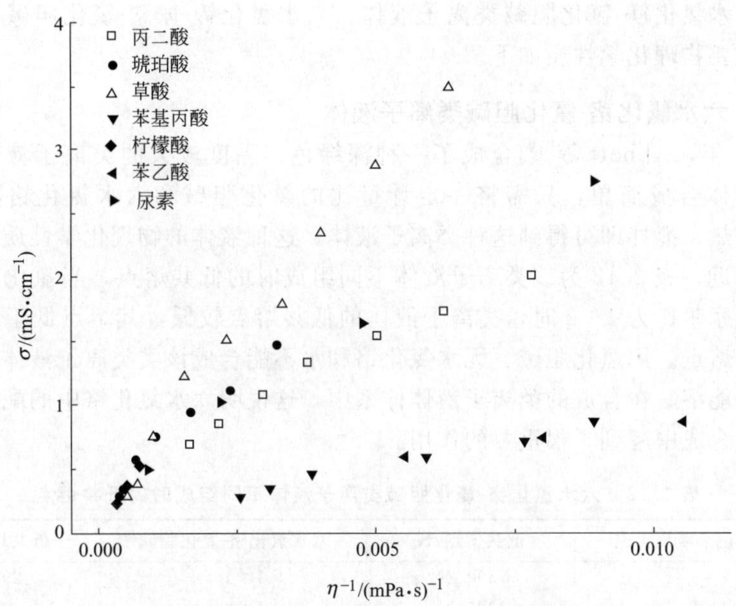

图 2.31 不同类离子液体电导率与黏度倒数的关系

(4) 羧酸-氯化胆碱类离子液体的溶解性 类离子液体具有良好的溶解性，可以溶解许多有机和无机物质，如在尿素-氯化胆碱类离子液体中可以溶解氯化锂等氯化物[1]。原则上类离子液体通过改变有机化合物和组分的摩尔比例可以调节其物理化学性质。在羧酸-氯化胆碱类离子液体中可以溶解许多金属氧化物。

表 2.11 50℃时 ZnO、CuO、Fe_3O_4 在类离子液体中的溶解度

项目	溶解度/($mol \cdot dm^{-3}$)		
	CuO	Fe_3O_4	ZnO
丙二酸：氯化胆碱(1：1)	0.246	0.071	0.554
草酸：氯化胆碱(1：1)	0.071	0.341	0.491
苯基丙酸：氯化胆碱(2：1)	0.473	0.014	>0.491

表 2.11 中为氧化锌、氧化铜和四氧化三铁在三种类离子液体中 50℃时的溶解度，这三种氧化物在类离子液体中的溶解度虽然都很高，但有很大的不同，四氧化三铁在草酸中的溶解度最大，是在苯丙酸中的 20 倍；相反氧化铜在这两种类离子液体的溶解度正好相反。类离子液体的溶解性可以应用在微萃取和金属氧化物的溶解过程中。

2.2.2 水合盐类类离子液体

本章介绍的典型水合盐类类离子液体主要包括六水氯化铬-氯化胆碱类离子

液体、六水氯化镁-氯化胆碱类离子液体、六水氯化镍-尿素-氯化胆碱类离子液体，其主要物理化学性质如下。

2.2.2.1 六水氯化铬-氯化胆碱类离子液体

2004 年，Abbott 等[13]合成了一种深绿色、黏度较大的类离子液体。此类类离子液体合成简单，只需将一定计量比的氯化胆碱和六水氯化铬混合，在70℃下加热、搅拌即可得到这种类离子液体。这种液体的物理化学性质和离子液体非常相近。表 2.12 为该类离子液体不同组成时的低共熔点，当氯化胆碱和六水氯化铬摩尔比为 1∶2 时，类离子液体的低共熔点较低，其熔点低于其中的任一组成的熔点。用氯化胆碱、无水氯化铬和水不能合成该类类离子液体。无水氯化铬也不能溶解在合成的类离子液体体系中，这说明六水氯化铬中的配位水在类离子液体合成中起到了很重要的作用。

表 2.12 六水氯化铬-氯化胆碱类离子液体不同组成时的低共熔点

六水氯化铬-氯化胆碱	低共熔点/K	六水氯化铬-氯化胆碱	低共熔点/K
1∶1	300.2	1∶1.5	290.3
1∶2	286.9	1∶2.5	292.6
1∶3	321.5	—	—

六水氯化铬-氯化胆碱类离子液体的物理性质随温度和组成急剧变化。温度高于 65～70℃，类离子液体的颜色变为紫色，说明铬周围的配位环境发生了改变。热分析显示这种类离子液体失水分两个阶段，第一阶段在 85℃，对应失去 3 个水，这比六水氯化铬失去前三个水的温度要高；第二阶段在 180℃，对应失去另外三个水。温度高于 270℃类离子液体中的胆碱阳离子发生分解，在 500～1000℃类离子液体体系的质量没有发生明显的变化。

图 2.32 为六水氯化铬-氯化胆碱类离子液体黏度随温度和组成的变化，其黏度较大，最高达 7000mPa·s，随着六水氯化铬摩尔分数的增加而降低，随着温度的升高而降低。根据黏度和温度关系公式可以求出黏流活化能及其相关系数，如表 2.13。

表 2.13 黏流活化能 E_η 和电导活化能 E 随组成的变化及相关拟合系数

$CrCl_3 \cdot 6H_2O$-ChCl	$E_\eta/(kJ \cdot mol^{-1})$	r	$E/(kJ \cdot mol^{-1})$	$-r$
1∶1	58.5	0.997	43.7	0.999
1∶1.5	55.5	0.994	50.5	0.995
1∶2	54.2	0.998	41.2	0.996
1∶2.5	52.4	0.996	40.6	0.992
1∶3	—	—	37.8	0.999

根据 E_η 和熔点 T_m 的经验公式(2.16)[26]：

$$E_\eta = 3.74RT_m \tag{2.16}$$

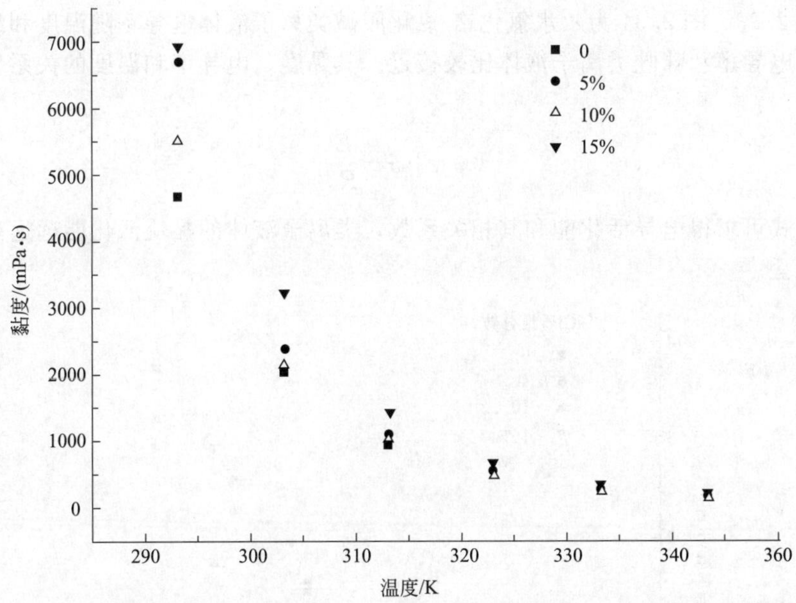

图 2.32　六水氯化铬-氯化胆碱类离子液体黏度随温度和组成（质量分数）的变化

这个经验公式适合高温熔融盐体系[26]。但是根据此公式求出的类离子液体 E_η 约为 $9\text{kJ}\cdot\text{mol}^{-1}$，远远小于表 2.13 中所求的数值。这种情况类似于离子液体[70]，这说明此经验公式不适合类离子液体和离子液体。这可能是由于在类离子液体和离子液体中离子尺寸比较大。

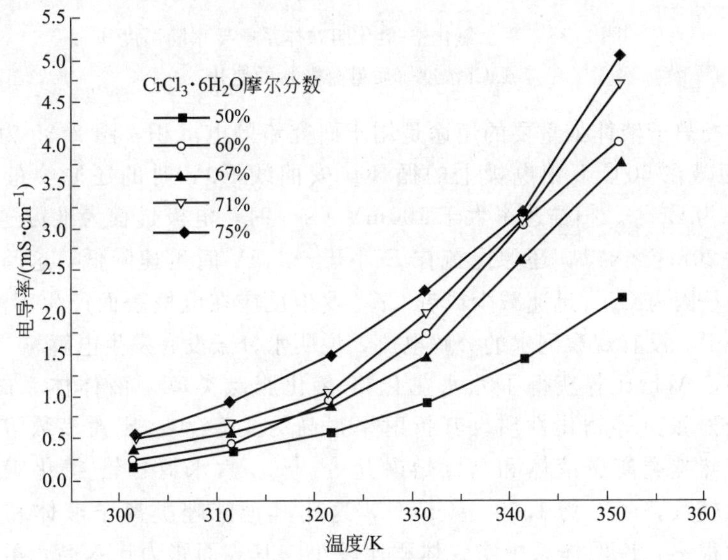

图 2.33　六水氯化铬-氯化胆碱体系电导率随温度和组成（摩尔分数）的变化

图 2.33、图 2.34 为六水氯化铬-氯化胆碱类离子液体电导率随温度和组成的变化，电导率和咪唑类离子液体比较接近。其黏度、电导率和温度的关系符合公式(2.17)：

$$\ln\sigma=\ln\sigma-\frac{E_{\sigma}}{RT} \tag{2.17}$$

根据公式可求得电导活化能和其相关系数，类离子液体的黏流活化能远远高于高温熔融盐。

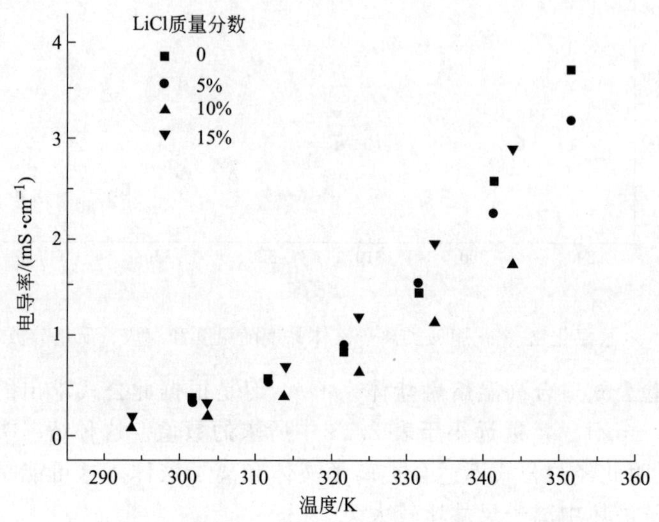

图 2.34　六水氯化铬-氯化胆碱体系电导率随温度和LiCl浓度（质量分数）的变化

含铬类离子液体最重要的用途是用于研究铬的电沉积，图 2.35 为六水氯化铬-氯化胆碱在 60℃下铂电极上的循环伏安曲线，0V 时的还原峰最有可能为 Cr^{3+} 还原为 Cr^{2+}。扫描速率大于 100mV·s^{-1}时，电极过程为准可逆过程。扫描速率为 20mV·s^{-1}，还原电流在 E 小于－0.5V 时迅速降低，这暗示电极发生钝化，是因为 Cr^{2+} 迅速减少或者 Cr^{2+} 发生反应在电极表面产生不溶性产物。在此过程中，没有观察到水的分解电流，说明水分子没有发生电解。

此外，Abbott 等获得了六水氯化铬-氯化胆碱类离子液体体系的折射率、密度和表面张力等物化性质。其折射率很高为 1.5470，比大多数溶剂大，类似于许多咪唑类离子液体和高温熔融盐[71~73]。六水氯化铬-氯化胆碱体系的密度也比较大，60℃为 1.54g·cm^{-3}，这比其他咪唑类离子液体和其他类离子液体大很多，说明体系中空穴体积比较小。其表面张力比水高，类似于高温熔融盐。

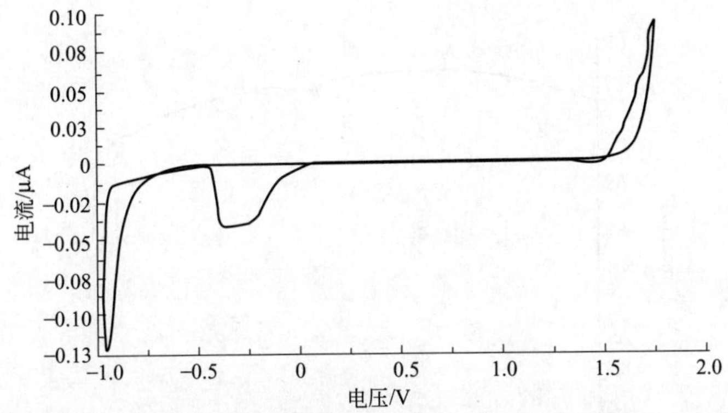

图 2.35 六水氯化铬-氯化胆碱在 60℃下铂电极上的循环伏安曲线

2.2.2.2 六水氯化镁-氯化胆碱类离子液体

Jia 等[12]合成了六水氯化镁-氯化胆碱类离子液体，并对体系的熔点、黏度、电导率和密度等物理化学性质等基本数据进行了测定。

(1) 六水氯化镁-氯化胆碱的熔点 利用低温差示扫描量热法测定了不同摩尔比的六水氯化镁-氯化胆碱类离子液体的熔点，温度范围为−50～50℃，升温速率 5℃/min。图 2.36 为测定的熔点图。

图 2.36 和表 2.14 是六水氯化镁-氯化胆碱类离子液体的不同组成时的熔点。低共熔点决定了这类类离子液体应用于其他领域的最低温度。类离子液体的熔点比其中的任一组分的熔点都低（氯化胆碱 575K，六水氯化镁 389K），这是因为在类离子液体体系中形成了 O—H---O 氢键，导致晶格能降低，所以熔点降低。该类离子液体的最低熔点 289.30K。类离子液体室温条件下为无色、均一和黏稠的液体。以氯化胆碱，无水氯化镁和等量的水不能合成该类类离子液体。结晶水在此类离子液体中以结合水的形式存在，并起着非常重要的作用。

表 2.14 不同组分的六水氯化镁-氯化胆碱类离子液体的熔点

六水氯化镁-氯化胆碱	熔点/K
1∶1	289.30
1∶1.5	291.50
1∶2	317.17

(2) 六水氯化镁-氯化胆碱类离子液体的黏度（图 2.37）

六水氯化镁-氯化胆碱类离子液体的黏度范围为 10～105mPa·s。此类离子液体的黏度较小，是由于在六水氯化镁-氯化胆碱体系中，结晶水起到了关键的作用。随着温度的不断升高，该类离子液体的布朗运动加剧，减弱了类离子液体体系中的氢键作用，导致其流动性增加，黏度降低。随着六水氯化镁摩尔浓度的增加，在类离子液体体系中，更多的结晶水与体系中的阴离子形成氢键，从而导致类离子液体的黏度逐渐增加。表 2.15 为黏流活化能和电导活化能随组成的变化及相关拟合系数，表 2.16 为六水氯化镁-氯化胆碱类离子液体的热力学函数。

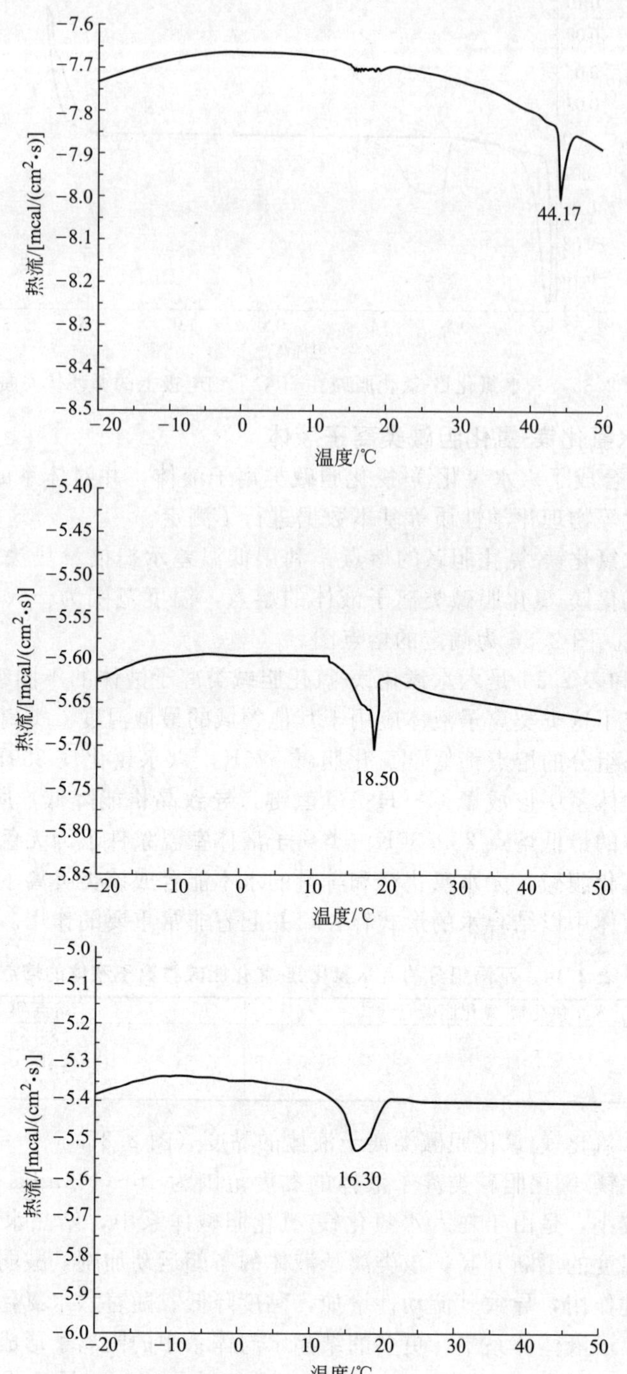

图 2.36　六水氯化镁-氯化胆碱摩尔比分别为 1∶1，1∶1.5，1∶2 时的熔点

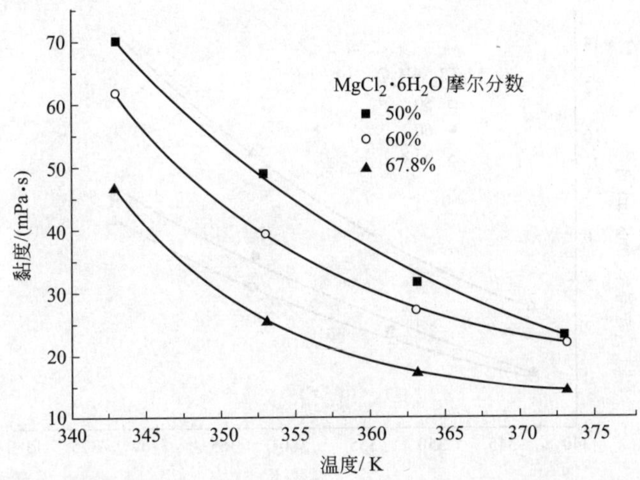

图 2.37 类离子液体六水氯化镁-氯化胆碱的黏度随温度和组成的变化

表 2.15 黏流活化能 E_η 和电导活化能 E 随组成的变化及相关拟合系数

$MgCl_2 \cdot 6H_2O$-ChCl	$E_\eta/(kJ \cdot mol^{-1})$	r	$E/(kJ \cdot mol^{-1})$	r
1∶1	41.819	0.998	136.4	0.953
1∶1.5	38.599	0.986	116.6	0.961
1∶2	44.200	0.973	132.3	0.935
1∶2.5	53.397	0.997	183.7	0.925

表 2.16 六水氯化镁-氯化胆碱类离子液体的热力学函数 ΔH_m^*，ΔS_m^*，ΔG_m^* 和相关系数（r）

六水氯化镁-氯化胆碱	$\Delta H_m^*/(kJ \cdot mol^{-1})$	$T\Delta S_m^*/(kJ \cdot mol^{-1})$	$\Delta G_m^*/(kJ \cdot mol^{-1})$	r
1∶2	32.258	−53.642	85.9	0.9993

（3）六水氯化镁-氯化胆碱类离子液体的电导率（图 2.38）

六水氯化镁-氯化胆碱类离子液体的电导率范围为 $0.031 \sim 14.4 mS \cdot cm^{-1}$。该类离子液体体系电导率大小与尿素-氯化胆碱，乙二醇-氯化胆碱[21,22]和基于磷酸盐[32]的类离子液体很相似。此类离子液体的黏度比已报道的六水氯化铬-氯化胆碱类离子液体的黏度小。高黏度可降低带电离子在液体中的迁移速率，因此随着黏度的增加，电导率逐渐下降（图 2.39），六水氯化镁-氯化胆碱类离子液体电导率对数与黏度倒数之间呈现很好的线性关系。

（4）六水氯化镁-氯化胆碱的密度　六水氯化镁-氯化胆碱类离子液体的密度随温度的逐渐升高而降低（图 2.40），随着六水氯化镁含量的增加而增大（图 2.41）。该类离子液体在 363K 条件下，其密度为 $1.1253 \sim 1.3720 g \cdot cm^{-3}$。

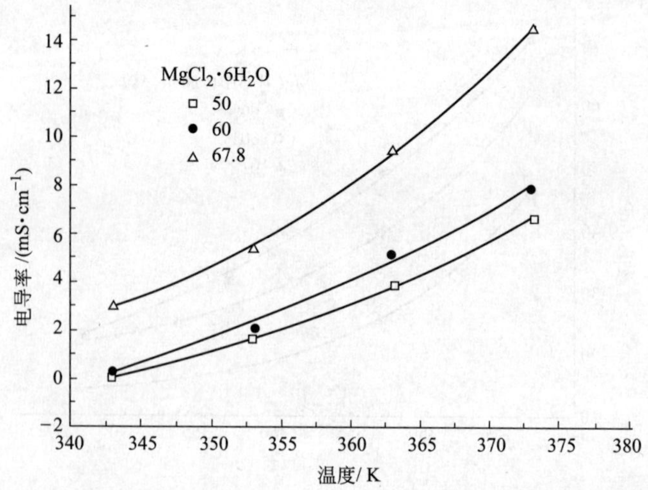

图 2.38 类离子液体 $MgCl_2 \cdot 6H_2O$-ChCl 的电导率随温度和组成（摩尔分数）的变化

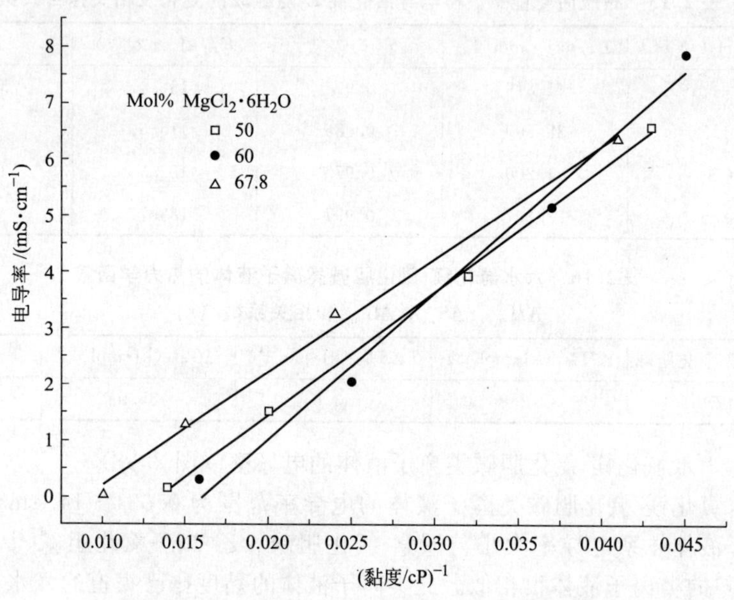

图 2.39 六水氯化镁-氯化胆碱类离子液体电导率和黏度倒数的关系图

2.2.2.3 六水氯化镍-尿素-氯化胆碱类离子液体

Jia 等[74]报道了氯化胆碱、尿素和六水氯化镍合成的不同比例、均一的类离子液体。研究了这类类离子液体的黏度、电导率、密度和热稳定性等物理化学性质。并计算了该类离子液体的热膨胀系数、ΔG^*、ΔH^* 和 ΔS^* 等热力学参数。

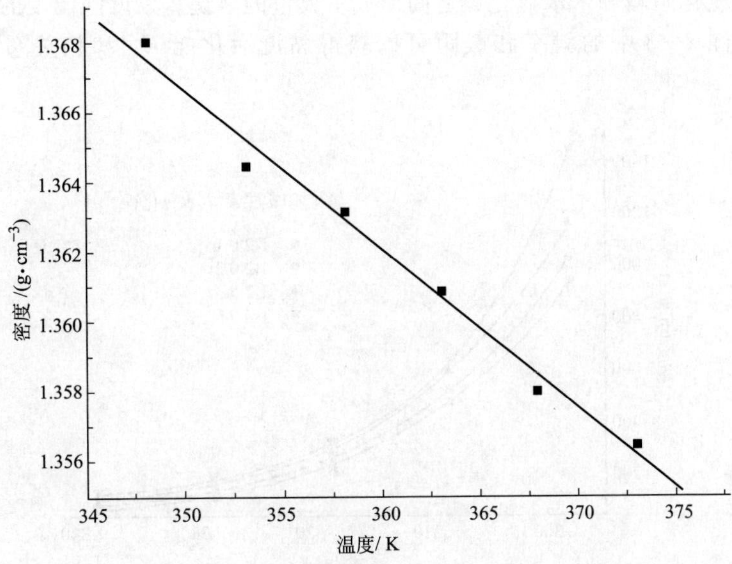

图 2.40　类离子液体六水氯化镁-氯化胆碱的密度随温度的变化（摩尔比为 1∶2）

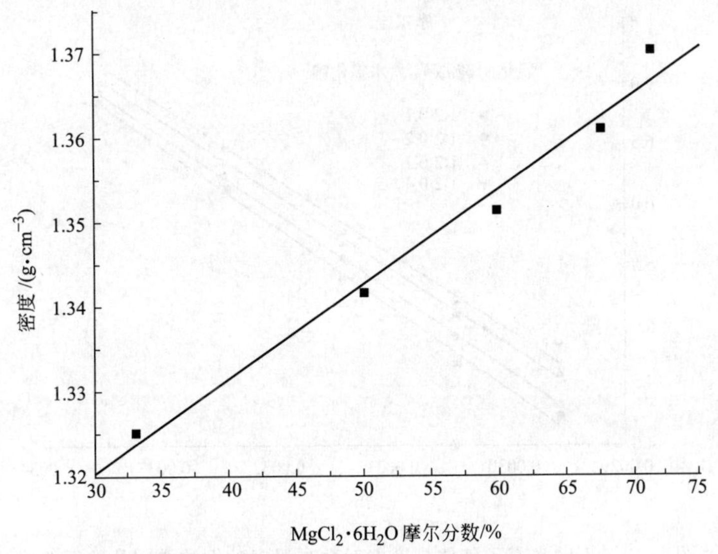

图 2.41　类离子液体的密度随六水氯化镁含量的变化

（1）六水氯化镍-尿素-氯化胆碱的黏度（图 2.42）

类离子液体的黏度主要由范德华力和氢键决定，静电引力也起一定作用，这类离子液体的黏度比尿素-氯化胆碱[20]的黏度要低，说明配位水在类离子液体中起着非常关键的作用，类离子液体的黏度随六水氯化镍摩尔分数的增加而增加，是因为在氯化胆碱和六水氯化镍之间形成了大量的氢键。黏度随温度的变化如图 2.42，从图 2.43 中的斜率和截距可以获得黏流活化能 E_η 和相关系数，列于表 2.17。

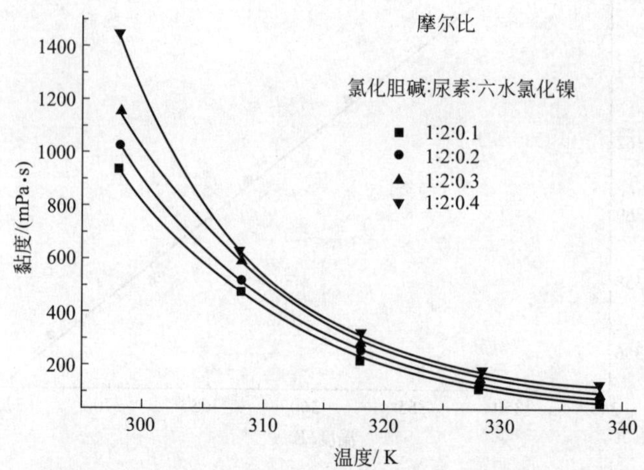

图 2.42　六水氯化镍-尿素-氯化胆碱类离子液体黏度随温度及含量的变化

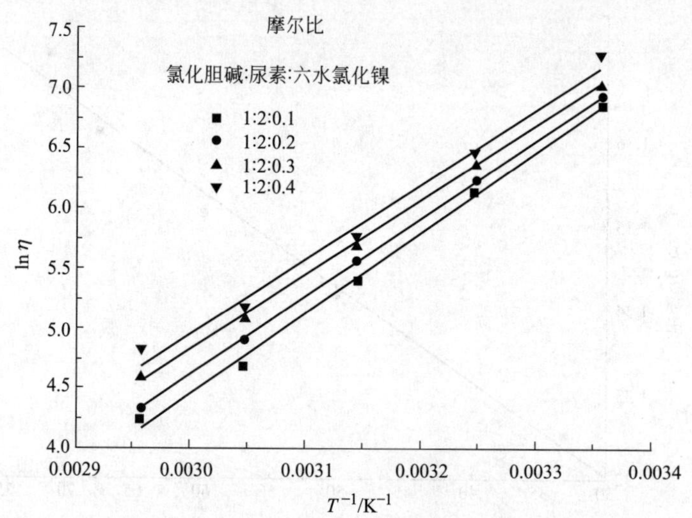

图 2.43　不同类离子液体黏度的对数与温度的倒数之间的关系曲线

表 2.17　黏流活化能 E_η 和电导活化能 E 随组成的变化及相关拟合系数

六水氯化镍-尿素-氯化胆碱	E_η/(kJ×mol^{-1})	r	E/(kJ·mol^{-1})	r
1∶2∶0.1	55.973	0.995	4.378	0.998
1∶2∶0.2	54.426	0.999	3.998	0.994
1∶2∶0.3	51.926	0.998	4.093	0.987
1∶2∶0.4	52.231	0.984	4.095	0.999

该类离子液体的黏流活化能和黏度成反比，黏流活化能可作为设计低黏度类离子液体的一个参数。

离子液体的黏度受温度的影响很大，同时表现出 Arrhenius 行为。根据相应的公式，可求出熵变、焓变和吉布斯自由能变等热力学参数见表 2.18。

表 2.18　$NiCl_2 \cdot 6H_2O$-尿素-氯化胆碱的熵变、焓变和吉布斯自由能变

六水氯化镍-尿素-氯化胆碱	ΔH_m^*/(kJ·mol^{-1})	$T\Delta S_m^*$/(kJ·mol^{-1})	ΔG_m^*/(kJ·mol^{-1})	r
1∶2∶0.1	56.432	24.777	81.209	0.9948
1∶2∶0.2	54.981	26.431	81.412	0.9887
1∶2∶0.3	51.988	29.653	81.641	0.9981

(2) 六水氯化镍-尿素-氯化胆碱电导率　这类类离子液体的黏度和电导率受季铵盐的影响，如图 2.44 所示。在测量的温度和组成范围内，电导率为0.031～14.40mS·cm^{-1}，这种类离子液体的电导率与尿素-氯化胆碱类离子液体[20]相近，大于甘油-氯化胆碱[22]、六水氯化铬-氯化胆碱[13]和基于磷酸盐的类离子液体。

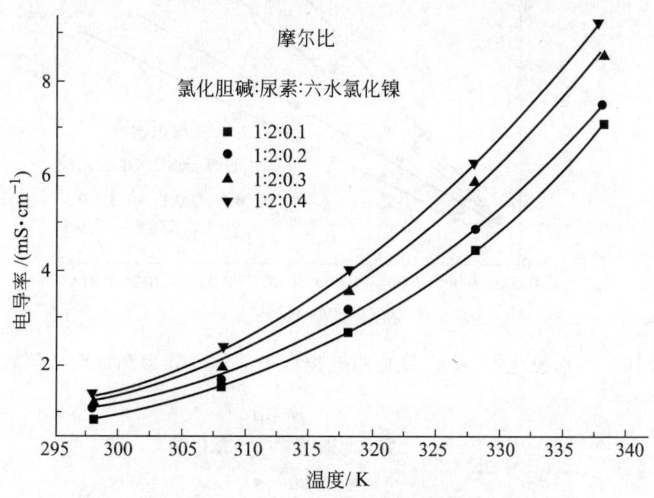

图 2.44　六水氯化镍-尿素-氯化胆碱类离子液体电导率随温度及组成的变化

六水氯化镍-尿素-氯化胆碱类离子液体电导率和温度倒数呈线性关系（图 2.45）。该类离子液体的电导活化能及相关系数可依据此线性关系计算求得。该类离子液体的电导活化能高于六水氯化镁-氯化胆碱[12]类离子液体，与六水氯化铬-氯化胆碱[13]类离子液体相似。图 2.46 显示电导率和黏度的倒数呈线性关系。

(3) 六水氯化镍-尿素-氯化胆碱的密度　图 2.47 为该类离子液体密度随温度和组成的变化，在 298.15～338.15K 温度范围内，该类离子液体的密度为 1.2188～1.3170g·cm^{-3}。

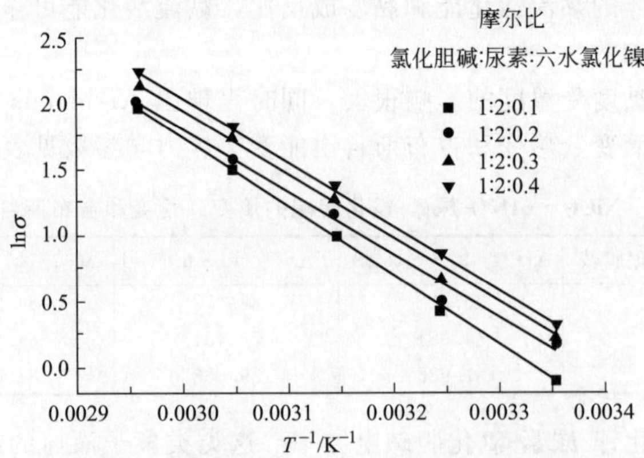

图 2.45 六水氯化镍-尿素-氯化胆碱类离子液体电导率对数与温度倒数的关系

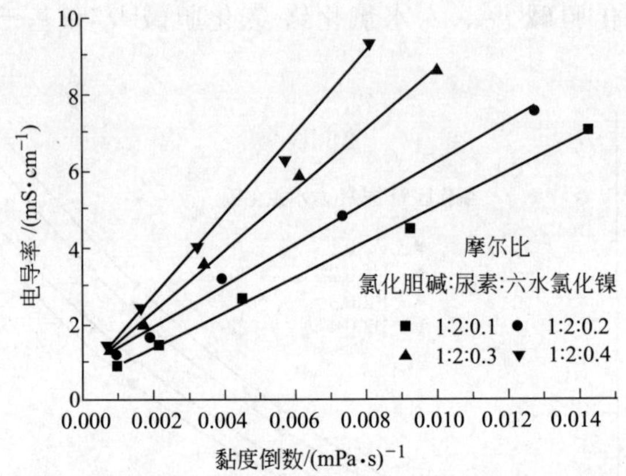

图 2.46 六水氯化镍-尿素-氯化胆碱类离子液体电导率和黏度的倒数关系

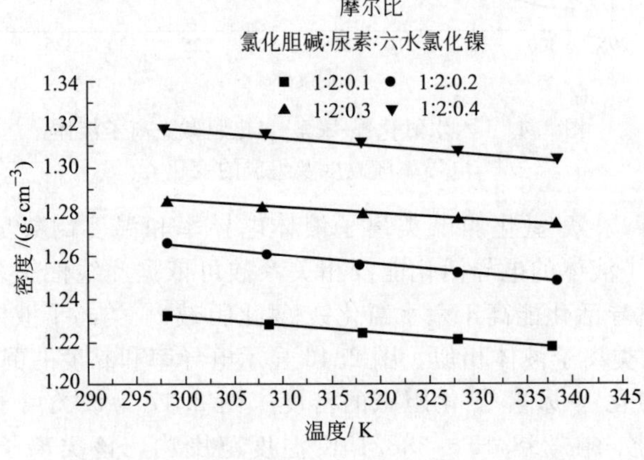

图 2.47 六水氯化镍-尿素-氯化胆碱类离子液体密度随温度与组成的变化

(4) 六水氯化镍-尿素-氯化胆碱的热稳定性 六水氯化镍-尿素-氯化胆碱类离子液体的热稳定分析（图 2.48）表明，类离子液体在 215℃之前几乎没有失重，说明该类离子液体从室温至 215℃范围内是稳定的。

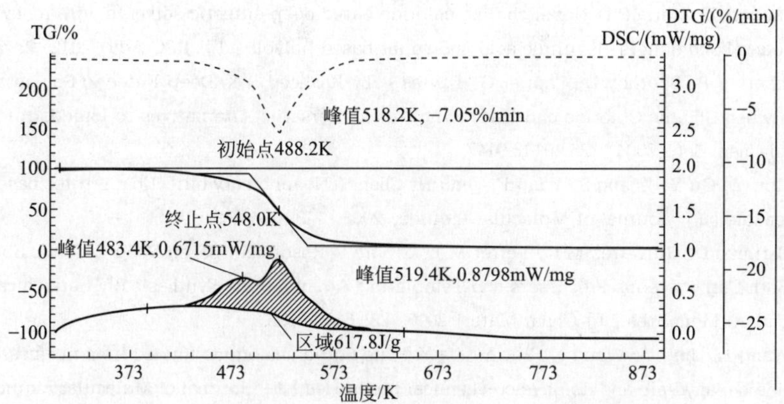

图 2.48 六水氯化镍-尿素-氯化胆碱类离子液体的热稳定性

本章重点介绍了类离子液体的物理化学性质，并对类离子液体物理化学性质的影响因素进行了全面、系统的分析和总结。在此基础上，有代表性地介绍了几种典型的类离子液体的物理化学性质及其影响因素。与离子液体不同，类离子液体的物理化学性质与类离子体系中的氢键供体或水合盐存在一定的关系。体系中的氢键供体或水合盐能够与体系中的离子形成大量的氢键结构，从而对类离子液体的物理化学性质产生明显的影响。因此，在类离子液体设计、合成过程中，可以选择不同的氢键供体或水合盐，来合成所需的目标类离子液体。

参考文献

[1] Abbott A P, Capper G, Davies D L, Rasheed R K, Tambyrajah V. Novel solvent properties of choline chloride/urea mixtures [J]. Chem Commun, 2003: 70-71.

[2] Abbott A P, Davies D L, Capper G, Rasheed R K, Tambyrajah V. WO02 /26701A2, 2002.

[3] Shahbaz K, Mjalli F S, Hashim M A, AlNashef I M. Prediction of deep eutectic solvents densities at different temperatures [J]. Thermochim, 2011, 515: 67-72.

[4] Abbott A P, Cullis P M, Gibson M J, Harris R C, Raven E. Extraction of glycerol from biodiesel into a eutectic based ionic liquid [J]. Green Chem, 2007, 9: 868-872.

[5] Guo W, Hou Y, Ren S, Tian S, Wu W. Formation of deep eutectic solvents by phenols and choline chloride and their physical properties [J]. J Chem Eng Data, 2013, 58: 866-872.

[6] Hayyan A, Mjalli F S, AlNashef I M, Al-Wahaibi Y M, Al-Wahaibi T, Hashim M A. Glucose-based deep eutectic solvents: Physical properties [J]. Journal of Molecular Liquids, 2013, 178: 137-141.

[7] Mota-Morales J D, Gutierrez M, Ferrer M L, Sanchez I C, Elizalde-Pena E A, Pojman J A, Monte F D, Barcenas G L. Deep eutectic solvent s as both active fillers and monomers for frontal polymerization [J] . Journal of Polymer Science, Part A: Polymer Chemistry, 2013, 51: 1767-1773.

[8] Maugeri Z, Maria P D. Novel choline-chloride-based deep-eutectic-solvents with renewable hydrogen bond donors: levulinic acid and sugar-based polyols [J] . RSC Adv, 2012, 2: 421-425.

[9] Abbott A P, Boothby D, Capper G, Davies D L, Rasheed R K. Deep Eutectic Solvents Formed between Choline Chloride and Carboxylic Acids: Versatile Alternatives to Ionic Liquids [J] . J Am Chem Soc, 2004, 126: 9142-9147.

[10] Hou Y, Gu Y, Zhang S, Yang F, Ding H, Shan Y. Novel binary eutectic mixtures based on imidazole [J] . Journal of Molecular Liquids, 2008, 143: 154-159.

[11] Carriazo D, Gutiérrez M C, Ferrer M L, Monte F. Resorcinol-Based Deep Eutectic Solvents as Both Carbonaceous Precursors and Templating Agents in the Synthesis of Hierarchical Porous Carbon Monoliths [J] .Chem Mater, 2010, 22: 6146-6152.

[12] Wang H, Jing Y, Wang X, Yao Y, Jia Y. Ionic liquid analogous formed from magnesium chloride hexahydrate and its physico-chemical properties [J] . Journal of Molecular Liquids, 2011, 163: 77-82.

[13] Abbott A P, Capper G, Davies D L, Rasheed R K. Ionic liquid analogues formed from hydrated metal salts [J] . Chem Eur J, 2004, 10: 3769-3774.

[14] Rodgers R D, Seddon K R. Ionic liquids as green solvents: progress and prospects [J] . Washington, DC. American Chemical Society, 2003: 439-452.

[15] Frank E, Abbott A P, Douglas R M. Electrodeposition from ionic liquids [J] . Weinheim: Wiley-VCH. 2008: 83-123.

[16] Bonhote P, Dias A, Papageorgiou N, Kalyanasundaram K, Gra1tzel M. Hydrophobic, Highly Conductive Ambient-Temperature Molten Salts [J] . Inorg Chem, 1996, 35: 1168-1178.

[17] Endres F, Abedin S Z E. Air and water stable ionic liquids in physical chemistry [J] . Phys Chem Chem Phys, 2006, 8: 2101-2116.

[18] 王军. 离子液体的性能及应用 [M] . 北京：中国纺织出版社，2007.

[19] Abbott A P, Barron J C, Ryder K S, Wilson D. Eutectic-based ionic liquids with metal-containing anions and cations [J] . Chem Eur J, 2007, 13: 6495-6501.

[20] Abbott A P, Harris R C, Ryder K S. Application of hole theory to define ionic liquids by their transport properties [J] . J Phys Chem B, 2007, 111: 4910-4913.

[21] Ciocirlan O, Iulian O, Croitoru O. Effect of temperature on the physico-chemical properties of three ionic liquids containing choline chloride [J] . Ev Chim(Bucharest), 2010, 61: 721-723.

[22] Abbott A P, Harris R C, Ryder K S, Agostino C D, Gladden L F, Mantle M D. Glycerol eutectics as sustainable solvent systems [J] . Green Chem, 2011, 13: 82-90.

[23] Yue D, Jing Y, Sun J, Wang X, Jia Y. Structure and ion transport behavior analysis of ionic liquid analogues based on magnesium chloride [J] . Journal of Molecular Liquids, 2011, 158: 124-130.

[24] Yue D, Jing Y, Ma J, Yao Y, Jia Y. Physicochemical properties of ionic liquid analogue containing magnesium chloride as temperature and composition dependence [J] . J Therm Anal Calorim, 2012, 110: 773-780.

[25] 王怀有，景燕，吕学海，尹刚，王小华，姚颖，贾永忠. 含氯化镁的类离子液体结构和物理化学性质

[J]. 化工学报, 2012, 62(S2): 21-25.

[26] Bockris J O M, Reddy A K N. Modern Electrochemistry. Plenum: New York, 1970: Chapter 6.

[27] Eyring H, John M S. Significant liquid structure. Wiley: New York, 1969.

[28] Martins R J, Marcio J E, Cardoso M, Barcia O E. Excess gibbs free energy model for calculating the viscosity of binary liquid mixtures [J]. Ind Eng Chem Res, 2000, 39: 849-854.

[29] 张锁江, 吕兴梅. 离子液体-从基础研究到工业应用 [M]. 北京: 科学出版社, 2006.

[30] Dzyuba S V, Bartsch R A. Influence of structural variations in 1-alkyl (aralkyl)-3-methylimidazolium hexafluorophosphates and bis(trifluoro Methyl sulfonyl) imides on physical properties of the ionic liquids [J]. Chem. Phys. Chem, 2002, 3: 161-166.

[31] Popescu A M, Constantin V, Florea A, Baran A. Physical and electrochemical properties of 2-hydroxy-ethyl-trimethyl ammonium chloride based ionic liquids as potential electrolytes for metals electrodeposition [J]. Rev Chim (Bucharest), 2011, 62: 531-537.

[32] Kareem M A, Mjalli F S, Hashim M A, AlNashef I M. Phosphonium-based ionic liquids analogues and their physical properties [J]. J Chem Eng Data, 2010, 55: 4632-4637.

[33] Leron R B, Wong D S H, Li M H. Densities of a deep eutectic solvent based on choline chloride and glycerol and itsaqueous mixtures at elevated pressures [J]. Fluid Phase Equilibria, 2012, 335: 32-38.

[34] Leron R B, Li M. High-pressure density measurements for choline chloride: Urea deep eutectic solvent and its aqueous mixtures at T = (298.15 to 323.15) K and up to 50 MPa [J]. J Chem Thermodynamics, 2012, 54: 293-301.

[35] Harris R C. Physical properties of alcohol based deep eutectic solvents. Department of Chemistry University of Leicester, 2008.

[36] Janz G J. Molten Salt Handbook. Academic Press: New York, 1967.

[37] Klomfar J, Souckova M, Patek J. Surface tension measurements with validated accuracy for four 1-alkyl-3-methylimidazolium based ionic liquids [J]. J Chem Thermodyn, 2010, 42, 323-329.

[38] Kauffman G W, Jurs P C. Prediction of surface tension, viscosity, and thermal conductivity for common organic solvents using quantitative structure-property relationships [J]. J Chem Inf Comput Sci, 2001, 41 (2): 408-418.

[39] Law G, Watson P R. Surface tension measurement of N-alkyl-imidazolium ionic liquid [J]. Langmuir, 2001, 17 (20): 6138-6141.

[40] Wasserscheid P, Keim W. Ionic liquids-new solutions for transition metal catalysis [J]. Angew Chem Int Ed, 2000, 39 (21): 3772-3789.

[41] Abbott A P, Capper G, Davies D L, Rasheed R K, Shikotra P. Selective extraction of metals from mixed oxide matrixes using choline-based ionic liquids [J]. Inorg Chem, 2005, 44(19): 6497-6499.

[42] Abbott A P, Capper G, Davies D L, McKenzie K J, Obi S U. Solubility of Metal Oxides in Deep Eutectic Solvents Based on Choline Chloride [J]. J Chem Eng Data, 2006, 51 (4): 1280-1282.

[43] Li X Y, Hou M Q, Han B X, Wang X, Zou L. Solubility of CO_2 in a choline chloride plus urea eutectic mixture [J]. J Chem Eng Data, 2008, 53 (2): 548-550.

[44] María F, Adriaan B, Lawien F Z, Peters C J, Maaike C K. New low transition temperature mixture(LTTM) formed by choline chloride+ lactic acid: Characterization as solvent for CO_2 capture [J]. Fluid Phase Equilibria, 2013, 340: 77-84.

[45] Leron R B, Li M H. Solubility of carbon dioxide in a choline chloride-ethylene glycol based deep eutectic solvent [J]. Thermochimica Acta, 2013, 551, 14-19.

[46] Leron R B, Li M. Solubility of carbon dioxide in a eutectic mixture of choline chloride and glycerol at moderate pressures [J]. J Chem Thermodynamics, 2013, 57: 131-136.

[47] Leron R B, Caparanga A, Li M. Carbon dioxide solubility in a deep eutectic solvent based on choline chloride and urea at T = (303.15-343.15) K and moderate pressures [J]. Journal of the Taiwan Institute of Chemical Engineers, 2013, 44, 879-885.

[48] Liu B, Wei F, Zhao J, Wang Y. Characterization of amide-thiocyanates eutectic ionic liquids and their application in SO_2 absorption [J]. RSC Adv, 2013, 3: 2470-2476.

[49] Wang H, Jia Y, Wang X, Ma J, Jing Y. Physico-chenical properties of magnesium ionic liquid analogous [J]. J Chil Chem Soc, 2012, 57(3): 1208-1211.

[50] Morrison H G, Sun C C, Neervannan S. Characterization of thermal behavior of deep eutectic solvents and their potential as drug solubilization vehicles. International Journal of Pharmaceutics [J]. 2009, 378: 136-139.

[51] Schroeder U, Wadhawan J. Water-introduce accelerated ion diffusion: voltammetric studies in 1-methyl-3- [2,6-(S)-dimethylocten-2-yl] imidazolium tetrauoroborate, 1-butyl-3-methylimidazolium tetrauoroborate and hexaauor ophosphhate ionic liquids [J]. New J Chem, 2000, 24: 1009-1015.

[52] Seddon K R, Stark A, Torres M J. Influence of chloride, water, and organic solvents on the physical properties of ionic liquids [J]. Pure Appl Chem, 2000, 72(12): 2275-2287.

[53] Figueiredo M, Gomes C, Costa R, Martins A, Pereira C M, Silva F. Differential capacity of a deep eutectic solvent based on choline chloride and glycerol on solid electrodes [J]. Electrochimica Acta. 2009, 54: 2630-2634.

[54] Leron R B, Li M. Molar heat capacities of choline chloride-based deep eutectic solvents and their binary mixtures with water [J]. Thermochimica Acta. 2012, 530: 52-57.

[55] Wu S, Alvin R C, Rhoda B L, Li M. Vapor pressure of aqueous choline chloride-based deep eutectic solvents (ethaline, glyceline, maline and reline) at 30-70℃. Thermochimica Acta, 2012, 544: 1-5.

[56] Shahbaz K, Ghareh B F S, Mjalli F S, AlNashef I M, Hashim M A. Prediction of refractive index and density of deep eutectic solvents using atomic contributions [J]. Fluid Phase Equilibria, 2013, 354: 304-311.

[57] Costa R, Figueiredo M, Pereira C M, Silva F. Electrochemical double layer at the interfaces of Hg/choline chloride based solvents [J]. Electrochimica Acta, 2010, 55: 8916-8920.

[58] Shahbaz K, Mjalli F S, Hashima M A, AlNashef I M. Prediction of the surface tension of deep eutectic solvents [J]. Fluid Phase Equilibria, 2012, 319: 48-54.

[59] Shahbaz K, Baroutianb S, Mjalli F S, Hashima M A, AlNashef I M. Densities of ammonium and phosphonium based deep eutectic solvents: Prediction using artificial intelligence and group contribution techniques [J]. Thermochimica Acta, 2012, 527: 59-66.

[60] Shahbaz K, Mjalli F S, Hashim M A, AlNashef I M. Prediction of deep eutectic solvents densities at different temperatures [J]. Thermochimica Acta, 2011, 515: 67-72.

[61] Ghareh Bagha F S, Shahbazb K, Mjalli F S, AlNashef I M, Hashim M A. Electrical conductivity of ammonium and phosphonium based deepeutectic solvents: Measurements and artificial intelligence-basedprediction. Fluid Phase Equilibria, 2013, 356: 30-37.

[62] Abbott A P, Capper G, Davies D L, Munro H L, Rasheed R K, Tambyrajah V. Preparation of novel, moisture-stable, Lewis-acidic ionic liquids containing quaternary ammonium salts with functional side chains [J]. Chem Commun, 2001, 19: 2010-2011.

[63] Welton T. Room-temperature ionic liquids. Solvents for synthesis and catalysis [J]. Chem. Rev. 1999, 99: 2071-2083.

[64] Yue D, Jia Y, Wang H, Sun J, Jing Y. Structure, physical properties and transport behavior of ionic liquid analogue based on choline chloride and glycerol. (Under review)

[65] Han J, Wu J S, Wang L S. Measurement and correlation of solubility of benzenephosphonic acid in water. Liaoning Chemical Industry [J]. 2006, 6(35): 363-365.

[66] Abbott A P. Application of Hole Theory to the Viscosity of Ionic and Molecular Liquids [J]. Chem Phys Chem, 2004, 5: 1242-1246.

[67] Abbott A P, Capper G, Gray S. Design of Improved Deep Eutectic Solvents Using Hole Theory [J]. Chem Phys Chem, 2006, 7: 803-806.

[68] Po'polo M G D, Kohanoff J, Lynden-Bell R M, Solvation Structure and Transport of Acidic Protons in Ionic Liquids: A First-principles Simulation Study [J]. J Phys Chem B, 2006, 110 (17): 8798-8803.

[69] Wasserscheid P, Keim W. Ionic liquids-new "solutions" for transition metal catalysis [J]. Angew Chem Int Ed, 2000, 39: 3772-3789.

[70] Branco L C, Crespo J G, Afonso C A M. Studies on the selective transport of organic compounds by using ionic liquids as novel supported liquid membranes [J]. Chem Eur J, 2002, 8: 3865-3871.

[71] Riddick J A, Bunger W B, Sakano T K. Organic Solvents: Solvent Properties and Methods of Purification, 4th ed. Wiley, New York, 1986.

[72] Huddleston J G, Visser A E, Reichert W M, Willauer H D, Broker G A, Rogers R D. Characterization and comparison of hydrophilic and hydrophobic room temperature ionic liquids incorporating the imidazolium cation [J]. Green Chem, 2001, 3: 156-164.

[73] Janz G. J. Molten Salt Handbook. Academic Press. New York, 1967.

[74] Wang H, Jia Y, Wang X, Yao Y, Jing Y. Physical-chemical properties of nickel analogs ionic liquid based on choline chloride [J]. J Therm Anal Calorim, 2014, 115: 1779-1785.

第3章

类离子液体结构的表征和解析

不同于离子液体由单一的阴阳离子组成，类离子液体中除含有阴阳离子外，还存在一定比例的中性配体。由于中性配体的存在，类离子液体内部形成了阴阳离子和氢键网络共存的复杂结构。这导致类离子液体的一些物理化学性质，如密度、熔点、电导率和溶解性等类似于离子液体，又异于离子液体，其应用范围相比离子液体更为广泛。对类离子液体的结构进行深入研究，将有助于探究该类体系物化性质变化的内在规律和本质原因，推动该类体系的广泛应用。

类离子液体的结构与离子液体有相似之处，研究离子液体结构的手段和方法同样适用于类离子液体结构的研究。目前对离子液体的结构研究主要采用核磁共振、红外光谱和拉曼光谱等技术手段和理论计算方法，其中以核磁共振和红外光谱居多。除去上述的方法以外，在类离子液体结构研究中，电化学法、质谱法和紫外可见光谱法等手段也得到了较多的应用。本章将主要介绍类离子液体表征手段以及典型类离子液体的结构解析，类离子液体结构的理论计算方法将在第6章中论述。

3.1 类离子液体结构表征手段

3.1.1 核磁共振

核磁共振波谱学的研究以原子核自旋为探针，可详尽反映原子核周围化学环境的变化，是研究分子结构、构型构象、分子动态等的方法之一。核磁共振波谱学不仅可以用来对各种有机物和无机物的结构、成分进行定性分析，而且还可以用于定量研究[1]。在离子液体领域，核磁共振主要用于体系中阳离子和阴离子种类的确认，同时核磁共振还可以用于测定离子液体的纯度及性质，研究离子液体阴阳离子间的相互作用、离子液体与其他化合物的相互作用、离子液体及其在混合体系中的动力学特征、离子液体在溶液中的聚集行为，以及测定离子液体的热力学参数等[2~10]。图3.1为咪唑类离子液体阳离子的典型构型，可以通过核磁共振谱图确认[11~15]。

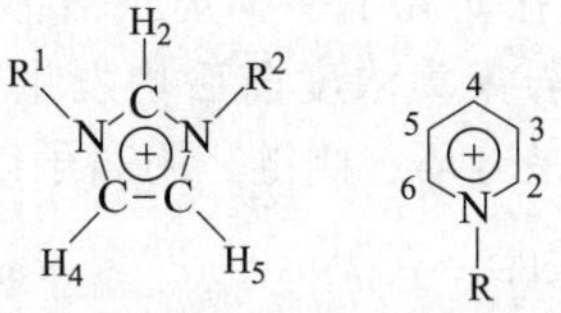

图 3.1　咪唑类离子液体的阳离子典型构型

Osteryoung 等[16]利用核磁共振研究了氯铝酸型离子液体与苯混合后的溶液结构，发现离子液体的阴阳离子间形成了离子对，他们认为这是由于苯的加入降低了体系的介电常数所致。氯铝酸型离子液体核磁共振谱如图 3.2 所示。

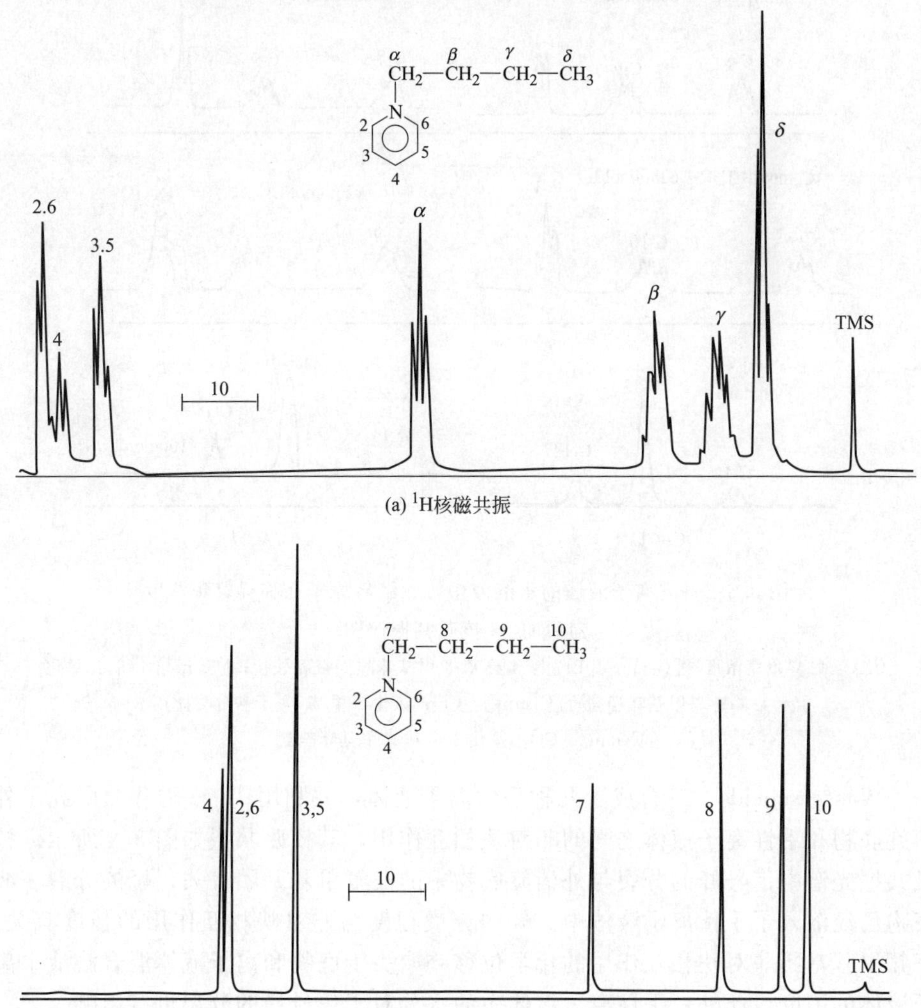

(a) ^{1}H核磁共振

(b) ^{13}C核磁共振

图 3.2　氯铝酸型离子液体核磁共振谱图

Singh 等[8]用^1H 核磁共振研究了多种离子液体在水溶液中的聚集，发现氢原子的化学位移和峰形在临界聚集浓度前后均发生了变化（图 3.3），离子液体在水中聚集的影响因素主要是芳环、侧链、阴离子以及它们与水的相互作用等。

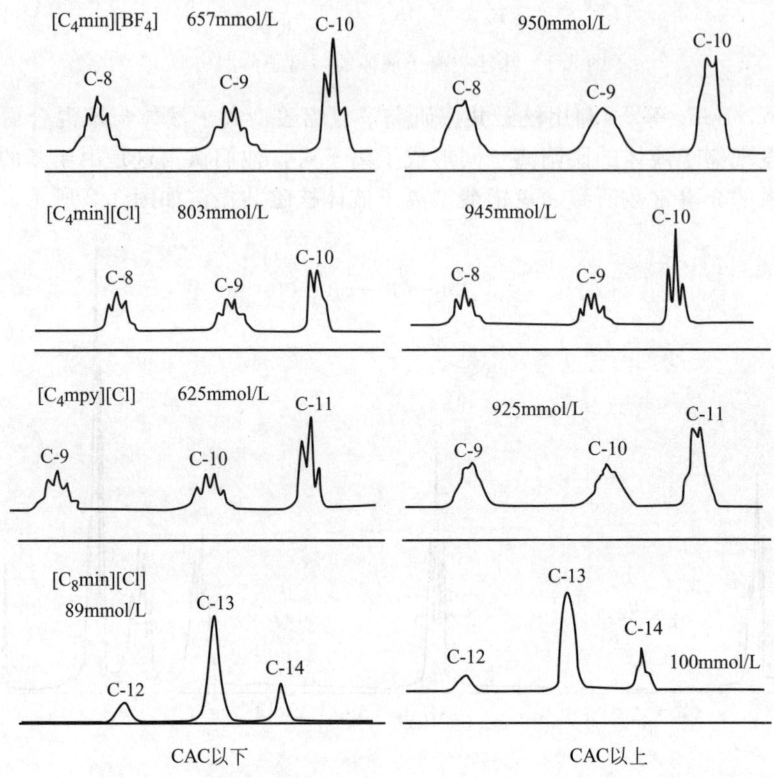

图 3.3　不同离子液体的水溶液中，侧链氢原子在临界聚集浓度前后的^1H 核磁共振谱图

CAC：临界聚集浓度；[C_4min][BF_4]：1-己基-3-甲基咪唑四氟硼酸盐；[C_4min][Cl]：氯化 1-丁基-3-甲基咪唑盐；[C_4mpy][Cl]：氯化 3-甲基-*N*-丁基吡啶盐；[C_8min][Cl]：氯化 1-辛基-3-甲基咪唑盐

Wasserscheid[17]等合成了几种手性离子液体，并利用^{19}F 核磁共振研究了外消旋底物和手性离子液体之间的非对映相互作用，其核磁共振如图 3.4 所示。核磁共振光谱中信号峰的分裂与外消旋底物中的三氟甲基基团有关，峰的分裂表明底物已经溶入了手性离子液体中。峰的分裂程度与非对映相互作用的强度有关，三氟甲基基团非对映相互作用的化学位移差取决于底物和离子液体混合溶液中离子液体的浓度。此外，手性离子液体中的水分对于信号峰的分裂也有影响。

Tubbs 等[18]研究了 1-乙基-3-甲基咪唑双三氟甲磺酰亚胺盐离子液体在具有不同介电常数的溶剂中^1H 核磁共振化学位移的变化，发现图谱上呈现了两组磁共振

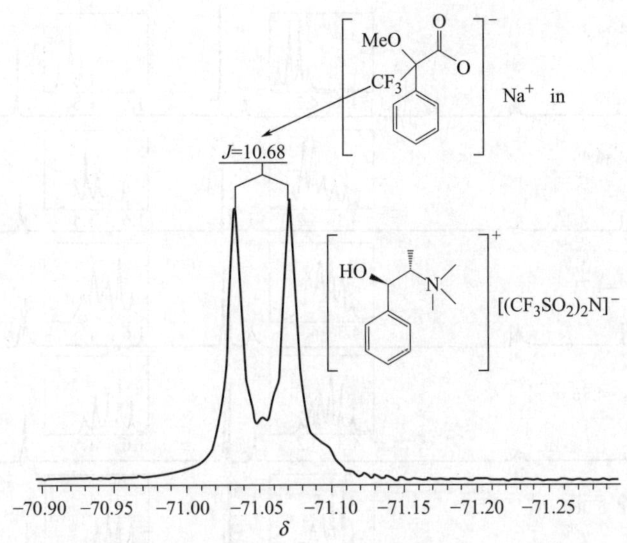

图 3.4 手性离子液体与外消旋底物的核磁共振光谱

信号，介电常数不同，两组信号的强度也不同。如图 3.5 所示，其中一组信号是游离的阳离子，而另一组为离子对聚集体所呈现的信号。^{13}C 核磁共振结果显示，聚集体的弛豫速度增加（阴离子中具有四极核氮、氧和硫，可使弛豫加快），芳环弛豫速度增加了 3 倍，侧链弛豫速度增加了 2 倍，说明芳环上的氢原子更接近阴离子。

在类离子液体领域，利用核磁共振技术可以对体系中离子和分子的结构、不同基团之间的相互作用进行研究，从而获得类离子液体中不同离子的构象、离子与中性配体的相互作用及作用方式，尤其可以获得体系中氢键形成的相关信息。Abbott 等[19]利用核磁共振技术研究了尿素-氯化胆碱等类离子液体中的氢键，并重点利用异核欧佛豪瑟光谱研究了尿素-氟化胆碱体系中的氢键作用，通过分析核自旋之间的偶极耦合作用，以确定小分子和大分子的结构和动力学信息。异核欧佛豪瑟光谱通常用于考察 0.5nm 之内的两个质子间的相互作用，这对于类离子液体体系非常适用。Abbott 发现尿素-氟化胆碱体系中氟离子和尿素分子的氨基之间存在强烈的交互作用，其间形成了氟-氢-氮类型的氢桥键。

3.1.2 红外光谱

红外光谱是由分子中振动能级或转动能级的跃迁而产生的，属于分子光谱，用于研究分子的振动能级跃迁。在红外光谱中有许多谱带，其频率、强度和形状与分子结构密切相关，红外光谱区间可以大致划分为三个区间，即近红外区、中红外区和远红外区。由于中红外区包含的光谱信息最丰富，因而类离子液体和离子液体的红外光谱研究绝大多数集中在该区域[20~22]。

Dymek 等[23]通过红外技术研究了氯化甲基乙基咪唑氯铝酸型离子液体的结

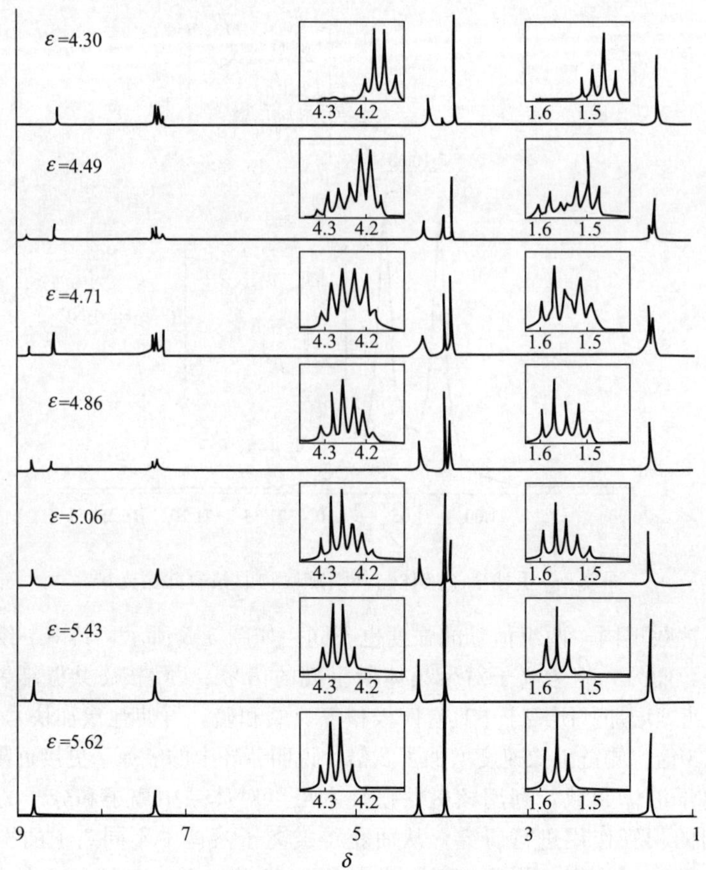

图 3.5 1-乙基-3-甲基咪唑双三氟甲磺酰亚胺盐在不同介电常数溶液中的 ^1H 核磁共振谱

构特征，发现氯离子与咪唑环之间的作用导致咪唑环上的 $C_{2,4,5}$-H 的振动频率发生了移动，图 3.6 为咪唑类离子液体的分子结构式以及原子标号，氯离子不仅与咪唑环上的 C_2-H 有氢键作用，而且由于离子液体的 π-π 堆积结构，氯离子与咪唑环的 $C_{4,5}$-H 之间也有相互作用。这种对离子液体空间结构的初步推断也和图 3.7 中用替代模型优化所得的空间构型是比较一致的。

图 3.6 咪唑类离子液体的分子结构式以及原子标号

Tait 等[24] 系统研究了不同组分比例下两种氯铝酸型离子液体的红外光谱，对离子液体在 4000～630cm^{-1} 范围内的红外吸收峰进行了归属分析，并将不同组分比例下离子液体的红外吸收峰的变化归因于体系中离子对的形成。他们认为在离子对形成过程中化合物的芳香环发生了扭曲，且伴随芳香性的消减，这种效应在咪唑类离子液体中尤为突出。水的加入可使咪唑类离子液体在光谱中出现新的特征峰，这被归因于体系中形成了水硬铝石或者碱式氯化铝。

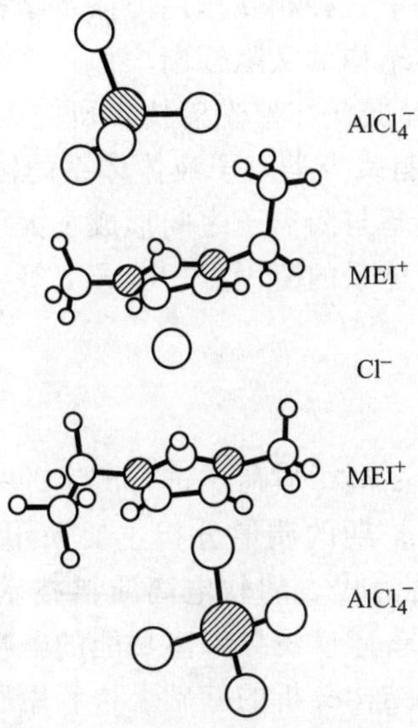

图 3.7　替代模型优化得到的离子液体空间构型

红外光谱不仅在离子液体的结构探索中发挥着重要作用，而且对离子液体混合物体系结构的认识方面也有着不可替代的作用。离子液体混合物体系包括离子液体-水体系、离子液体-有机物体系和离子液体-二氧化碳体系等。Cammarata等[25]通过衰减全反射红外光谱研究了离子液体与水分之间的相互作用，发现水分子优先与离子液体的阴离子之间形成氢键。从空气中吸收的少量水分子不会发生自身缔合，而是倾向于与离子液体的阴离子相互作用，在离子液体和水的相互作用中阴离子起主导作用。水分子在离子液体中的存在形式只有一种，即水分子与阴离子四氟硼酸根和六氟磷酸根之间形成对称的氢键结构。

高伟等[26]制备了一系列阳离子为 Brønsted 酸性、阴离子为 Lewis 酸性的双酸性离子液体 *N*,*N*,*N*-三乙基-*N*-磺酸丁基氯锌酸盐离子液体，并将红外光谱和其他测试手段相结合，确定了该离子液体的结构式如下：

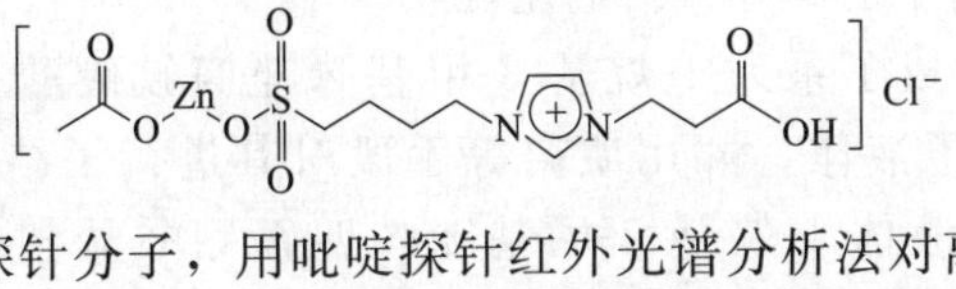

采用吡啶作为探针分子，用吡啶探针红外光谱分析法对离子液体的酸类型进行分析，出现的 $1450cm^{-1}$ 和 $1540cm^{-1}$ 吸收带可以分别对应离子液体的 Lewis 和 Brønsted 酸性。当体系中氯化锌的摩尔分数小于 0.5 时，离子液体只表现 Brønsted 酸性；当氯化锌的摩尔分数大于 0.5 时，离子液体表现出 Brønsted-Lewis 双酸性。

红外光谱适用于类离子液体结构的解析，如：离子对结构、氢键键合、离子聚集结构等方面。红外光谱吸收峰的位移、峰强度变化和峰面积变化等性质可定性或定量地反映类离子液体中各种相互作用力以及结构的细微变化，近年来，应用红外光谱研究类离子液体结构的文献逐渐增加。

岳都元等[27]采用傅里叶变换红外光谱技术研究了氯化镁-乙二醇-氯化胆碱、甘油-氯化胆碱和尿素-氯化胆碱等类离子液体体系的键合和溶液结构，发现类离子液体体系中中性配体的羟基与阴离子之间形成了大量的氢键，并构成了复杂的氢键网络，氢键的形成对于体系的凝固点、电导率等物理化学性质产生了显著的影响。

3.1.3 质谱

质谱法是通过对被测样品离子质荷比进行测定的一种分析方法，质谱分析是有机结构分析的重要手段，早期的质谱分析主要采用快原子轰击质谱。20 世纪 90 年代以后，以电喷雾质谱为代表的软电离质谱技术迅速发展起来。电喷雾质谱具有很高灵敏度，使用具备碰撞诱导解离功能的电喷雾质谱显示出更为突出的优势。在核磁共振对阳离子结构分析的基础上，利用质谱可以确定类离子液体和离子液体中离子及分子片段的相对分子质量，包括阳离子和阴离子的部分信息，有助于类离子液体和离子液体整体结构的确定[28~38]。

Lesimple 等[39]利用电喷雾高分辨串联傅里叶变换质谱研究了氮原子上有不同长度甲基链的 1,2-二甲基咪唑类离子液体，这些甲基链的末端有含硫基团 SO_mCH_3（$m=0,1,2$）。在电喷雾裂解过程中，离子片段的形成取决于硫的氧化价态和甲基链的长度。采用氘原子标记法考察了体系中化合物的裂解，发现其为均裂过程。

余祎[40]系统研究了咪唑类、吡啶类和季铵盐类等不同类型的含烷基支链离子液体在电喷雾质谱测试过程中的裂解行为及特征，发现离子液体中阳离子支链长短对其断裂能量可产生显著影响。随着链长的增加，断裂能量增加。阳离子中磺酸基团的存在导致质谱中 Na^+ 峰的出现，这被认为是磺酸基作为一个吸电子基团对母核的电子云分布产生了影响，并导致断裂机理发生了变化。在测试过程中，观察到了碎片离子的不寻常溶剂化现象。

王建英等[41]合成了系列 1-烷基-3-甲基咪唑四氟硼酸盐及 1-丁基-3-甲基咪唑六氟磷酸盐离子液体，并用质谱等手段对其进行了结构表征。图 3.8 和图 3.9 分别为离子液体 1-烷基-3-甲基咪唑四氟硼酸盐和 1-丁基-3-甲基咪唑六氟磷酸盐的质谱图，质荷比 m/z 为 111.2、309.0 和 506.6 的离子峰分别归属于 1-烷基-3-甲基咪唑和 1-烷基-3-甲基咪唑四氟硼酸盐的离子对。同样，六氟磷酸盐质谱图中（图 3.9），m/z 为 507.0 的离子峰归属为六氟磷酸盐。从质谱分析中可以看出，强度最高的离子峰都不是分子离子峰，而是两个阳离子以簇合的形式存在的。

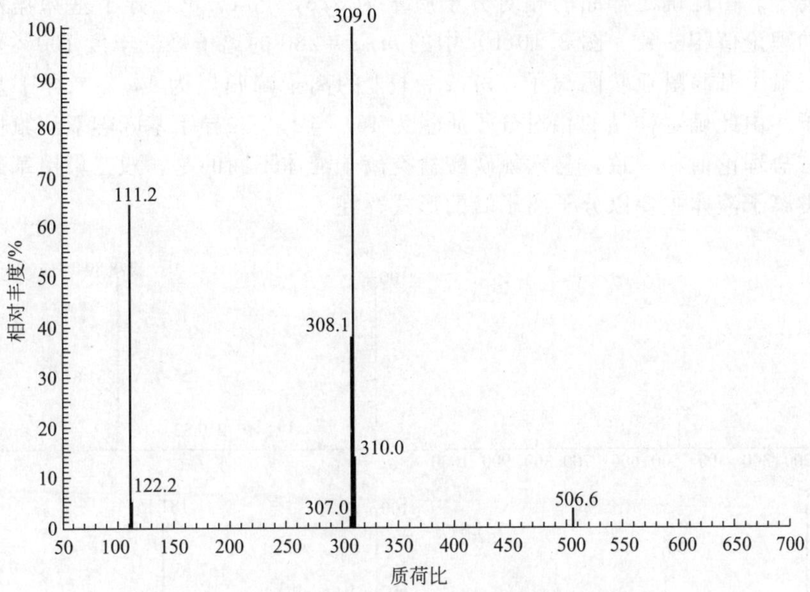

图 3.8 1-烷基-3-甲基咪唑四氟硼酸盐的质谱图

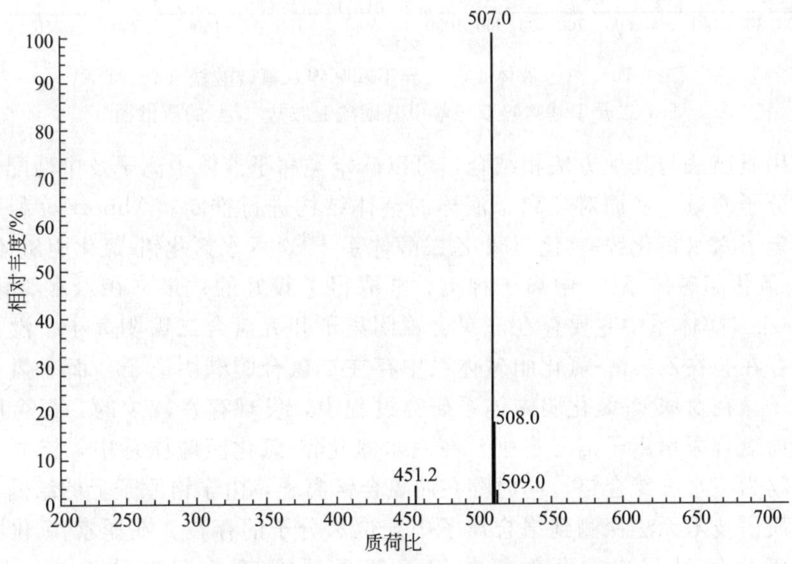

图 3.9 1-丁基-3-甲基咪唑六氟磷酸盐的质谱图

单海霞等[42]采用电喷雾质谱对离子液体进行了分子离子峰测定，获得了1,3-二异丁基咪唑六氟磷酸盐离子液体和1，3-二异丁基咪唑双三氟甲基磺酰亚胺盐离子液体的质谱图，见图 3.10。图 3.10(a) 中的 m/z＝145 的离子峰（丰度 100％）归属为六氟磷酸阴离子，m/z＝181 的离子峰归属为1，3-二异丁基咪唑阳离子。由此确定样品的相对分子质量为 326，与 1，3-二异丁基咪唑六氟磷酸盐的理论值相一致。图 3.10(b) 中的 $m/z=280$ 的离子峰（丰度 100%）归属为双三氟甲基磺酰亚胺阴离子，$m/z=181$ 的离子峰归属为 1，3-二异丁基咪唑阳离子。由此确定样品的相对分子质量为 461 与 1,3-二异丁基咪唑双三氟甲基磺酰亚胺盐理论值相一致。与六氟磷酸盐类离子液体不同的是，双三氟甲基磺酰亚胺盐类离子液体主要以分子离子峰的形式存在。

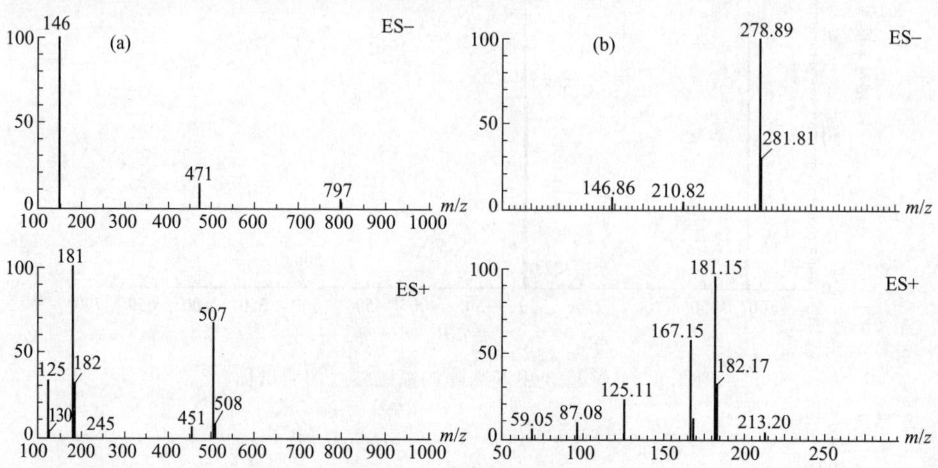

图 3.10　离子液体 1,3-二异丁基咪唑六氟磷酸盐（a）和 1,3-二异丁基咪唑双三氟甲基磺酰亚胺盐（b）的质谱图

利用质谱法与其他方法相结合，可以确定类离子液体中离子及中性配体片段的相对分子质量，从而对类离子液体的整体结构进行推断。Abbott 等利用质谱技术测定了六水氯化镍-氯化胆碱-乙二醇体系[43]、六水氯化铬-氯化胆碱体系[44]和尿素-氯化胆碱体系[45]中离子种类，并取得了较好的效果。在六水氯化镍-氯化胆碱-乙二醇体系中主要存在三氯合镍阴离子和五氯合二镍阴离子，没有络合阳离子存在。在乙二醇-氯化胆碱体系中存在二氯合胆碱阴离子，而非氯合乙二醇阴离子。在对尿素-氯化胆碱体系研究过程中，发现存在较少的二氯合胆碱阴离子，而氯合尿素离子信号最强。在六水氯化铬-氯化胆碱体系中，铬原子的主要络合物为三水三氯合铬，同时存在四氯合铬离子，由于铬原子上的结晶水结合太弱，质谱技术无法探测到络合离子中配位水分子的存在。在尿素-氯化胆碱体系溶解氧化锌过程中，发现氧化锌溶解于尿素-氯化胆碱体系中，形成了 $[ZnClO\cdot urea]^-$ 络合离子。氧原子保持与中心锌原子的结合，尿素分子起到了配位剂的作用。

3.1.4　紫外-可见吸收光谱

紫外-可见吸收光谱的应用很广，不仅可以用来对物质进行定性及结构分析，而且可以进行定量分析并测定某些化合物的物理化学数据。紫外-可见吸收光谱主要适用于不饱和有机物，尤其是共轭体系，以此推断未知物的骨架结构。在配合红外、核磁共振、质谱等进行定性鉴定和结构分析中，它是一个十分有用的辅助方法。在离子液体中，紫外-可见吸收光谱可用于研究体系中氢键作用、氢键强度及提供分子间或者阴阳离子间的缔合信息[46~53]。

乔云香等[54]着重考察了不同的阴离子对于1-丁基-3-甲基咪唑类离子液体分子内氢键的影响。以紫外光谱最大吸收波长的相对位移探测离子液体内阴阳离子间的氢键作用，从而得到离子液体中阴离子对分子内氢键作用强度的影响规律，给出了离子液体分子内氢键的强弱序列。确定了不同的阴离子与咪唑环上氢原子形成氢键的能力主要由阴离子的电负性决定。离子液体分子内氢键作用的相对强度按照阴离子不同顺序如下：CH_3COO^-，NO_2^-，CF_3COO^-＞卤素阴离子（Cl^-）＞弱配位的阴离子（Tf_2N^-，BF_4^-，PF_6^-）。

张海波等[55]在25℃分别测定溴化1-丁基-3-甲基咪唑盐、1-丁基-3-甲基咪唑四氟硼酸盐、1-丁基-3-甲基咪唑六氟磷酸盐离子液体的紫外吸收光谱，样品在210nm出现吸收峰，其中1-丁基-3-甲基咪唑六氟磷酸盐的吸收峰最强。溴化1-丁基-3-甲基咪唑盐在250nm透过率迅速增加，1-丁基-3-甲基咪唑四氟硼酸盐和1-丁基-3-甲基咪唑六氟磷酸盐的透过率在240nm迅速增加，上述离子液体都有一个明显的剪切点，并且随着氯化物浓度的增加，剪切点有向短波迁移的趋势，这被认为是阳离子与阴离子发生了交互作用。

由于类离子液体组分中含有无机盐和中性配体，且中性配体与离子间形成了复杂的氢键网络。通过对比中性配体、无机盐和类离子液体的紫外-可见吸收光谱，可以获得类离子液体体系中氢键作用、氢键强度及中性配体与离子间的缔合信息。Abbott等[44]以紫外-可见吸收光谱研究了六水氯化铬-氯化胆碱体系中铬离子的络合状态。在六水氯化铬-氯化胆碱类离子液体中，吸收带位于470nm和669nm处，表明类离子液体中存在三氯化铬离子系列。在700nm处可看到明显的肩峰，则表明存在四氯化铬离子系列。此外，Abbott等[43]还研究了六水氯化镍-氯化胆碱-乙二醇体系的紫外-可见吸收光谱，发现体系的紫外-可见吸收光谱出现在415nm，同六水氯化镍的紫外-可见吸收光谱对比可知，结晶水并未与中心金属原子配位。在体系中加入乙二胺后，紫外-可见吸收光谱分析表明镍以三氯合镍阴离子和三乙二胺合镍阴离子形式存在。

Vreese等[56]以紫外-可见-近红外光谱研究了二水氯化铜-氯化胆碱体系中铜离子存在方式，发现在紫外-可见区域（200～500nm），可以观察到强烈的电荷转移带。在水的质量分数为27%的样品中，紫外-可见光谱在405nm、291nm和231nm处观察到了三组最大的吸收峰。

3.1.5 拉曼光谱

拉曼散射的产生与分子的极化率变化密切相关，拉曼散射光和瑞利散射光的频率之差称为拉曼位移，位移值相对的能量变化，对应于分子的振动和转动能级的能量差。红外光谱是利用分子在振动跃迁过程中有偶极矩的改变，而拉曼光谱是利用分子在振动，跃迁过程中有极化率的改变。与红外光谱相比较，拉曼光谱可以测量与对称中心有对称关系的振动。因此拉曼光谱是红外光谱的补充。红外光谱和拉曼光谱都是通过测定分子振动光谱得到官能团的信息，但是二者具有不同的选择性，如果能同时加以测定，则可以得到更为完备的信息。在鉴定无机盐方面，拉曼光谱仪获得 $400cm^{-1}$ 以下的谱图信息要比红外光谱容易得多，无机盐的拉曼光谱信息量比红外光谱的大。拉曼光谱与红外光谱可以互相补充、互相佐证。拉曼光谱的主要优点是能够提供指纹振动峰信息，从而对离子液体和类离子液体结构的细微变化会有反应，同时拉曼光谱可以测量许多不同状态的体系的振动光谱，尤其是反映离子液体和类离子液体中存在的局部结构变化。目前，用于离子液体和类离子液体结构研究的拉曼光谱技术主要有傅里叶变换拉曼光谱和共聚焦拉曼光谱[57~67]。

拉曼光谱可以用于测量离子液体的构型变化、离子液体-水混合体系中的相互作用及微观结构变化、离子液体与溶质分子之间相互作用。Haysahi 等[68]利用拉曼光谱测定了离子液体咪唑环侧链烷基链的顺反构型变化，并将 $600cm^{-1}$ 吸收峰对应于丁基链交叉式构型，$625cm^{-1}$ 吸收峰对应于丁基链反式构型，两者比率能反映离子液体中不同异构体的比例。Fazio 等[69]研究了水分子对 1-正丁基-3-甲基咪唑四氟硼酸盐离子液体结构变化的影响。对 $3000\sim3800cm^{-1}$ 波段的拉曼光谱和红外光谱进行了分析，可知离子液体中水分含量较少时，水分子之间会快速聚集。加入水分子，体系中极性基团倾向于与水分子作用，而疏水性的碳链基团聚集在一起形成类似于胶束状的结构。Ishiguro 等[70]报道了不同浓度双三氟甲烷磺酰亚胺锂盐在阴离子为双三氟甲烷磺酰亚胺离子的离子液体中的拉曼光谱，位于 $744cm^{-1}$ 的自由态锂离子的特征峰强度随着锂离子浓度增加而不断变弱，说明离子液体的双三氟甲烷磺酰亚胺阴离子与锂离子互相配位，锂离子与两个双三氟甲烷磺酰亚胺阴离子的四个氧原子之间形成四配位结构。Berg 等[71]研究了 1-丁基-3-甲基咪唑六氟磷酸酸盐、1-己基-3-甲基咪唑氯化盐和 1-己基-3-甲基咪唑六氟磷酸盐三种离子液体的结构，拉曼光谱说明丁基碳链有顺式和反式两种结构。

Sitze 等[72]通过拉曼光谱法与其他方法相结合，研究了氯化 1-丁基-3-甲基咪唑盐-氯化亚铁氯化铁离子液体的结构，表征了不同比例条件下出现的 $FeCl_4^{2-}$、$FeCl_4^-$、$Fe_2Cl_7^-$ 阴离子的结构。Rubim 等[73]利用拉曼光谱法研究了氯化 1-己基-3-甲基咪唑、氯化锌和氯化 1-丁基-3-甲基咪唑盐、氯化铌不同比例混合所得离子液体的微观结构。

在类离子液体中含有中性配体和无机盐，其中心金属原子与其他原子的键合振动吸收峰普遍位于拉曼吸收光谱范围内。相比红外吸收光谱，利用拉曼光谱可以获得中心金属原子更为全面的键合和配位信息，获取类离子液体中局部的结构变化，从而对类离子液体中离子和中性配体的配位和络合状况进行研究。

王怀有等[74]比较了六水氯化镁-氯化胆碱类离子液体和六水氯化镁的拉曼吸收光谱（图 3.11），分析了两种化合物中镁-氧键峰值的位移，发现六水氯化镁的镁-氧键吸收峰为 595cm^{-1}，吸收峰为宽峰。在六水氯化镁-氯化胆碱类离子液体体系中，镁-氧键吸收峰为 526cm^{-1}，吸收峰变窄。其被归因于类离子液体中氢键的形成所致，镁-氧键的存在说明了类离子液体中水以配位水的形式和镁结合。他们同时测定了类离子液体氯化镁-乙二醇-氯化胆碱体系的拉曼吸收光谱（图 3.12）。镁-氧键的吸收峰值为 529cm^{-1}，体系中存在镁-氧键。在氯化镁-尿素-氯化胆碱类离子液体的拉曼光谱图中（图 3.13），拉曼吸收峰值为 531cm^{-1}，也为镁-氧键的吸收峰。

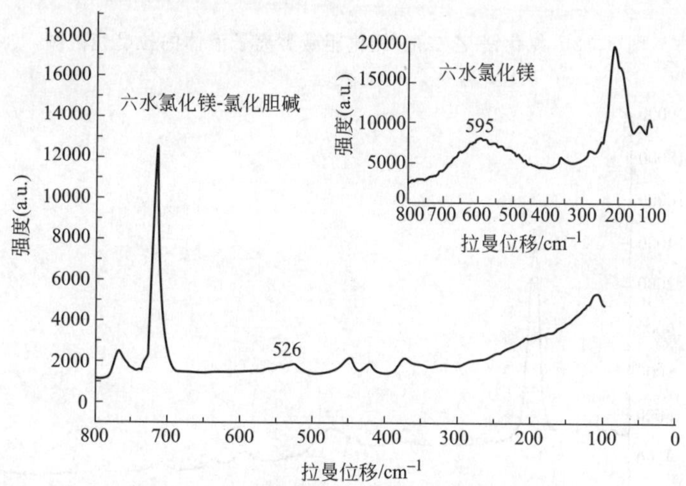

图 3.11　六水氯化镁和六水氯化镁-氯化胆碱类离子液体的拉曼吸收光谱对比图

3.1.6　X 射线衍射

X 射线衍射是一种结构和物相分析手段，应用极其广泛。根据 X 射线衍射图谱可以确定离子液体的物相结构及物相组成。X 射线衍射法可以用于测量原子中核外电子的 X 射线散射，从而获取其局部的液体结构，但由于液体的衍射相对微弱，在实验和数据处理技术上难度较大，利用 X 射线衍射法直接测定类离子液体的结构未见报道。目前主要通过 X 射线衍射技术测定类离子液体所形成的固相结构，从而逆向推测其溶液结构。

Shamsuri 等[75]向琼脂糖中加入氯化胆碱-尿素类离子液体，以期克服琼脂糖膜的脆性。琼脂糖膜加入类离子液体后的 X 射线衍射如图 3.14 所示，随着氯

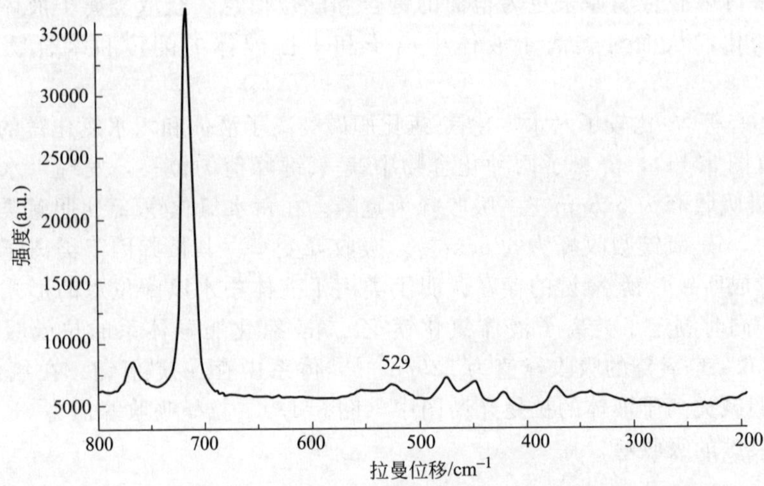

图 3.12　氯化镁-乙二醇-氯化胆碱类离子液体的拉曼光谱图

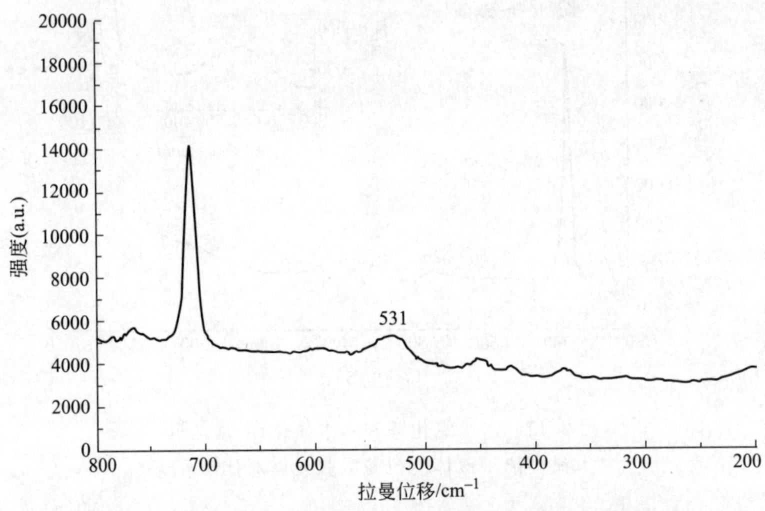

图 3.13　氯化镁-尿素-氯化胆碱类离子液体的拉曼光谱图

化胆碱-尿素类离子液体含量的增加，琼脂糖膜的 X 射线衍射峰的强度逐渐变弱，乃至衍射峰消失。他们认为氯化胆碱-尿素类离子液体的加入使得琼脂糖膜的结晶性能变差，最终形成了无定形的琼脂糖膜。

Vreese 等[56]制备了二水氯化铜-氯化胆碱类离子液体，并在类离子液体中获取了两种晶体，其中一种晶体为三氯胆碱铜，经单晶 X 射线衍射分析，发现铜与 3 个氯和 1 个胆碱阳离子进行配位。胆碱离子与铜通过氧进行配位，胆碱阳离子为两性离子。三氯胆碱铜存在两种结构单元，它们有着相似的铜-氯键长，中

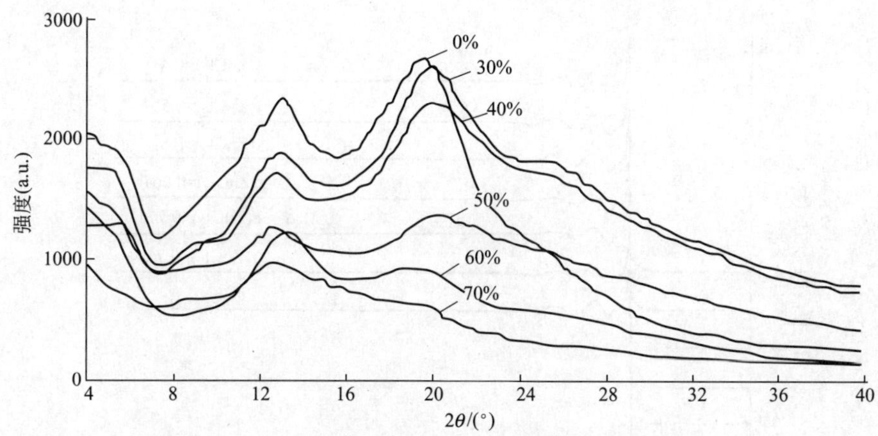

图 3.14　含有不同比例氯化胆碱-尿素类离子液体的琼脂糖膜 X 射线衍射图

心原子铜形成配合物的几何构型为扭曲的平面正方形，铜和氯与相邻轴方向的原子之间存在长程相互作用，但这些键长却比铜-氯键长长。胆碱阳离子的羟基与相邻氯原子可以形成氢桥键。

3.1.7　同步辐射

同步辐射光源亮度大、稳定性高、方向性强、平行性好，是液体散射实验的理想光源。同步辐射扩展 X 射线吸收精细结构可用于研究较大原子序数体系的局部结构[76]。同步辐射用于离子液体的结构研究报道较少，Yoshimura 等[77]采用同步辐射紫外可见光电子能谱研究了离子液体的电子结构，采用分子轨道计算了孤立离子的价态，通过光谱计算得到了态密度。Zou 等[78]利用同步辐射 X 射线吸收精细结构技术观察了离子液体氯化锌-氯化胆碱不同摩尔比时的结构，同步辐射 X 射线吸收精细结构技术和差示扫描量热分析表明在离子液体中除了 $ZnCl_3^-$ 和 $Zn_2Cl_5^-$ 阴离子，当氯化锌摩尔分数较高时，离子对氯-锌-氯是一种主要的离子络合形式。

图 3.15 是 6 种氯化锌-氯化胆碱离子液体中锌离子和氯化锌水溶液的同步辐射 X 射线吸收精细结构图谱。图 3.15 中 7 个谱图相似，说明在锌离子周围的配位层和配位原子相似。图 3.16 为不同氯化锌含量的离子液体中锌离子的同步辐射扩展 X 射线吸收精细结构图，当氯化锌摩尔分数从 0.4 变化到 0.5 时，锌离子的配位环境有明显的变化。

图 3.17 是 6 种氯化锌-氯化胆碱离子液体中锌离子的同步辐射扩展 X 射线吸收精细结构傅里叶变换数据，在长程范围内没有结构，说明在离子液体中阴离子是独立存在的。表 3.1 是 6 种离子液体结构参数，随着氯化锌的摩尔分数增加，配位数降低。

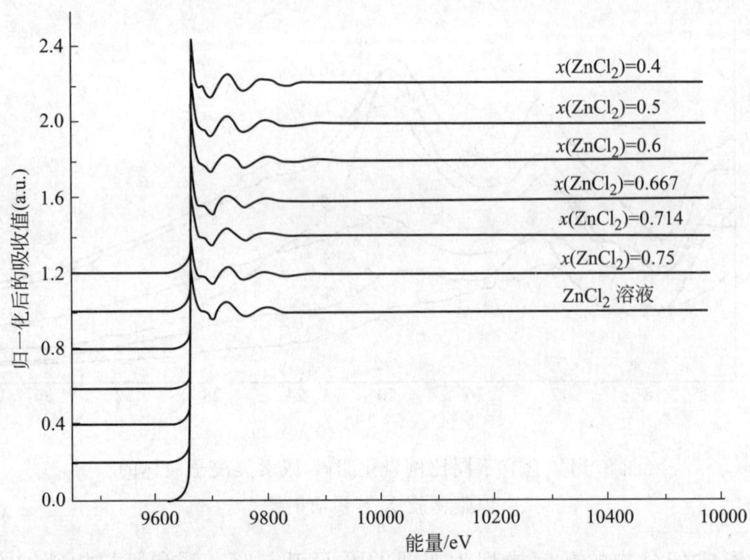

图 3.15　6 种氯化锌-氯化胆碱离子液体中锌离子和氯化锌水溶液的同步辐射 X 射线吸收精细结构图谱

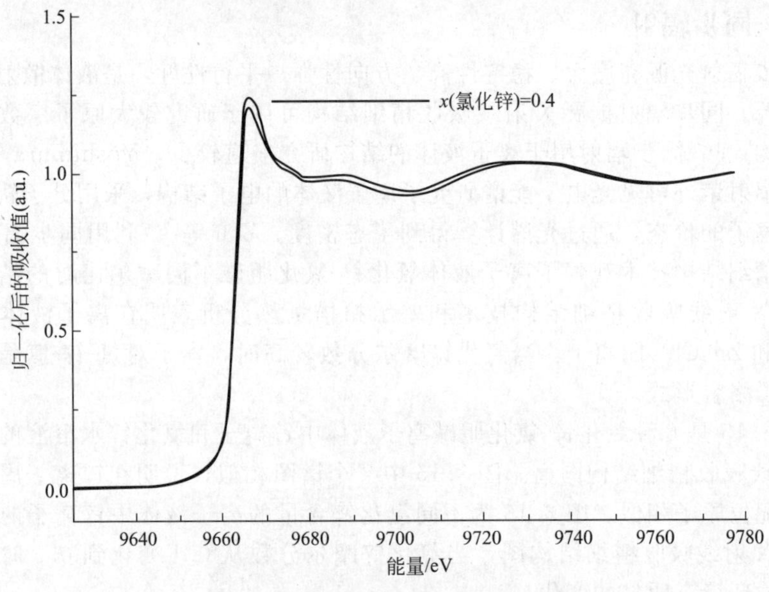

图 3.16　不同氯化锌含量的离子液体中锌离子的同步辐射扩展 X 射线吸收精细结构图谱

根据同步辐射扩展 X 射线吸收精细结构和差示扫描量热分析结果，当氯化锌摩尔分数为 0.4 时，离子液体中主要存在的锌离子物种是 $ZnCl_3^-$；当氯化锌摩

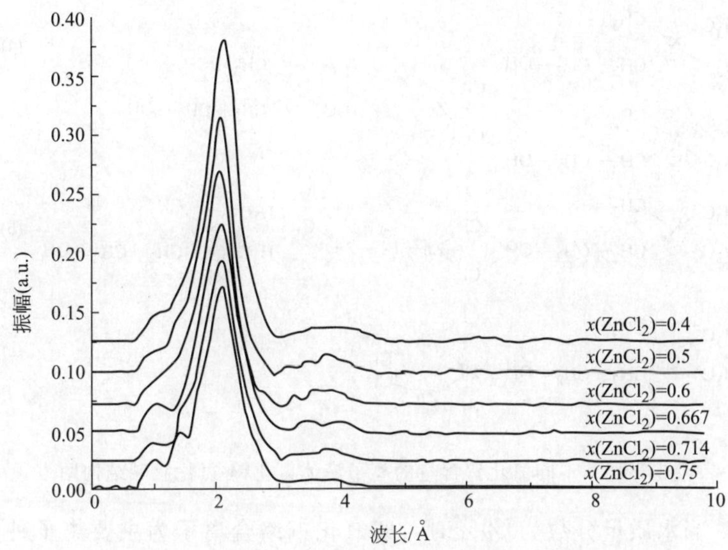

图 3.17　六种氯化锌-氯化胆碱离子液体中锌离子的同步辐射扩展 X 射线吸收精细结构傅里叶变换光谱图

表 3.1　不同氯化锌含量的离子液体氯化锌-氯化胆碱的结构参数

$x(ZnCl_2)$	Zn 配位数 N	结构偏差 σ_s/Å	配位原子与中心原心距离 R_o/Å	热偏差 σ_t/Å	R 因子
0.4	3.0	0.06	2.17	0.04	0.05
0.5	2.9	0.09	2.14	—	0.05
0.6	2.8	0.08	2.15	—	0.05
0.667	2.6	0.09	2.15	—	0.04
0.714	2.5	0.09	2.15	—	0.04
0.75	2.4	0.09	2.16	—	0.05

尔分数为 0.5 时，存在的锌离子物种主要是 $Zn_2Cl_5^-$；当氯化锌摩尔分数大于 0.667 时，存在的锌离子物种主要是氯-锌-氯离子对。图 3.18 为不同氯化锌含量离子液体的三种结构图。

在类离子液体中，同步辐射扩展 X 射线吸收精细结构可探测离子附近的结构信息，即短程相互作用，利用该方法可以获取类离子液体中不同离子及中性配体之间的相互作用，给出类离子液体的初步结构信息，但由于该法被限制到原子的周围环境，因此不能给出更长距离的结构信息。

Vreese 等[56]研究了氯化胆碱-二水氯化铜-水和氯化胆碱-二水氯化铜体系中的同步辐射扩展 X 射线吸收精细结构光谱和紫外-可见-近红外光谱。两种体系的

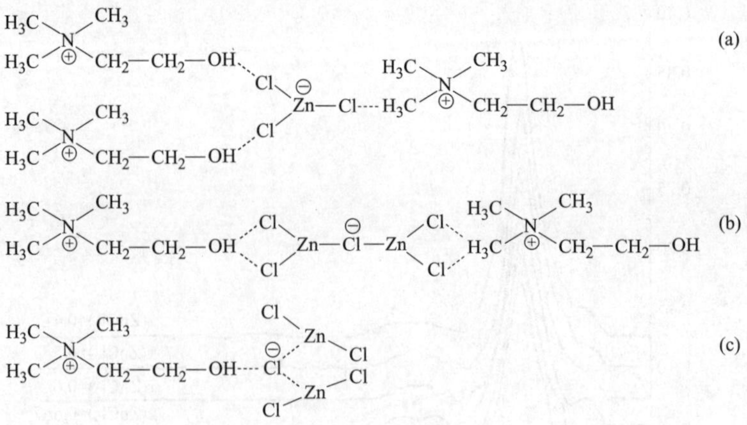

图 3.18 不同氯化锌含量的离子液体氯化锌-氯化胆碱结构图

结果一致，当水质量分数为 39%时，四氯化铜络合离子为主要离子种类。当水质量分数为 92%时，四个水分子与铜离子络合，这四个水分子为八面体中的四个平面角络合水分子。

3.1.8 电化学法

电化学法主要是利用类离子液体中离子电势和电化学窗口等性质的变化以分析体系中的离子种类、水分子赋存形式等。电化学法包括多种表征手段，如循环伏安曲线、电导率等。

Liang 等[79]测定了含有氯化锌和氯化钴的氯化胆碱-尿素体系循环伏安曲线，对氧化还原峰进行了归属分析，在两个还原电位下还原制备了不同的锌钴合金。Mares 等[80]采用循环伏安曲线考察了氯化胆碱-二水草酸、氯化胆碱-六水氯化铬等类离子液体中水的赋存形式，发现在电沉积金属离子过程中，体系中的水并未电解，水分子处于络合配位状态。而体系中金属离子的配位状态，可通过电位归属计算获得。Agapescu 等[81]在氯化胆碱-二水草酸体系中电沉积了铋、碲、碲化铋，发现氯化胆碱-乙二醇体系的电化学窗口因为水的存在而变窄，从而使得电极表面更易产生氢气。草酸中所带的结晶水行为与游离水不同，即水分子与氯离子强烈络合或者与可能的络合物中心原子配位。Abbott 等[82]研究了类离子液体中金属电沉积的过程，发现结晶水对于类离子液体的稳定性和流动性起到了重要的作用。结晶水在体系中与游离水行为不同。在电沉积铬的过程中，受到金属离子还原电位的限制，而非水的限制。金属离子可在高电流情况下得到高效率的还原，这并不受到添加水的影响，即使水的质量分数达到 10%，电流效率也不会受到影响。这表明水与氯离子或中心金属离子强烈络合，降低了水的电化学活性。

3.1.9 热重分析法

热重分析是指在程序控制温度下测量待测样品的质量与温度变化关系的一种热分析技术，常用来研究样品的热稳定性和组分。在类离子液体中，可通过测定体系在不同温度下的失重情况，进而分析体系中组分的稳定性，尤其是中性配体的络合配位情况。

Abbott 等[44]对比分析了六水氯化铬和六水氯化铬-氯化胆碱体系的热重曲线，发现六水氯化铬-氯化胆碱体系中的结晶水分为两个阶段失去，第一步开始于 85℃，大约失去 3 个结晶水，第二步开始于 180℃，失去剩余的 3 个水分子。270℃对应于胆碱阳离子分解，500～1000℃没有质量损失。六水氯化铬则在 71℃失去 3 个水分子，稍低于离子液体的失水温度，这表明季铵盐影响了中心铬原子的络合配位环境。

3.2 典型类离子液体结构解析

目前为止，类离子液体的结构表征方法主要采用质谱、红外光谱、拉曼光谱和同步辐射扩展 X 射线吸收精细结构光谱等。本节主要介绍了几种典型的类离子液体的结构解析，并进一步探讨了中性配体在类离子液体结构方面的作用机理，以期为类离子液体物理化学性质及其在各个领域的应用提供一些理论解释及依据。

3.2.1 六水氯化铬-氯化胆碱类离子液体结构

Abbott 等[44]合成了不同比例六水氯化铬-氯化胆碱类离子液体，测定了其物理化学性质及结构。利用紫外可见光谱研究了类离子液体中存在的离子形式，类离子液体六水氯化铬-氯化胆碱（摩尔比为 2∶1）的紫外可见光谱在 470nm 和 669nm 处出现了两个吸收峰，表明在类离子液体中存在 Cl_3^-。在 700nm 处有一个明显的肩峰说明当 Cl^- 浓度高时类离子液体中形成了 $[CrCl_4 \cdot 2H_2O]^-$。如式(3.1) 所示：

$$CrCl_3 \cdot 6H_2O + Cl^- \longleftrightarrow [CrCl_4 \cdot 2H_2O]^- + 4H_2O \qquad (3.1)$$

类离子液体的电喷雾质谱表明，Cl^- 浓度较高时，在类离子液体中存在离子 $[CrCl_4]^-$（m/z：192/194/196）。因此 Abbott 认为在离子液体中铬的存在形式为三水合三氯化铬。在体系中可能存在反应(3.2)。在此体系中水以结合配位形式存在于液体中，所以导致该体系黏度大，电导率低，但可以用于金属铬及其合金的电沉积。

$$\begin{aligned} ChCl + [CrCl_2(H_2O)_4]Cl \cdot 2H_2O \longleftrightarrow [CrCl_3(H_2O)_3] \cdot 3H_2O + \\ ChCl \longleftrightarrow Ch^+[CrCl_4(H_2O)_2]^- \cdot 4H_2O \end{aligned} \qquad (3.2)$$

崔焱[83]、李娜等[84]、雷雪玲等[85]、钟爱等[86]对类离子液体六水氯化铬-

氯化胆碱体系结构进行了研究，通过理论光谱信息与实验测定的三价铬电解液红外光谱数据比对，确定了所研究体系中三价铬的主要存在形态为 $CrCl(H_2O)_5^{2+}$ 和三水合三氯化铬。探讨了三价铬配合物结构与其氧化还原反应活性的关系，从微观结构讨论了反应可能发生的途径，在几种铬配合物中，$CrCl(H_2O)^{2+}$ 的反应活性最大，前线轨道中铬所占的比重最大，最有可能在阴极上还原。通过理论计算发现，$CrCl_4(H_2O)_2^-$ 的铬-氧键键长在 3.9387～4.3236Å，中心铬原子与水分子之间基本没有相互作用，这主要是因为铬与 4 个氯形成了四面体结构，空间位阻效应阻止 Cr^{3+} 与 H_2O 形成配位，而其他 $CrCl_n(H_2O)_{6-n}$ （n=1，2，3，5）的铬与氧均有成键。除 $CrCl_4(H_2O)_2^-$ 外，$CrCl_n(H_2O)_{6-n}$ （n=1，2，3，5）配合物的铬-氯键长均随着氯配位数的增加而伸长，铬-氯键被削弱。

3.2.2 六水氯化镁-氯化胆碱类离子液体结构

王怀有等[87]以氯化胆碱和六水氯化镁按一定比例合成无色、透明和均一的液体。利用傅里叶红外光谱检测和分析了六水氯化镁-氯化胆碱类离子液体的结构。由于中性配体水的存在，改变了类离子液体中镁离子和氯化胆碱的存在形式，使类离子液体具有特殊的配位结构和氢键结构。

图 3.19 为类离子液体六水氯化镁-氯化胆碱（摩尔比为 1：2）的红外光谱图。图 3.20 和图 3.21 分别为氯化胆碱和六水氯化镁的标准红外光谱图。对比三幅图可以看出形成类离子液体后体系结构的变化，特别是在高波数变化明显。图 3.19 中，在波数 3500～3000cm^{-1}出现了宽的强峰为 ν_{O-H}振动峰，而且峰宽比图 3.20 和图 3.21 宽，这是因为在类离子液体中形成了大量的氢键如氧-氢-氧和氧-氢-氯。在形成的低共熔类离子液体六水氯化镁-氯化胆碱中，氢键起着关键作

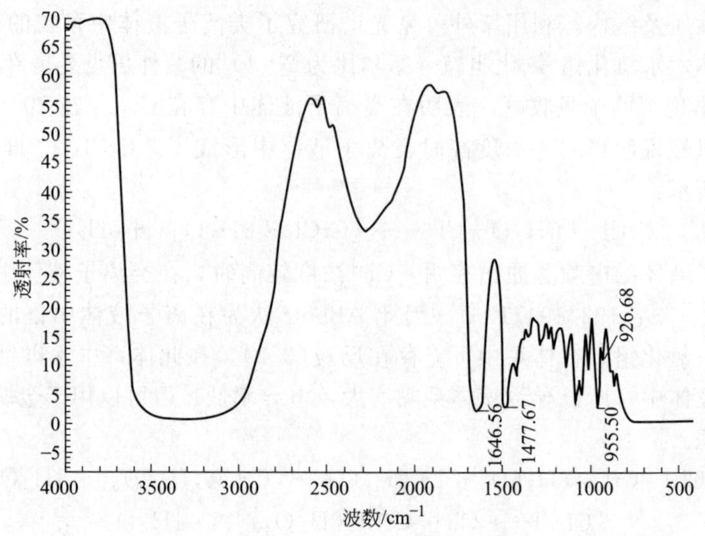

图 3.19 六水氯化镁-氯化胆碱（摩尔比为 1：2）的傅里叶红外谱图

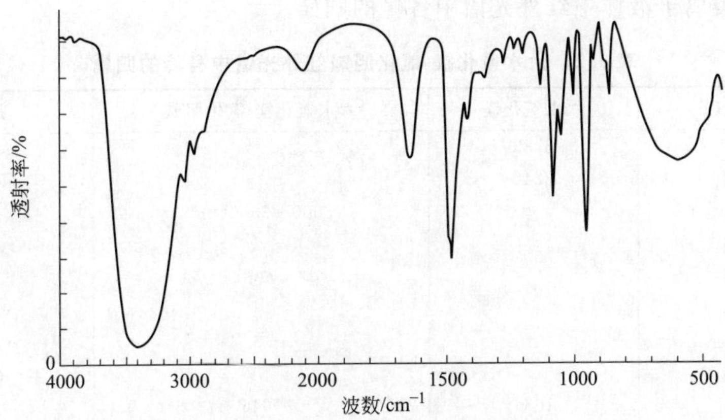

图 3.20 氯化胆碱的标准红外谱图

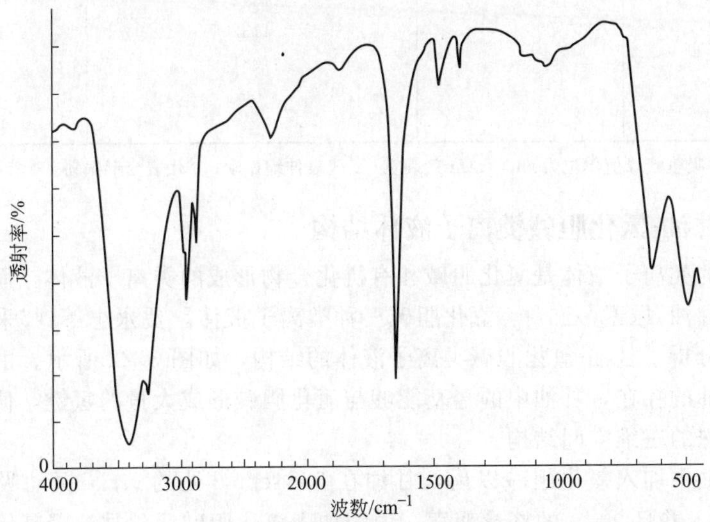

图 3.21 六水氯化镁的标准红外光谱图

用，氢键有效降低氯化胆碱和六水氯化镁的晶格能，导致类离子液体具有较低的熔点。由于氢键的存在，该类离子液体 3000～2800cm^{-1}的甲基和亚甲基伸缩振动峰消失；水在 1634cm^{-1} 的弯曲振动峰蓝移到 1664cm^{-1}。波数为 1477.87cm^{-1}和 1342cm^{-1}的吸收峰为氯化胆碱的甲基反对称弯曲振动和对称弯曲振动。1417cm^{-1}处的吸收峰为亚甲基的弯曲振动峰。与氯化胆碱的标准红外光谱相比，六水氯化镁-氯化胆碱类离子液体在 1132cm^{-1}和 955.94cm^{-1}的 ν_{C-N} 和 ν_{C-C}吸收峰并没有改变，说明在类离子液体中 Ch^+ 并没有遭到破坏。氯化胆碱的 ν_{C-O}吸收峰从 1092cm^{-1}移到 1081cm^{-1}，说明类离子液体中形成了大量的氢键。此类离子液体可用于六水氯化镁的脱水行为研究。表 3.2 为六水氯化镁-

氯化胆碱类离子液体中红外光谱中各峰的归属。

表 3.2 六水氯化镁-氯化胆碱红外光谱中各峰的归属

氯化胆碱	六水氯化镁	六水氯化镁-氯化胆碱	归属
3418	3389		ν_{asOH}
3259	3240		ν_{sOH}
		3000～3500(br)	$\nu_{asOH}\nu_{sOH}$
3018			ν_{asCH_3}
2952			ν_{asCH_2}
2906			ν_{sCH_3}
2846			ν_{sCH_2}
2278			ν_{CO}
	1634	1646	δ_{HOH}
1478		1477	δ_{asCH_3}
1406		1417	δ_{sCH_2}
1375		1342	δ_{sCH_3}
1134		1132	ν_{asCN}
1092		1081	$\nu_{C\text{-}O}$
949		956	ν_{asCCO}
623			δ_{CH}

注：红外吸收峰峰值单位为 cm^{-1}；br 代表宽；ν 代表伸缩振动；δ 代表变形振动。

3.2.3 甘油-氯化胆碱类离子液体结构

典型的类离子液体是氯化胆碱和有机化合物形成的类离子液体，而其中研究最多的为甘油/尿素/乙二醇-氯化胆碱三种类离子液体。贾永忠等[88]采用红外光谱检测和分析了甘油-氯化胆碱类离子液体的结构，如图 3.22 所示。由于有机中性配体甘油的存在，甘油中的羟基能够与氯化胆碱形成大量的氢键，使类离子液体具有特殊的三维空间结构。

当甘油中加入氯化胆碱以后，甘油在 $3384cm^{-1}$ 处的 ν_{O-H} 振动吸收峰移向 $3354cm^{-1}$，并且 ν_{O-H} 的峰形变宽，说明加入氯化胆碱后，甘油羟基周围的化学环境发生了变化。氯化胆碱与甘油形成类离子液体后，形成了大量的氢键，从而使 ν_{O-H} 振动吸收峰的峰形变宽。

由于氧-氢-氯和氧-氢-氧等氢键的大量存在，季铵盐的特征吸收峰消失。氯化胆碱的加入引入了 Cl^-，Cl^- 作为电子供给体与甘油形成了氧-氢-氯键，从而导致甘油中的 ν_{sC-H} 从 $2938cm^{-1}$ 红移到 $2930cm^{-1}$，ν_{C-H} 从 $2883cm^{-1}$ 红移到 $2878cm^{-1}$。在甘油-氯化胆碱体系中可以观察到氯化胆碱在 $956cm^{-1}$ 处 ν_{C-C} 的振动吸收峰，说明类离子液体中，氯化胆碱的骨架结构没有被破坏。由于氧-氢-氯的形成，甘油的 ρ_{CH_2} 变弱。甘油 $992cm^{-1}$ 处的振动吸收峰在甘油-氯化胆碱体系中消失，说明了甘油与氯化胆碱之间大量氢键的形成破坏了甘油自身所具有的氢键的三维空间结构。

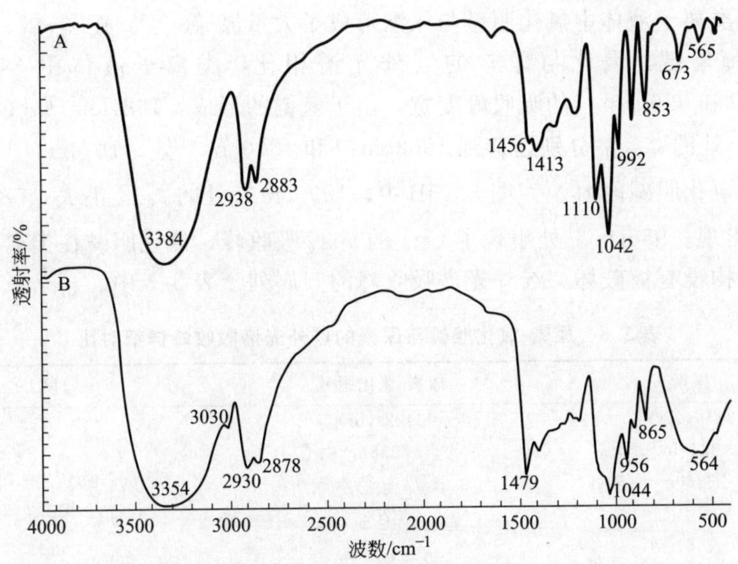

图 3.22 类离子液体的红外光谱图（A：甘油，B：甘油-氯化胆碱）

3.2.4 尿素-氯化胆碱类离子液体结构

Yue 等[89]将氯化胆碱和尿素按照摩尔比 1∶2 混合，在 80℃下加热搅拌形成无色透明的尿素-氯化胆碱类离子液体，用液膜法测定了类离子液体的红外光谱，如图 3.23 所示，并对其结构进行了分析。尿素中存在的氨基和羰基官能团能够与氯化胆碱通过氢键的作用形成稳定的三维网状结构，使离子液体具有良好的稳定性、溶解性以及电化学性能等。

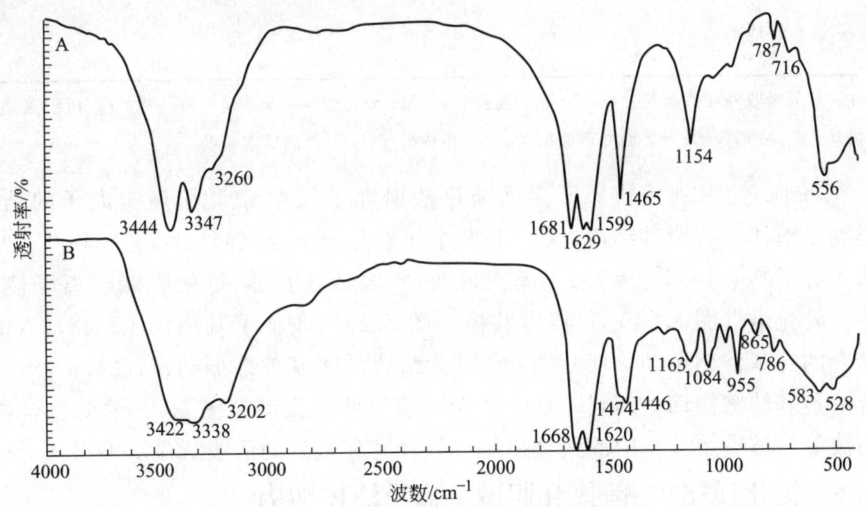

图 3.23 尿素-氯化胆碱与尿素的红外光谱对比图（A：尿素，B：尿素-氯化胆碱）

由于类离子液体中氯化胆碱与尿素形成了大量氮-氢-氮、氮-氢-氧、氧-氢-氧和氧-氢-氮氢键，因此与尿素的红外光谱相比，类离子液体中 3444cm^{-1}、3347cm^{-1}和 3260cm^{-1}的吸收峰变宽。由于氢键的形成，1681cm^{-1}处的δ_{sNH_2}和 1629cm^{-1}处的δ_{asNH_2}分别迁移到 1668cm^{-1}和 1620cm^{-1}处。1474cm^{-1}处的吸收峰归结于氯化胆碱的ρ_{CH_3}。图 3.23B 中，1599cm^{-1}处的$\nu_{C=O}$消失，583cm^{-1}处的$\delta_{C=O}$出现。955cm^{-1}处出现了 Ch$^+$的ν_{C-C}吸收峰，氯化胆碱在类离子液体中的骨架结构没有被破坏。红外光谱吸收峰的归属列于表 3.3 中。

表 3.3 尿素-氯化胆碱与尿素的红外光谱吸收峰详细对比

尿素	尿素-氯化胆碱	归属
3444s(br)	3422s(br)	ν_{asNH_2}
3347m	3338m	ν_{sNH_2}
3260s	3202	δ_{sNH_2} $\nu_{C=O}$
1681s	1668m	δ_{sNH_2}
1599s		$\nu_{C=O}$
1629s	1620s	δ_{asNH_2}
	1474m	ρ_{CH_3}
1455m		ρ_{sNH_2}
	1163m	ν_{asCN}
	1084m	ρ_{CH_2}
	955s	ν_{asCCO}
787m	786m	$w_{C=O}$
716w		τ_{asNH_2}
583m		δ_{CH}

注：红外吸收峰峰值单位：cm^{-1}；v：极强；s：强；m：中等；w：弱；br：宽；t：扭绞振动；ν：伸缩振动；δ：变形振动；γ：面外弯曲振动；τ：扭转振动；ρ：面内摇摆振动。

Abbott 等[19]利用快原子轰击质谱法研究了尿素-氯化胆碱类离子的结构，在类离子液体中有两种结构：Cl$^-$与两个尿素分子络合（$M^-=155$）和 Cl$^-$与一个尿素分子络合（$M^-=95$）。冯锦峰等[90]合成了尿素-氯化胆碱类离子液体，利用红外光谱（图 3.24）和核磁共振（图 3.25）表征了其结构。3418.07cm^{-1}为缔合的羟基伸缩振动；1667.54cm^{-1}为缔合的羰基伸缩振动；1621.34cm^{-1}为缔合的羟基伸缩振动；1446.61cm^{-1}为甲基的伸缩振动。图 3.25 说明化合物中的活泼氢均被重水分子中的氘替换掉，故羟基和氨基的活泼氢显示不出来。

3.2.5 氯化镁-乙二醇-氯化胆碱类离子液体结构

贾永忠等对合成的六水氯化镁-乙二醇-氯化胆碱类离子液体的红外谱图进行

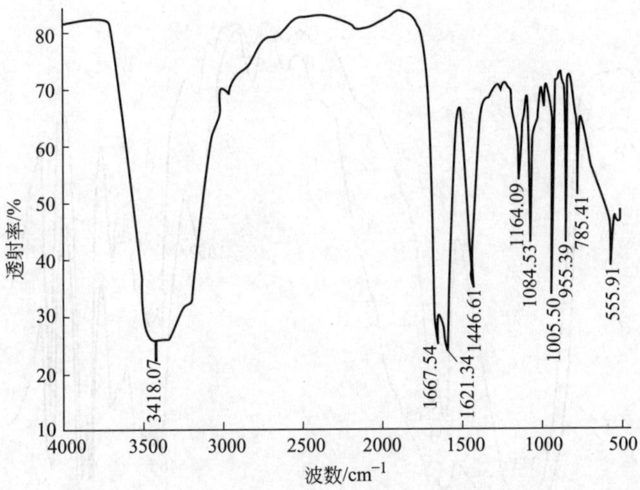

图 3.24 氯化胆碱-尿素类离子液体的红外图谱

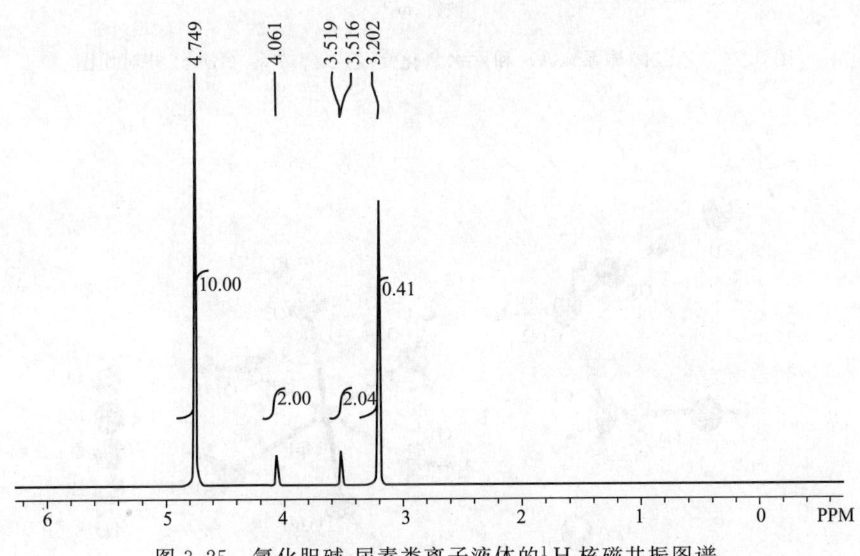

图 3.25 氯化胆碱-尿素类离子液体的^1H核磁共振图谱

了分析[91,92]，同时对六水氯化镁-乙二醇单晶进行了测试分析[93,94]，推出了类离子液体的结构以及类离子液体中水与其他基团的键合行为。图 3.26 是乙二醇体系（A）和六水氯化镁-乙二醇体系（B）红外对比图。

由于乙二醇中的羟基与六水氯化镁的 Cl 形成氢键，因此与乙二醇的红外光谱相比，在六水氯化镁-乙二醇体系中，3339cm^{-1}处的羟基的伸缩振动吸收峰变宽，3100～3450cm^{-1}和 1652cm^{-1}处水的吸收振动吸收峰变强，526cm^{-1}处的峰被 500cm^{-1}处的氢键峰掩盖。

对六水氯化镁-乙二醇单晶进行单晶 X 衍射表征，如图 3.27。六水氯化镁-

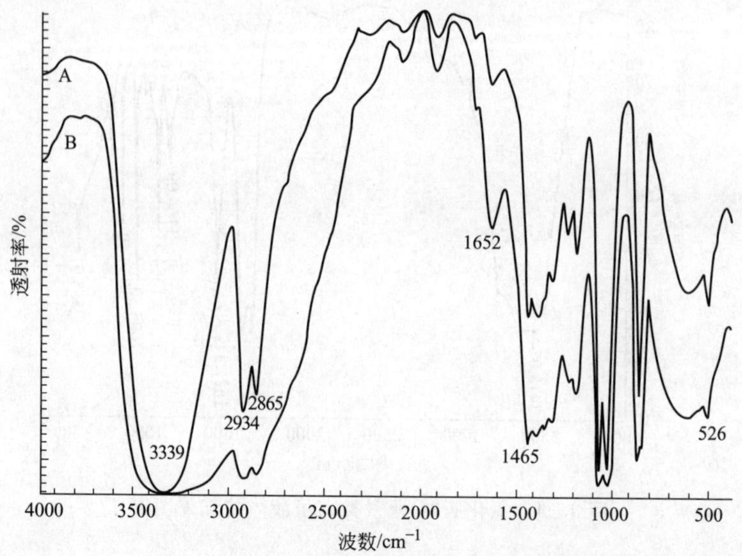

图 3.26　乙二醇体系（A）和六水氯化镁-乙二醇体系（B）红外对比图

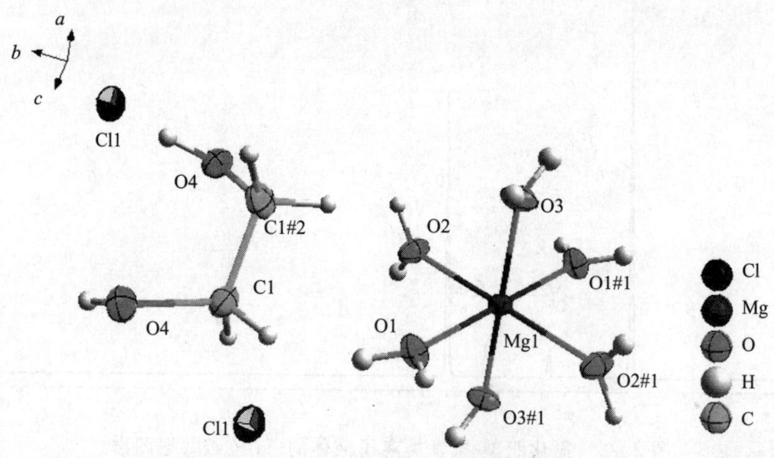

图 3.27　六水氯化镁-乙二醇单晶结构图

乙二醇单晶组成为六水氯化镁-乙二醇，其中六水氯化镁中的六个水以与镁配位的方式存在，乙二醇及配位水中的羟基与氯形成氧-氢-氯等氢键。同时类离子液体中配位水形成氧-氢-氧氢键。在六水氯化镁-乙二醇液相中主要存在氧-氢-氧和氧-氢-氯相互作用。结合单晶与红外图谱分析可以推断，在液相中，六水氯化镁与乙二醇分子存在氢键相互作用。类离子液体中的水主要与镁配合后，通过氧-氢-氯与乙二醇相连，同时类离子液体中还存在有配位水之间形成的氧-氢-氧氢键结构。六水氯化镁-乙二醇晶胞堆积结构如图 3.28 和图 3.29 所示。

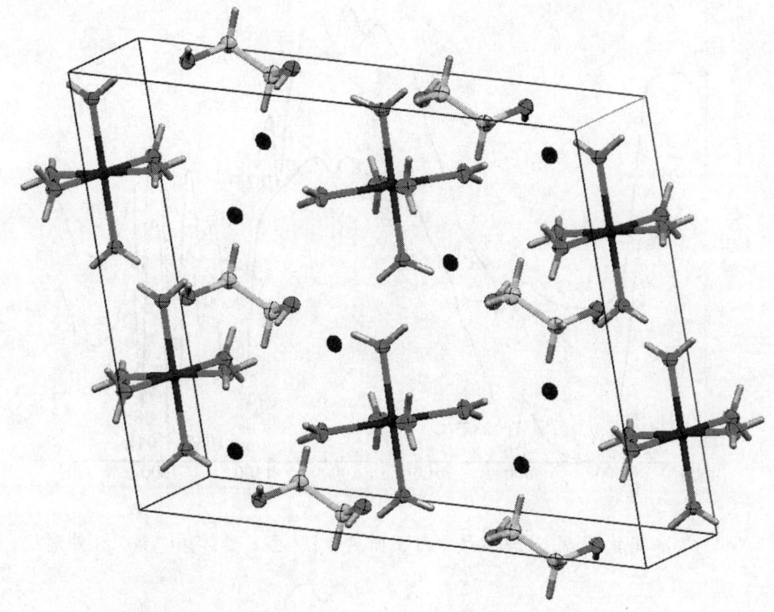

图 3.28　六水氯化镁-乙二醇晶胞堆积结构图（1）

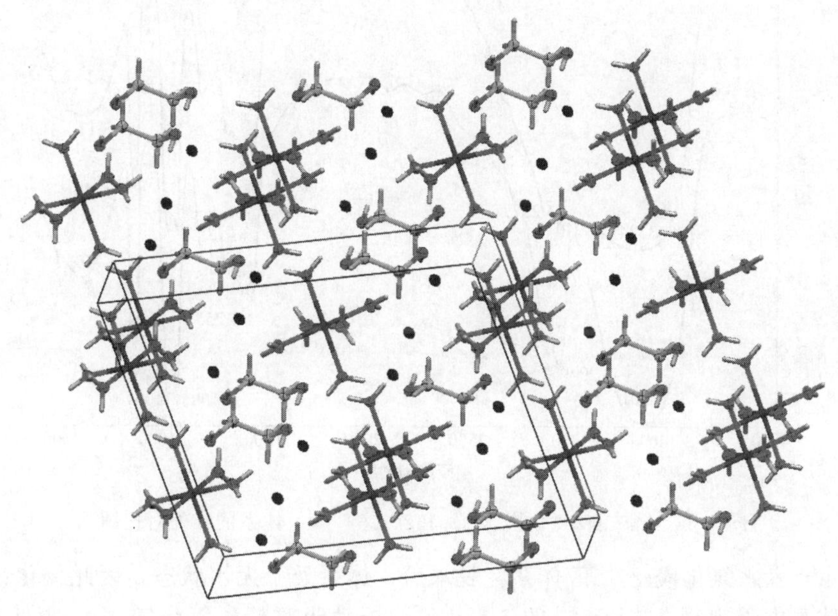

图 3.29　六水氯化镁-乙二醇晶胞堆积结构图（2）

利用红外技术进一步分析了六水氯化镁-乙二醇、氯化镁-乙二醇、氯化镁-乙二醇-氯化胆碱体系的结构，如图 3.30～图 3.32 所示。

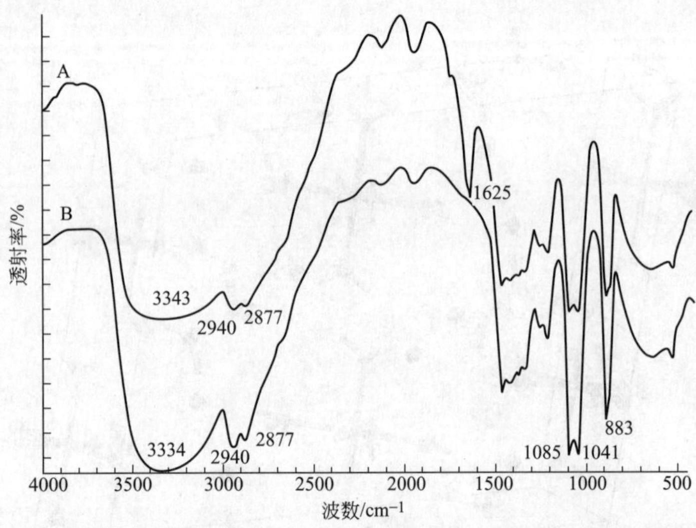

图 3.30　六水氯化镁-乙二醇体系（A）和氯化镁-乙二醇体系（B）红外对比图

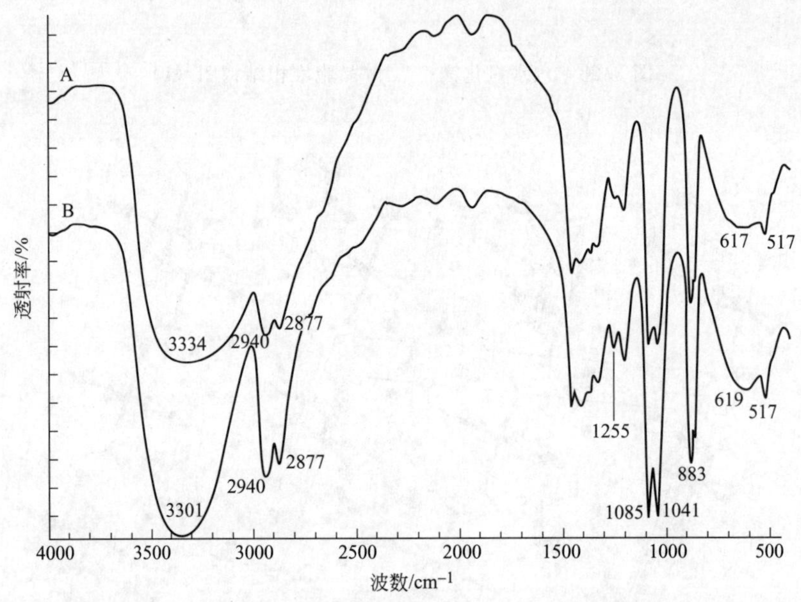

图 3.31　乙二醇-氯化镁（A）和乙二醇（B）体系的红外对比图

由于六水氯化镁-乙二醇体系经脱水后，体系处于无水状态，因此氯化镁-乙二醇体系中未出现 1625cm^{-1} 的 δ_{H-O-H}的振动吸收峰。氯化镁-乙二醇体系中 3334cm^{-1}处的振动吸收峰归结于乙二醇中的羟基的振动吸收峰，而 3343cm^{-1}处的振动吸收峰归结于六水氯化镁-乙二醇中水的羟基振动吸收峰。

由于 Mg^{2+} 与乙二醇形成镁-氧键，与乙二醇红外光谱相比。在氯化镁-乙二

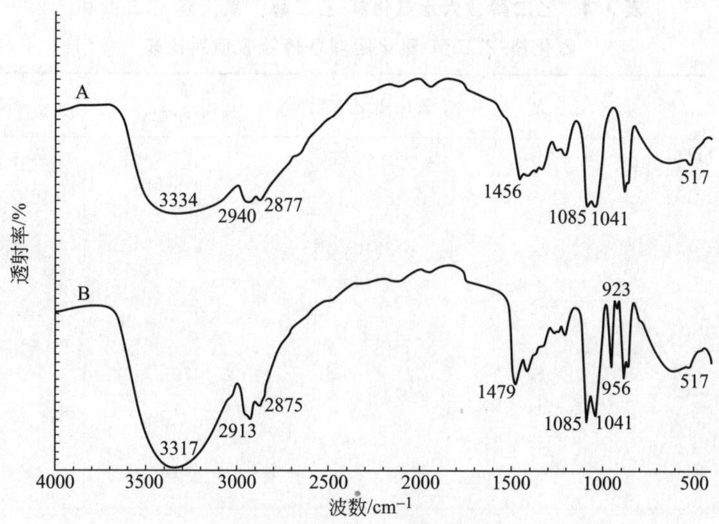

图 3.32 乙二醇-氯化镁（A）体系和氯化镁-乙二醇-氯化胆碱（B）体系的红外对比图

醇体系中，620cm^{-1}处（图 3.32）的振动吸收峰变得圆滑，键的结合方式如式(3.3) 和式(3.4)：

$$MgCl_2 \cdot 6H_2O + HOCH_2CH_2OH \xrightarrow{180℃} [Mg \cdots HOCH_2CH_2OH] \quad (3.3)$$

$$HOCH_2CH_2OH + Cl^- \longrightarrow HOCH_2CH_2OH \cdots Cl^- \quad (3.4)$$

氧-氢-氯键的形成，导致羟基的振动吸收峰从 3301cm^{-1}移动到 3334cm^{-1}处。镁-氧键的形成导致氯化镁-乙二醇体系在 1255cm^{-1}的 β_{O-H}振动吸收峰变弱。在 2940cm^{-1}处的 ν_{sC-H}振动吸收峰和 2877cm^{-1}处的 ν_{C-H}振动吸收峰变弱。

在氯化镁-乙二醇-氯化胆碱体系中，由于氢键的形成，季铵盐的特征吸收峰消失。氯化胆碱的加入，引入了更多的 Cl^-，Cl^-作为电子供给体，形成了很多的氧-氢-氯氢键。导致在 2940cm^{-1}处的 ν_{sC-H}振动吸收峰移动到 2913cm^{-1}处，2877cm^{-1}处的 ν_{C-H}发生很微小的移动。在图 3.32(B) 中，1479cm^{-1}处的振动吸收峰归结于氯化胆碱中ρ_{CH_3}的振动吸收峰。在 1479cm^{-1}处的吸收峰出现，掩盖了 1456cm^{-1}处的 δ_{CH_2}振动吸收峰。氯化镁-乙二醇-氯化胆碱体系中，氯化胆碱的骨架结构的 ν_{C-C}键的振动吸收峰没有改变，这说明氯化胆碱的基本结构没有被破坏。在非水溶液中，氯化胆碱容易形成如下结构，如式(3.5)：

$$3ChCl \longleftrightarrow Ch_2Cl^+ + ChCl_2^- \quad (3.5)$$

乙二醇、六水氯化镁-乙二醇、氯化镁-乙二醇和氯化镁-乙二醇-氯化胆碱体系各吸收峰的峰值对比详细地列于表 3.4 中。

表 3.4　乙二醇、六水氯化镁-乙二醇、氯化镁-乙二醇和氯化镁-乙二醇-氯化胆碱各峰吸收值对比表

六水氯化镁-乙二醇	乙二醇	氯化镁-乙二醇	氯化镁-乙二醇-氯化胆碱	归属
3343 vs (br)		3334vs(br)		
			3334vs(br)	ν_{O-H}
	3301vs			
2939s	2940s	2940s		ν_{asC-H}
		2913s		
2877s	2877s	2877s	2875s	ν_{sC-H}
1625s				δ_{HOH}
			1479m	
	1457m			δ_{CH_2}
1456m		1456m		
			1411m	
1417m	1409m	1409m		δ_{COH}
	1369m			
1367m		1365m	1365m	
1336m		1336m		$\gamma_{CH_2}\tau_{CH_2}\delta_{CH_2}$
	1332m			
			1324m	
			1261w	
	1255			
1247w		1247w		$\tau_{CH_2}\gamma_{CH_2}$
			1240w	
	577w			
			547w	δ_{CCO}
		522w		

注：* 红外吸收峰峰值单位：cm^{-1}；v：极强；s：强；m：中等；w：弱；br：宽；t：扭绞振动；ν：伸缩振动；δ：变形振动；γ：面外弯曲振动；τ：扭转振动；ρ：面内摇摆振动。

在类离子液体氯化镁-乙二醇-氯化胆碱中，不同组分之间存在氧-氢-氧和氧-氢-氯相互作用，离子种类主要有：Ch_2Cl^+、$Mg(EG)_n^{2+}$、$(EGCl)^-$和$(ChCl_2)^-$四种离子。

3.2.6　氯化镁-尿素-氯化胆碱类离子液体结构

氯化镁-尿素-氯化胆碱类离子液体的结构分析[89]采用傅里叶红外光谱仪，溴化钾压片，用液膜法测定了类离子液体的红外谱图，如图 3.33 所示。

3000～3500cm^{-1}处的宽峰说明在该类离子液体中可能形成了大量氮-氢-氮和氮-氢-氧氢键。1672.38cm^{-1}和 1617.26cm^{-1}处的吸收峰表明在该体系中形成了氧-氢-氧氢键。氯化胆碱在 955.31cm^{-1}的 ν_{C-C}并没有明显的变化，液体中存在 Ch^+。在该类离子液体中，氯化胆碱可能存在和其他非水溶液中一样的反应式(3.6)[94,95]：

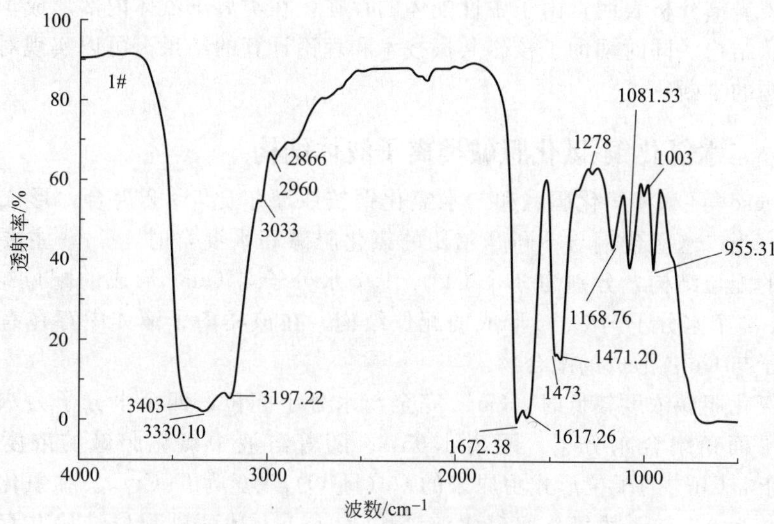

图 3.33 氯化镁-尿素-氯化胆碱类离子液体的傅里叶红外光谱图（摩尔比为 1：2：0.1）

$$3ChCl \longleftrightarrow Ch_2Cl^+ + ChCl_2^- \tag{3.6}$$

红外图谱中各峰归属见表 3.5。

表 3.5 尿素-氯化胆碱与尿素的红外光谱吸收峰详细对比

尿素	尿素-氯化胆碱	氯化镁-尿素-氯化胆碱	归属
3444s(br)	3422(br)	3403(br)	ν_{asNH_2}
3347vs	3338vs	3330vs	ν_{sNH_2}
3260s	3202s		δ_{sNH_2}
		3179vs	ν_{O-H}
		2960w	ν_{asCH_3}
		2866w	ν_{sCH_3}
1681sv	1668sv	1672vs	$\delta_{sNH_2}\ \nu_{C=O}$
1629sv	1620sv	1617vs	δ_{asNH_2}
1599s			$\nu_{C=O}$
	1474s	1473s	δ_{sCH_2}
		1471s	δ_{asCH_3}
1455s			ρ_{sNH_2}
	1163m	1168m	ν_{asCN}
	1084m	1081m	$\nu_{O=H}$
		1003w	ν_{C-C}
	955m	955m	ν_{asCCO}
787w	786m		$w_{C=O}$
716w			τ_{asNH_2}
583m			δ_{CH}

注：红外吸收峰峰值单位：cm^{-1}；v：极强；s：强；m：中等；w：弱；br：宽；t：扭绞振动；ν：伸缩振动；δ：变形振动；γ：面外弯曲振动；τ：扭转振动；ρ：面内摇摆振动。

红外光谱分析表明，由于中性配体的存在，在类离子液体内部形成了大量的氢键网状结构。同时辅助于核磁共振技术和理论计算的结果，可以实现对类离子液体结构的推断。

3.2.7 二水氯化铜-氯化胆碱类离子液体结构

Vreese 等[56]将氯化胆碱和二水氯化铜按照摩尔比 1∶2 混合，形成了类离子液体。当二水氯化铜与不同摩尔比的氯化胆碱和水混合时，Cu^{2+} 主要存在两种不同的配位结构，分别为 3 个 Cl^-、1 个水分子与 Cu^{2+} 形成的配位结构和 2 个 Cl^-、2 个水分子与 Cu^{2+} 形成的配位结构。在该类离子液体中存在有各类胆碱阳离子与 Cu^{2+} 形成的配合物。

当氯化胆碱浓度较低时，Cu^{2+} 完全与水分子配位，四个水分子为八面体中的四个平面角络合水分子，距离 1.95Å。随着溶液中氯化胆碱的浓度增加到 50%以上，Cu^{2+} 的配位形式由原来的 $Cu(H_2O)_4^{2+}$ 变为 $CuCl_4^{2-}$。在氯化胆碱的质量分数为 0～50%的氯化胆碱水溶液中，Cu^{2+} 上述两种配位结构共存。在室温下静置，类离子液体中会析出二水氯化铜和三氯胆碱铜晶体，晶体结构如图 3.34 所示（彩图见封面）；暴露于空气中，可形成一种新的十氯胆碱氧铜（$[choline]_4[Cu_4Cl_{10}O]$）晶体，晶体结构如图 3.35 所示（彩图见封底）。

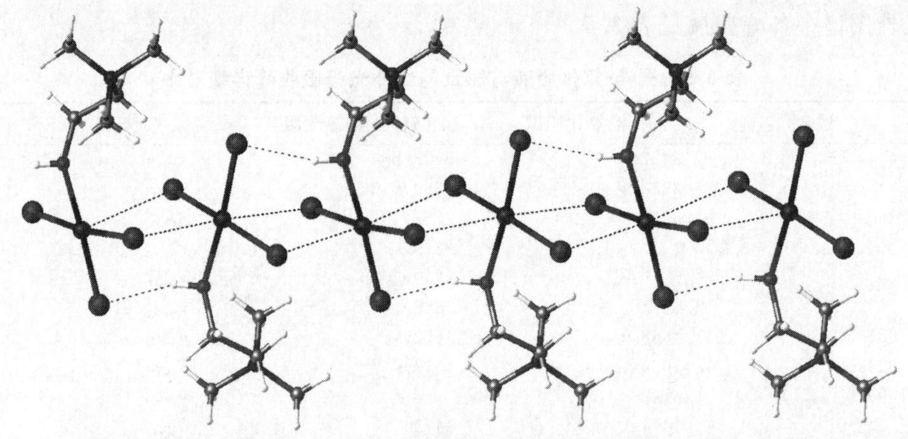

图 3.34 三氯胆碱铜晶体结构

（Cu，宝蓝色；Cl，绿色；N，蓝色；O，红色；C，灰色；H，白色）

在氯化胆碱-水混合物中，出现了不同配位状态的铜离子络合物。氯化胆碱-二水氯化铜中的铜离子络合状态与铜离子在氯化胆碱-水混合物（水质量分数 49%～62%）中的状态类似。铜离子的络合水分子逐渐被氯根取代，铜的电沉积电位朝更负的方向变化，在循环伏安曲线上可以观察到铜二价离子与一价离子的电子对。

3.2.8 六水氯化镍-尿素/乙二醇-氯化胆碱类离子液体结构

王怀有等[74]采用红外光谱研究了类离子液体尿素-氯化胆碱-六水氯化镍的

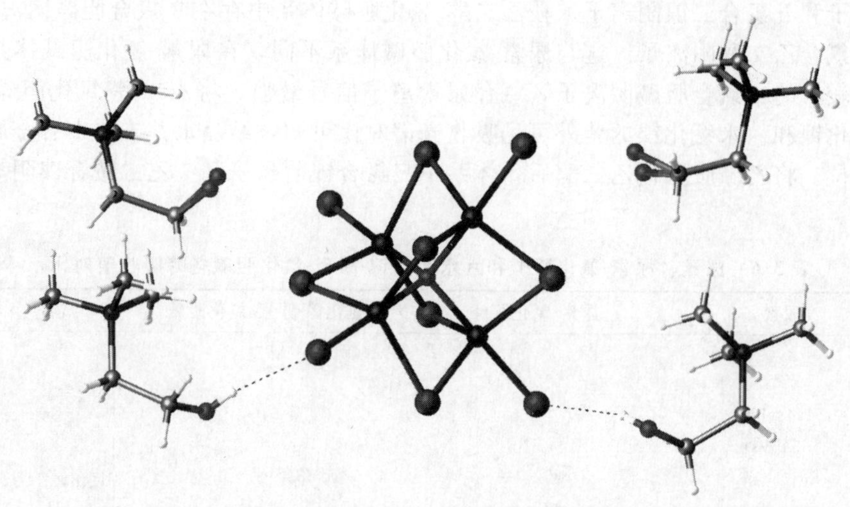

图 3.35 [choline]$_4$ [$Cu_4Cl_{10}O$] 晶体结构
（Cu，宝蓝色；Cl，绿色；N，蓝色；O，红色；C，灰色；H，白色）

结构，其中波数 3200～3400cm^{-1}处的宽峰说明在该类离子液体中形成了大量的氢键，形成的氢键可能有氮—氢—氮、氮—氢—氧和氧—氢—氧。在图 3.36 中峰 1662cm^{-1}和 1621cm^{-1}归属为 $\nu_{C=O}$ 和 ν_{O-H} 的吸收峰，氯化胆碱在 954cm^{-1}的 ν_{C-C} 并没有明显的变化，说明液体中存在 Ch^+，红外光谱图 3.36 中各峰的归属列于表 3.6 中。

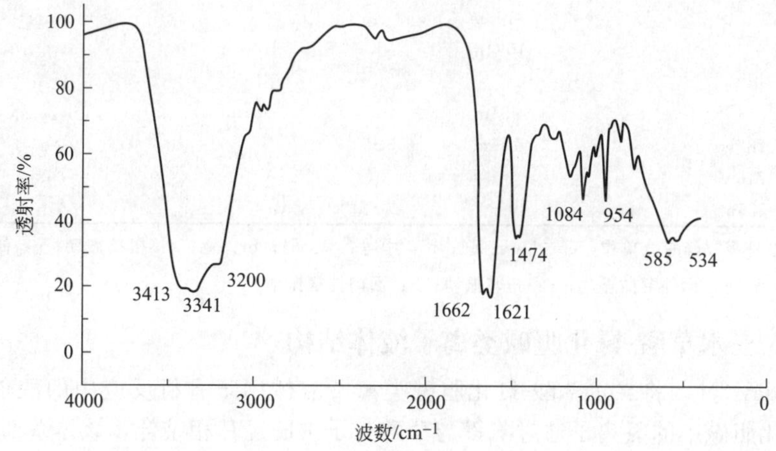

图 3.36 六水氯化镍-尿素-氯化胆碱类离子液体的傅里叶变换红外光谱图

Abbott 等[43]采用快原子轰击质谱法和紫外可见光谱吸收法等多种技术手段研究了类离子液体乙二醇-氯化胆碱-六水氯化镍的结构。体系中仅存在三氯合镍阴离子和五氯合二镍阴离子。在乙二醇-氯化胆碱体系中存在二氯合胆碱阴离子，而非氯合乙二醇阴离子。这与尿素-氯化胆碱体系不同，在尿素-氯化胆碱体系仅存在较少的二氯合胆碱阴离子，氯合尿素离子信号最强。将乙二醇-氯化胆碱-六水氯化镍和六水氯化镍的紫外可见吸收光谱对比可知，结晶水并未与中心金属原子配位。将乙二胺取代乙二醇后，体系中三氯合镍阴离子和三乙二胺合镍阴离子共存。

表 3.6　尿素，尿素-氯化胆碱和六水氯化镍-尿素-氯化胆碱各峰吸收值对比

尿素	尿素-氯化胆碱	六水氯化镍-尿素-氯化胆碱	归属
		3413(br)	
	3422(br)		ν_{asNH_2}
3444s(br)			
3347vs			
		3341vs	ν_{sNH_2}
	3338vs		
3260s			δ_{sNH_2}
	3202s	3200s	
1681sv			
	1668vs		δ_{sNH_2} $\nu_{C=O}$
		1662vs	
1629sv	1620sv	1621vs	δ_{asNH_2}
1599s			$\nu_{C=O}$
	1474s	1474s	δ_{sCH_2}
			δ_{asCH_3}
1455s			ρ_{sNH_2}
	1163m		ν_{asCN}
	1084m	1084m	ν_{O-H}
			ν_{C-C}
	955m	954m	ν_{asCCO}
787w	786m		$w_{C=O}$
716w			τ_{asNH_2}
585m			δ_{CH}

注：红外吸收峰峰值单位：cm^{-1}；s：强；m：中等；w：弱；br：宽；t：扭绞振动；ν：伸缩振动；δ：变形振动；γ：面外弯曲振动；τ：扭转振动；ρ：面内摇摆振动。

3.2.9　二水草酸-氯化胆碱类离子液体结构

Yadav 等[97]将二水草酸-氯化胆碱类离子液体用于有机反应中的酸催化剂，发现氯化胆碱中的氯离子通过氢键与草酸分子中的羟基相结合，该体系通过氢键强化了羰基的极化作用，使羰基更具亲电性，从而推动反应完成。其催化合成机理如图 3.37 所示。

Agapescu 等[81]研究发现氯化胆碱-二水草酸体系中草酸所带的结晶水行为与游离水不同，水分子与氯离子强烈络合或者与络合物中心原子配位。Mares

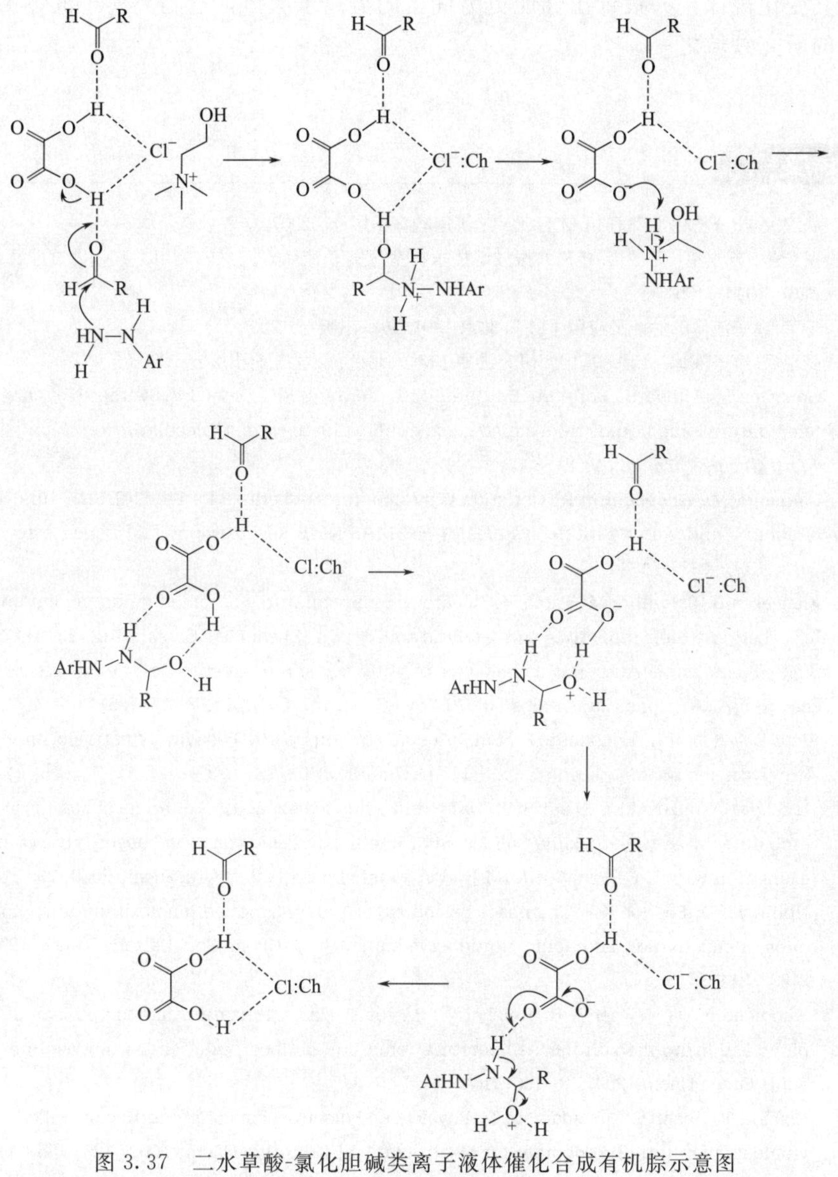

图 3.37 二水草酸-氯化胆碱类离子液体催化合成有机腙示意图

等[80]采用循环伏安曲线考察了氯化胆碱-二水草酸类离子液体中水的赋存形式，在电沉积金属离子过程中，体系中的水并未电解，水分子处于络合配位状态。

本章主要讨论了类离子液体结构的表征和解析，与离子液体结构的研究相比，类离子液体结构表征手段的应用还不够广泛，对其结构的研究还远不够深入。如何将更多的技术手段应用于类离子液体结构的表征，探索类离子液体中阴阳离子、中性配体及氢键网络之间的相互作用关系，以深入理解类离子液体的性质及其变化规律，并设计出性能更为优良的类离子液体，这是类离子液体极具挑战性的研究领域之一。

参考文献

[1] 武汉大学. 分析化学(下册) [M]. 北京：高等教育出版社，2007.

[2] 翟翠萍，刘学军，王键吉. 核磁共振波谱技术在室温离子液体研究中的应用 [J]. 化学进展，2009, 21(5)：1040 ~ 1051.

[3] 王军. 离子液体的性能及应用 [M]. 北京：中国纺织出版社，2007.

[4] 张星辰. 离子液体-从理论基础到研究进展 [M]. 北京：化学工业出版社，2008.

[5] González L, Altava B, Bolte M, Burguete M I, Verdugo E G, Luis S V. Synthesis of chiral room temperature ionic liquids from amino acids-application in chiral molecular recognition [J]. Eur J Org Chem, 2012, 26: 4996 ~ 5009.

[6] Carmen M K, Annekathrin R, Christian W, Annegret S, Eberhard H, Frank B. Structural studies on ionic liquid/water/peptide systems by HR-MAS NMR spectroscopy [J]. Chem Phys Chem, 2012, 13(7): 1836 ~ 1844.

[7] Francesca D, Salvatore M, Paola V, Renato N. Binary mixtures of ionic liquids: a joint approach to investigate their properties and catalytic ability [J]. Chem Phys Chem, 2012, 13: 1877 ~ 1884.

[8] Singh T, Kumar A. Aggregation behavior of ionic liquids in aqueous solutions: effect of alkyl chain length, cations, and anions [J]. J Phys Chem B, 2007, 111: 7843 ~ 7851.

[9] Rizvi S A A, Shi L, Lundberg D, et al. Unusual aqueous-phase behavior of cationic amphiphiles with hydrogen-bonding headgroups [J]. Langmuir, 2008, 24: 673 ~ 677.

[10] Hubbard A, Okazaki T, Laali K K. Halo- and azidodediazoniation of arenediazonium tetrafluoroborates with trimethylsilyl halides and trimethylsilyl azide and sandmeyer-type bromodediazoniation with Cu (I)Br in [BMIM] [PF_6] ionic liquid [J]. J Org Chem, 2008, 73: 316 ~ 319.

[11] Holbrey J D, Seddon K R. The phase behaviour of 1-alkyl-3-methyl imidazolium tetra Xuoroborates; ionic liquids and ionic liquid crystals [J]. J Chem Soc Dalton Trans, 1999, 13: 2133 ~ 2140.

[12] Huddleston J G, Visser A E, Reichert W M, et al. Characterization and comparison of hydrophilic and hydrophobic room temperature ionic liquids incorporating the imidazolium cation [J]. Green Chem, 2001, 3: 156 ~ 164.

[13] Nishida T, Tashiro Y, Yamamoto M. Physical and electrochemical properties of 1-alkyl-3-methylimidazolium tetrafluoroborate for electrolyte [J]. Fluorine Chem, 2003, 120: 135 ~ 141.

[14] Zhao D B, Fei Z F, Scopelliti R, et al. Synthesis and characterization of ionic liquids incorporating the nitrile functionality [J]. Inorg Chem, 2004, 43 (6): 2197 ~ 2205.

[15] Abdul-Sada A K, Avent A G, Parkington M J, Ryan T A, Seddon K R, Welton T. Removal of oxide contamination from ambient-temperature chloroaluminate (Ⅲ) ionic liquids [J]. J Chem Soc Dalton Trans, 1993, 3283 ~ 3286.

[16] Robinson J, Bugle R C, Chum H L, Koran D, Osteryoung R A. Proton and carbon-13 nuclear magnetic resonance spectroscopy studies of aluminum halide-alkylpyridinium halide molten salts and their benzene solutions [J]. J Am Chem Soc, 1979, 101 (14): 3776 ~ 3779.

[17] Wasserscheid P, Bösmann A, Bolm C. Synthesis and properties of ionic liquids derived from the ‘chiral pool’ [J]. Chem Commun, 2002, 3: 200~201.

[18] Tubbs J D, Hoffmann M M. Ion-pair formation of the ionic liquid 1-ethyl-3-methylimidazolium bis (trifyl)imide in low dielectric media [J]. J Solution Chem, 2004, 33 (4): 381~394.

[19] Abbott A P, Capper G, Davies D L, Rasheed R K, Tambyrajah V. Novel solvent properties of choline chloride/urea mixtures [J]. Chem Commun, 2003, 1: 70~71.

[20] 孟令芝，龚淑玲，何永炳. 有机波谱分析 [M]. 武汉：武汉大学出版社，2008.

[21] 曾昭琼，李景宁. 有机化学 [M]. 北京：高等教育出版社，2006.

[22] 张锁江，徐春明，吕兴梅，周清. 离子液体与绿色化学 [M]. 北京：科学出版社，2009.

[23] Dieter K M, Dymek C J, Heimer N E, Rovang J W, Wilkes J S. Ionic structure and interactions in 1-methyl-3-ethylimidazolium chloride-aluminum chloride molten salts [J]. J Am Chem Soc, 1988, 110: 2722~2726.

[24] Tait S, Osteryoung R A. Infrared study of ambient-temperature chloroaluminates as a function of melt acidity [J]. Inorg Chem, 1984, 23 (25): 4352~4360.

[25] Cammarata L, Kazarian S G, Salter P A, Welton T. Molecular states of water in room temperature ionic liquids [J]. Phys Chem Chem Phys, 2001, 3 (23): 5192~5200.

[26] 高伟. 新型 Brønsted-Lewis 双酸性离子液体的合成及表征 [D]. 河北工业大学硕士学位论文，2010.

[27] 岳都元. ChCl-$MgCl_2$ 型 (类)离子液体的制备、表征及电化学应用 [D].中国科学院大学博士学位论文，2013.

[28] 吴芹，董斌琦，韩明汉，左宜赞，金涌. 新型 Brønsted 酸性离子液体的合成与表征 [J]. 光谱学与光谱分析，2007, 127 (10): 2027~2031.

[29] Li J, Wei W, Nye L C, Schulz P S, Wasserscheid P, Ivanović-Burmazović I, Drewello T. Zwitterionic clusters with dianion core produced by electrospray ionisation of Brønsted acidic ionic liquids [J]. Phys Chem Chem Phys, 2012, 14: 5115~5121.

[30] Podjava A, Mekss P, Zicmanis A. Positive and negative electrospray ionization-collision-induced dissociation of sulfur-containing zwitterionic liquids [J]. Eur J Mass Spectrom, 2011, 17 (4): 377~383.

[31] Nousiainen M, Tolstogouzov A, Holopainen S, Janis J, Sillanpaa M. Study of imidazolium and pyrrolidinium ionic liquids by ion mobility spectrometry and electrospray ionization mass spectrometry [J]. Rapid Commun Mass Sp, 2011, 25 (17): 2565~2569.

[32] Cao X J, Yu Y, Ye X M, Mo W M. Solvation in gas-phase reactions of sulfonic groups containing ionic liquids in electrospray ionization quadrupole ion trap mass spectrometry [J]. Eur J Mass Spectrom, 2009, 15 (3): 409~413.

[33] Jiang K Z, Bian G F, Chai Y F, Yang H M, Lai Q Q, Pan Y J. Electrospray mass spectrometric studies of nickel (II)-thiosemicarbazones complexes: Intra-complex proton transfer in the gas phase ligand exchange reactions [J]. Int J Mass Spectrom, 2012, 321-322: 40~48.

[34] Allen J J, Schneider Y, Kail B W, Luebke D R, Nulwala H, Damodaran K. Nuclear spin relaxation and molecular interactions of a novel triazolium-based ionic liquid [J]. J Phy Chem, 2013, 117 (14): 3877~3883.

[35] Alfassi Z B, Huie R E, Milman B L, Neta P. Electrospray ionization mass spectrometry of ionic liquids and determination of their solubility in water [J]. Anal Bioanal Chem, 2003, 377 (1): 159~164.

[36] Dupont J, Eberlin M N. Structure and physico-chemical properties of ionic liquids: What mass spectrometry is telling us [J]. Curr Org Chem, 2013, 17 (3): 257～272.

[37] Kennedy D F, Drummond C J. Large aggregated ions found in some protic ionic liquids [J]. J Phy Chem B, 2009, 113 (17): 5690～5693.

[38] Gross J H. Liquid injection field desorption/ionization-mass spectrometry of ionic liquids [J]. J Am Soc Mass Spectrom, 2007, 18 (12): 2254～2262.

[39] Lesimple A, He X, Chan T H, Mamer O. Collision-induced dissociation of sulfur-containing imidazolium ionic liquids [J]. J Mass Spectrom, 2008, 43: 35～41.

[40] 余祎. 离子液体的质谱行为及其在药物分析中的应用 [D]. 浙江工业大学硕士学位论文, 2009.

[41] 王建英, 赵风云, 刘玉敏, 胡永琪. 1-烷基-3-甲基咪唑系列室温离子液体表面张力的研究 [J]. 化学学报, 2007, 65 (15): 1443～1448.

[42] 单海霞. 新型烷基咪唑离子液体的合成及应用 [D]. 江南大学博士学位论文, 2010.

[43] Abbott A P, Ttaib K E, Ryder K S, Smith E L, Electrodeposition of nickel using eutectic based ionic liquids [J], T I Met Finish, 2008, 86 (4): 234～240.

[44] Abbott A P, Capper G, Davies D L, Rasheed R K. Ionic liquid analogues formed from hydrated metal salts [J]. Chem Eur J, 2004, 10: 3769～3774.

[45] Abbott A P, Capper G, Davies D L, Rasheed R K, Shikotra P, Selective Extraction of Metals from Mixed Oxide Matrixes Using Choline-Based Ionic Liquids [J], Inorg Chem, 2005, 44 (19), 6497～6499.

[46] 张苗壹. 咪唑体系离子液体的物理化学性质及紫外光谱分析 [D]. 沈阳师范大学硕士学位论文, 2011.

[47] 王金龙, 何志强, 吴业帆, 方云. Brønsted-Lewis 双酸性离子液体的合成与应用 [J]. 化工进展, 2012, 31 (11): 2460～2464.

[48] 董智云. 含脲功能化离子液体的合成及其阴离子识别性能 [D].华东师范大学博士学位论文, 2012.

[49] 谭博. 阴离子 pH 响应离子液体的溶液结构和性质研究 [D]. 河南师范大学硕士学位论文, 2012.

[50] 宋红兵. 碱性离子液体的合成、表征及其在催化反应中的应用研究 [D]. 华南理工大学博士学位论文, 2012.

[51] Fan Y C, Gong X Y, Li J, Zhang L, Sun C J. Fluorescence spectrometric studies on the binding of an amino-functionalized ionic liquid to cytochrome c [J]. Spectrosc Lett, 2013, 46 (4): 257～263.

[52] Chi W S, Jeon H, Kim S J, Kim D J, Kim J H. Ionic liquid crystals: synthesis, structure and applications to I_2-free solid-state dye-sensitized solar cells [J]. Macromol Res, 2013, 21 (3): 315～320.

[53] 高丽霞, 余江. Schiff 碱式双功能离子液体的制备与表征 [J]. 高等学校化学学报, 2013, 34 (1): 108～114.

[54] 乔云香, 邓天松, 华丽, Theyssen N, 侯震山. 咪唑类离子液体分子内氢键的形成规律 [J]. 中国科技论文, 2012, 7 (9): 707～711.

[55] 张海波, 夏春兰, 谢音, 王聪玲, 龚楚清, 龚林波. 离子液体的制备与性质表征 [J]. 大学化学, 2011, 26 (5): 57～61.

[56] Vreese P D, Brooks N R, Hecke K V, Meervelt L V, Matthijs E, Binnemans K, Deun R V, Speciation of Copper (II) Complexes in an Ionic Liquid Based on Choline Chloride and in Choline Chloride/Water Mixtures [J], Inorg Chem, 2012, 51: 4972～4981.

[57] 张力群, 李浩然. 利用红外光谱和拉曼光谱研究离子液体结构与相互作用的进展 [J]. 物理化学学

报，2010，26(11)：2877～2889.

[58] Li J G，Hu Y F，Sun S F，Ling S，Zhang J Z. Ionic structures of nanobased $FeCl_3$/[C_4min]Cl ionic liquids[J]. J Phy Chem B，2012，116(22)：6461～6464.

[59] 郑燕升，卓志昊，莫倩，李军生. 离子液体的分子模拟与量化计算[J]. 化学进展，2011，23(9)：1862～1870.

[60] 王维，吕荣，于安池. 飞秒光学外差光学克尔效应和低频拉曼光谱技术研究离子液体[bmim][PF_6]的低频光谱[J]. 物理化学学报，2010，26(4)：964～970.

[61] 樊俊丽. 室温离子液体的合成及其在有机电化学中的应用[D]. 上海师范大学硕士学位论文，2010.

[62] 房大维，赵飞，李建新，谷学军，臧树良. 铼离子液体的合成及表征[J]. 材料研究与应用，2010，4(1)：27～29.

[63] 李艳. 室温离子液体的合成及应用[D]. 昆明理工大学硕士学位论文，2005.

[64] Bodo E，Mangialardo S，Ramondo F，Ceccacci F，Postorino P. Unravelling the structure of protic ionic liquids with theoretical and experimental methods：Ethyl-，propyl- and butylammonium nitrate explored by Raman spectroscopy and DFT calculations[J]. J Phy Chem B，2012，116(47)：13878～13888.

[65] Moschovi A M，Ntais S，Dracopoulos V，Nikolakis V. Vibrational spectroscopic study of the protic ionic liquid 1-H-3-methylimidazolium bis(trifluoromethanes-ulfonyl)imide[J]. Vib Spectrosc，2012，63：350～359.

[66] Alves M B，Santos V O，Soares V C D，Suarez P A Z，Rubim J C. Raman spectroscopy of ionic liquids derived from 1-n-butyl-3-methylimidazolium chloride and niobium chloride or zinc chloride mixtures[J]. J Raman Spectrosc，2008，39(10)：1388～1395.

[67] Hardwick L J，Holzapfel M，Wokaun A，Novák P. Raman study of lithium coordination in EMI-TFSI additive systems as lithium-ion battery ionic liquid electrolytes[J]. J Raman Spectrosc，2007，38：110～112.

[68] Katayanagi H，Hayashi S，Hamaguchi H，Nishikaw K. Structure of an ionic liquid，1-n-butyl-3-methylimidazolium iodide，studied by wide-angle X-ray scattering and Raman spectroscopy[J]. Chem Phy Lett，2004，392(4-6)：460～464.

[69] Fazio B，Triolo A，Marco G D. Local organization of water and its effect on the structural heterogeneities in room-temperature ionic liquid/H_2O mixtures[J]. J Raman Spectrosc，2008，39(2)：233～237.

[70] Umebayashi Y，Mitsugi T，Fukuda S，Fujimori T，Fujii K，Kanzaki R，Takeuchi M，Ishiguro S I. Lithium ion solvation in room-temperature ionic liquids involving bis(trifluoromethanesulfonyl)imide anion studied by Raman spectroscopy and DFT calculations[J]. J Phys Chem B，2007，111(45)：13028～13032.

[71] Berg R W，Deetlefs M，Seddon K R，Shim I，Thompson J M. Raman and ab initio studies of simple and binary 1-alkyl-3-methylimidazolium ionic liquids[J]. J Phys Chem B，2005，109(40)：19018～19025.

[72] Sitze M S，Schreiter E R，Patterson E V，Freeman R G. Ionic liquids based on $FeCl_3$ and $FeCl_2$ Raman scattering and ab initio calculations[J]. Inorg Chem，2001，40：2298～2304.

[73] Alves M B，Santos V O，Soares V C D，Suarez P A Z，Rubim J C. Raman spectroscopy of ionic liquids derived from 1-n-butyl-3-methylimidazolium chloride and niobium chloride or zinc chloride mixtures[J]. J Raman Spectrosc，2008，39：1388～1395.

[74] 王怀有.系列含镁类离子液体性质、结构及电化学行为研究[D].中国科学院大学博士学位论

文，2014.

[75] Shamsuri A A, Daik R, plasticizing effect of choline chloride/urea eutectic-based ionic liquid on physicochemical properties of agarose films [J], BioResources, 2012, 7 (4): 4760 ~ 4775.

[76] 房春晖，房艳，贾全杰，王焕华，姜晓明，王玉柱，陈雨，林联君，秦绪峰. 同步辐射反射法测定液体结构方法研究 [J]. 核技术，2007, 3 (7): 560 ~ 564.

[77] Yoshimura D, Yokoyama T, Nishi T, Ishii H, Ozawa R, Hamaguchi H, Seki K. Electronic structure of ionic liquids at the surface studied by UV photoemission [J]. J Electron Spectrosc, 2005, 144-147: 319 ~ 322.

[78] Zou Y, Xu H J, Wu G Z, Jiang Z, Chen S M, Huang Y Y, Huang W, Wei X J. Structural analysis of [ChCl]$_m$ [$ZnCl_2$]$_n$ ionic liquid by X-ray absorption fine structure spectroscopy [J]. J Phys Chem B, 2009, 113: 2066 ~ 2070.

[79] Chu Q, Liang J, Hao J, electrodeposition of zinc-cobalt alloys from choline chloride-urea ionic liquid [J], Electrochimica Acta, 2014, 115: 499 ~ 503.

[80] Mares M L, Clocirlan O, Cojocaru A, Anicai L, physico-chemical and electrochemical studies in choline chloride based ionic liquid analogues containing trivalent chromium chloride [J], Rev. Chim., 2013, 64 (8): 815 ~ 824.

[81] Agapescu C, Cojocaru A, Cotarta A, Visan T, electrodeposition of bismuth, tellurium, and bismuth telluride thin films from choline chloride-oxalic acid ionic liquid [J], J. Appl. Electrochem., 2013, 43: 309 ~ 321.

[82] Abbott A P, McKenzie K J, application of ionic liquids to the electrodeposition of metals [J], Phys. Chem. Chem. Phys., 2006, 8, 4265 ~ 4379.

[83] 崔焱. 氯化胆碱-$CrCl_3$·$6H_2O$ 体系中电沉积铬的研究 [D]. 昆明理工大学博士学位论文，2011.

[84] 李娜，孙世铃，刘春光等. 含吡啶配体过渡金属 (M= Cr (0), Mn (Ⅰ), Fe (Ⅱ), Co (Ⅲ))配合物二阶 NLO 性质的 DFT 研究 [J]. 分子科学学报，2008, 5 (24): 307-311.

[85] 雷雪玲，邹艳波，祝恒江. 自旋多重度对铬分子结构的影响 [J]. 新疆师范大学学报：自然科学版，2010, 29 (2): 15 ~ 19.

[86] 钟爱，黄凌，李佰林. 双螺旋金属 (Ⅱ)叶琳的结构、电子光谱及其反应活性 [J]. 物理化学学报，2010, 26 (10): 2763 ~ 2771.

[87] Wang H Y, Jing Y, Wang X H, Yao Y, Jia Y Z. Ionic liquid analogous formed from magnesium chloride hexahydrate and its physico-chemical properties [J]. J Mol Liq, 2011, 163 (2): 77 ~ 82.

[88] Yue D Y, Jing Y, Ma J, et al.physical properties of ionic liquid analogue containing magnesium chloride as temperature and composition dependence [J]. J Therm Anal Calorim, 2012, 110(2): 773-780.

[89] Yue D Y, Jia Y Z, Yao Y, Jinhe Sun, Yan Jing. Structure and electrochemical behavior of ionic liquid analogue based on choline chloride and urea [J]. Electrochim Acta, 2012, 65: 30 ~ 36.

[90] 冯锦峰. 离子液体的合成、表征及其对柴油中碱性氮的脱除研究 [D]. 武汉工程大学硕士学位论文，2012.

[91] Wang H Y, Jia Y Z, Wang X H, Ma J, Jing Y. Physico-chemical properties of magnesium ionic liquid analogous [J]. J Chil Chem Soc, 2012, 57 (3): 1208 ~ 1211.

[92] Yue D Y, Jing Y, Sun J H, Wang X H, Jia Y Z. Structure and ion transport behavior analysis of ionic liquid analogues based on magnesium chloride [J]. J Mol Liq, 2011, 158: 124 ~ 130.

[93] Cui Z, Sun J, Jia Y, Chen Y, Jiang X. Syntheses, Characterization and X-ray crystal structures of two new crystals $MgCl_2$·$2H_2O$·$2C_2H_4(OH)_2$ and $MgCl_2$·$6H_2O$·$C_2H_4(OH)_2$ [J]. Synth Re-

act Inorg M, 2014, Accepted.
[94] 崔振华，六水氯化镁在乙二醇中的溶解结晶行为研究［D］，中国科学院大学硕士学位论文，2014.
[95] Robinson R A, Stokes R H. Electrolyte solutions [M]. Mineola, NY: Dover Publ, 2002.
[96] Abbott A P, Schiffrin D J. Conductivity of tetra-alkylammonium salts in polyaromatic solvents [J]. J Chem Soc Faraday Trans, 1990, 86: 1453~1459.
[97] Yadav U N, Shankarling G S, room temperature ionic liquid choline chloride-oxalic acid: a versatile catalyst for acid-catalyzed transformation in organic reactions [J]. J Mol Liq, 2014, 191: 137~141.

第4章

类离子液体在电沉积中的应用

金属或合金电化学沉积，可应用于金属的电解冶炼、电镀、电铸等方面。金属电沉积的难易程度以及沉积物的形态与沉积金属的性质有关，也与电解液的组成、pH 值、温度、电流密度等因素相关。

目前，电沉积所用电解液主要有三类物质。第一类是水溶液电解液，这种电解液电流效率一般较低，电能消耗高；第二类为高温熔融盐，这类电解液所需温度高，能耗高，而且具有较强的腐蚀性，对材料选择和工艺技术操作要求较高；第三类电解液为有机溶剂体系，有机溶剂体系在电沉积过程中不会产生氢气。然而，有机溶剂易挥发、易燃，电化学窗口较窄，电流效率低。类离子液体具有优良的溶解性能、较宽的电化学窗口和较高的电导率，同时其合成简单、价格低廉、具有生物可降解性。近年来，类离子液体作为电解液在金属及合金等领域受到广泛的关注，多篇文献报道了在类离子液体中电沉积制备锡、锌、铬、镍、钴、铜、金、银和碲等金属及镍-钴、镍-锌等合金。本章主要介绍了在类离子液体中金属、金属合金及纳米材料等的电沉积及其电化学行为。

4.1 类离子液体中金属单质的电沉积

4.1.1 金属铬的电沉积

铬镀层不仅能用做装饰性镀层，而且还可用做功能性镀层。镀铬可分为六价铬电镀和三价铬电镀两大体系。六价铬镀液对人体和环境的危害严重，而三价铬镀液具有毒性低、分散能力和覆盖能力强、电流效率高、消耗电能少等优点，目前铬镀液主要采用三价铬镀液。

目前三价铬电镀主要采用氯化铬为主盐的氯化物水溶液体系，在此体系中，腐蚀较为严重。另外，由于三价铬体系本身存在一些缺点，造成了镀铬过程中析氢严重，体系的电流效率也较低。因此找到一种新型的三价铬电镀体系，将有助于实现镀铬过程的清洁、高效。

氯化胆碱和六水氯化铬形成的类离子液体可以直接用于金属铬的电沉积。这类类离子液体用于电沉积金属铬主要有以下优点：

① 几乎没有氢析出；

② 电流效率高；

③ 毒性低；

④ 沉积层光亮、致密、没有裂缝。

2004 年 Abbott 等[1]报道了在六水氯化铬-氯化胆碱体系中电沉积金属铬，此类离子液体体系在 0.345mA・cm^{-2}的电流密度下电沉积 2h 后，得到了平整致密的沉积层，电流效率高于 90%。如果按理论电流效率 100%来计算，以 0.345mA・cm^{-2}的电流密度沉积 2h 并不能达到实验测定的 27μm 的沉积层厚度，这是由于铬沉积层的密度比单晶密度小所致。Abbott 等[2]发现在六水氯化铬-氯化胆碱类离子液体中添加氯化锂可以明显改善铬沉积层的抗腐蚀性能。

图 4.1 为类离子液体电解液中电沉积金属铬的扫描电镜图。从图 4.1 所示，与铬酸水溶液电沉积金属铬一样，电沉积获得铬沉积层有细微的裂纹。能谱分析表明沉积层上主要为铬，还有少量的残留氯。沉积层的硬度为 242HV，这比从铬酸水溶液中电沉积出来的铬的硬度小很多（一般为 800～900HV），但稍大于纯铬的硬度（一般为 220HV）。

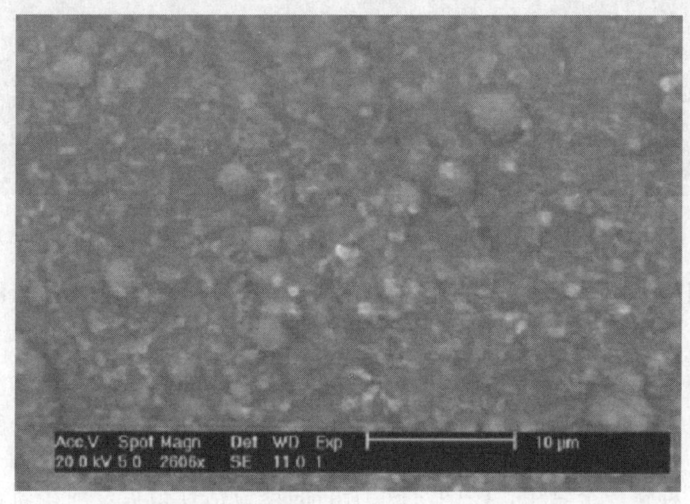

图 4.1　在六水氯化铬-氯化胆碱类离子液体中，铬沉积层扫描电镜图像

电沉积条件为：电流密度 0.345mA・cm^{-2}，60℃镍电极上电沉积 2h

崔焱[3]针对水溶液镀铬电流效率低，容易产生析氢的难题，采用类离子液体六水氯化铬-氯化胆碱体系，进行了三价铬电镀工艺及其基础理论研究。采用循环伏安法、电流阶跃法、电势阶跃法及电化学阻抗法等多种电化学方法，系统研究了三价铬在六水氯化铬-氯化胆碱体系中的电化学还原过程。稳态极化曲线证明 Cr^{3+} 还原过程的电子转移数为 3，电流阶跃法和循环伏安法证明 Cr^{3+} 还原是不可逆过程，反应过程受扩散控制，反应不存在前置反应，但有吸附反应。根

据理论推导的电化学阻抗图谱表明，吸附速率相对较快，整个反应受扩散控制，实验结果与理论结果相吻合。电势阶跃法的研究结果表明，Cr^{3+} 的电化学成核机理是三维成核并与过电位有关。当过电位较小时，Cr^{3+} 的电结晶过程为三维连续成核，其扩散系数为 $(2.56\pm0.33)\times10^{-11}m^2\cdot s^{-1}$。当过电位较大时，$Cr^{3+}$ 的电结晶过程趋向于三维瞬时成核过程，其扩散系数与过电位无关，大约为 $(3.04\pm0.3)\times10^{-11}m^2\cdot s^{-1}$。两种成核方式的生长速率常数均与过电位呈线性关系，晶体生长没有受到任何阻碍。

综合考虑电流效率、镀层厚度以及外观形貌，确定了电沉积过程的最优条件为：温度 323K，电流密度 $1mA\cdot cm^{-2}$，沉积时间 1h，电流效率达到 84.4%。将这个条件下得到的镀层进行扫描电镜分析，表面形貌如图 4.2 所示。

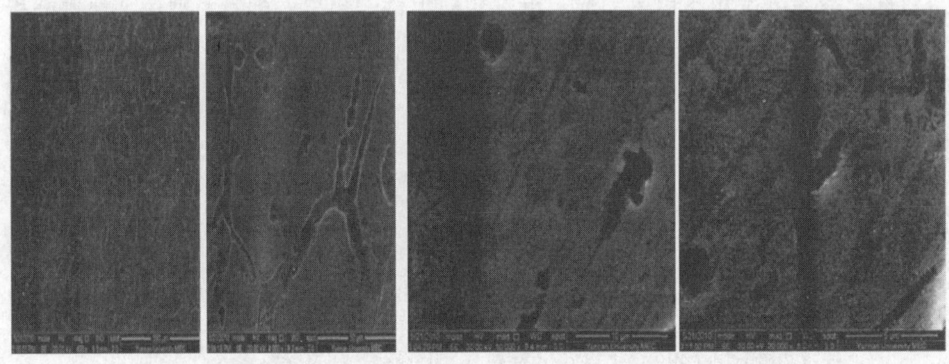

图 4.2 镀层表面形貌扫描电镜图（$T=323K$，$I_d=1mA\cdot cm^{-2}$，$t=1h$）

同时崔焱采用量子化学从头计算法，研究了六水氯化铬-氯化胆碱体系中各个相关配合物的稳定结构、振动光谱、前线轨道及自然布居等电子结构信息。通过理论光谱信息与实验测定的三价铬电解液红外光谱数据进行比对，确定了所研究体系中三价铬的主要存在形态为 $CrCl(H_2O)_5^{2+}$ 和 $CrCl_3(H_2O)_3$。探讨了三价铬配合物结构与其氧化还原反应活性的关系，从微观结构讨论了反应可能发生的途径，在几种铬配合物中，$CrCl(H_2O)_5^{2+}$ 的反应活性最大，前线轨道中铬所占的比重最大，最有可能在阴极上还原。

分析图 4.3，$CrCl_4(H_2O)_2^-$ 的 Cr—O 键键长在 3.9387～4.3236Å，可见中心铬原子与水分子之间基本没有相互作用，这主要是因为铬原子与 4 个氯原子形成了四面体结构，空间位阻效应阻止三价铬离子与水分子形成配位，而其他 $CrCl_n(H_2O)_{6-n}(n=1\sim5)$ 的 Cr 与 O 均有成键。除 $CrCl_4(H_2O)_2^-$ 外，$CrCl_n(H_2O)_{6-n}(n=1, 2, 3, 5)$ 配合物的 Cr—Cl 键长均随着氯配位数的增加而伸长，Cr—Cl 键被削弱。此体系中因为水以配位的形式存在，在进行电化学沉积时，铬首先被还原，所以此体系能够电沉积金属铬。

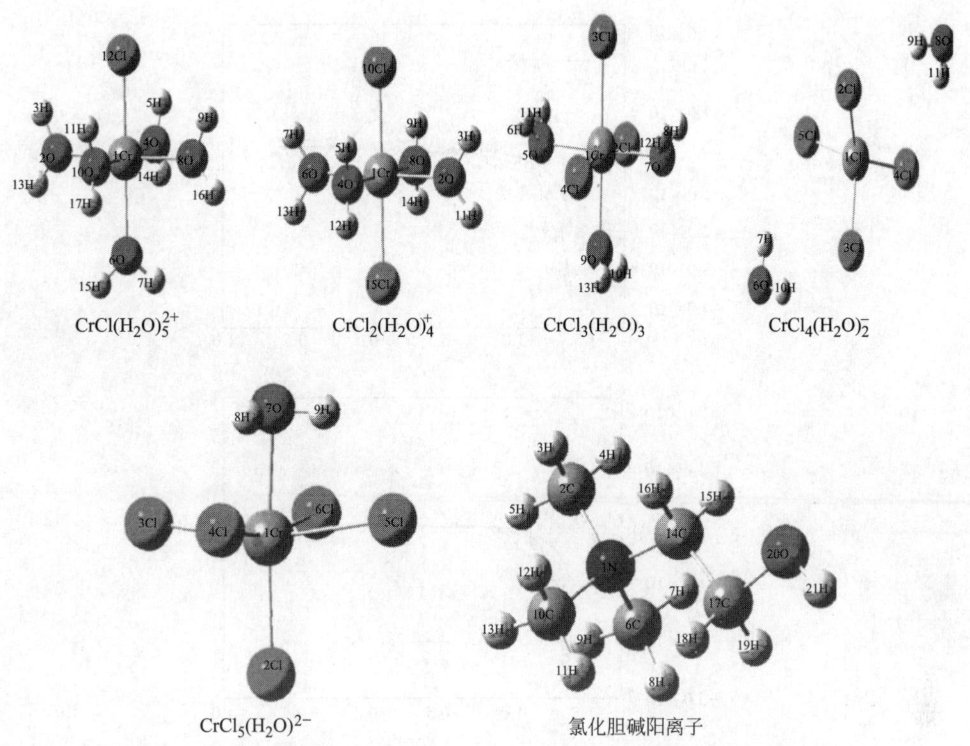

图 4.3 $CrCl_n(H_2O)_{6-n}$($n=1\sim5$)配合物和氯化胆碱阳离子的优化结构

4.1.2 金属镍的电沉积

镀镍层具有银白色光泽，其硬度高，化学稳定性好，耐腐蚀性强，机械性能优良。抛光后的镍层能在长时间内保持其最初的光泽。从普通镀镍溶液中沉积出来的镍镀层不光亮。使用某些光亮剂可获得镜面光亮的镍层。利用电化学反应，可在黑色金属或有色金属制件表面上沉积一层镍镀层，主要用于镀铬打底，防止腐蚀，增加耐磨性、光泽和美观，它广泛用于汽车、钟表等制造工业方面。类离子液体用于电沉积镍的研究不仅为电镀镍提供了新的方法，而且为类离子液体在镍电池中的应用提供了可能性。

镍及其合金的电沉积在抗腐蚀表面的功能化、电催化及电磁等方面应用广泛。一般而言，这些材料的电沉积都在水溶液中[4~11]进行。

Abbott[12]在类离子液体乙二醇-氯化胆碱和尿素-氯化胆碱中电沉积了金属镍，研究结果表明镍沉积的动力学和热力学行为不同于水溶液中电沉积。镍可以直接沉积在铝基底上，铝基底不用进行前处理。镍在此体系中的沉积可通过添加不同光亮剂得到不同亮度的金属沉积层。

图 4.4 是在铂电极上尿素-氯化胆碱和乙二醇-氯化胆碱类离子液体的循环伏

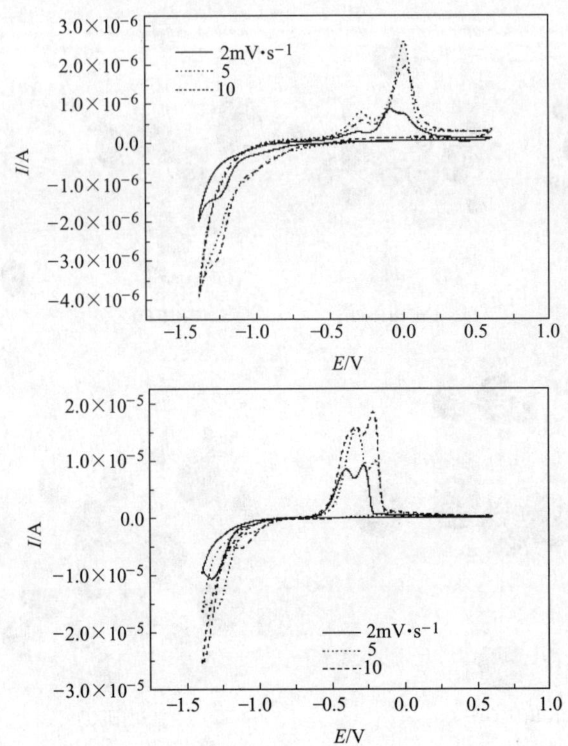

图 4.4 在 20℃，铂电极上，尿素-氯化胆碱（上图）和乙二醇-氯化胆碱（下图）类离子液体的循环伏安曲线图

安曲线。在两种类离子液体中镍沉积都是准可逆过程，不同的是开始沉积电位和溶解电位不一样。这是因为它们在两种类离子液体中配位活性不一样，在尿素-氯化胆碱中，尿素和 Cl^- 的配位降低了 Cl^- 的活性。循环伏安曲线说明镍的还原峰随扫描速率变化而变化，该过程是动力学缓慢过程。

图 4.5 为沉积电位 2.5V，沉积时间 120min 后镍沉积的扫描电镜和原子力显微镜图，可知镍沉积为深灰色，在乙二醇-氯化胆碱类离子液体中电沉积的镍颜色比较浅，沉积的镍也比较平滑。在尿素-氯化胆碱体系中，镍沉积层上有更多的突起，沉积形貌和 Sun 等[13]观察的一致。

工业中电镀镍络合剂和光亮剂是必需的添加剂，图 4.6 为不同含量的添加剂烟酸对镍电沉积行为的影响。烟酸对镍的沉积电流产生了影响，使阴极还原电位向负电势方向发生微小的移动，并随烟酸含量的增加，所带来的影响越大。

Yang 等[14]在类离子液体尿素-氯化胆碱体系中添加烟酸，以铜为基底电沉积纯镍。烟酸光亮剂可以阻止并且调控镍沉积层的亮度，能沉积出均一的、光滑的镍沉积层，镍的沉积为三维瞬时成核。

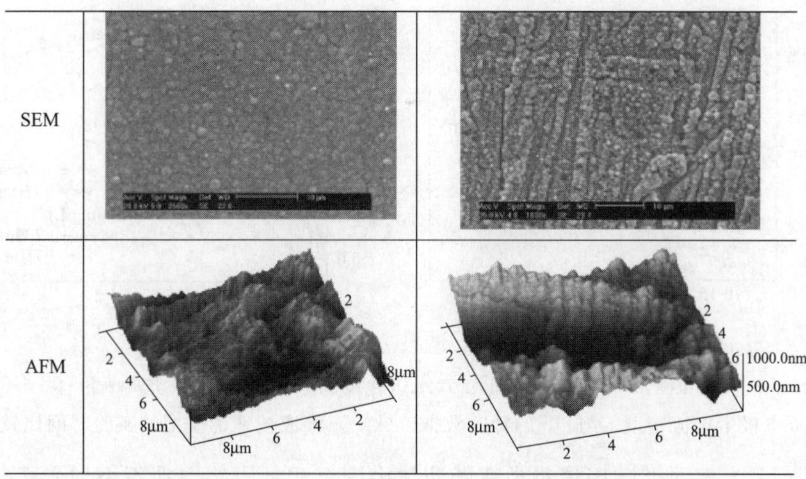

图 4.5　在 2.5V 电压下，浓度均为 0.2mol・dm^{-3} 的乙二醇-氯化胆碱和尿素-氯化胆碱电解液中电沉积镍层的扫描电镜和原子力显微镜图

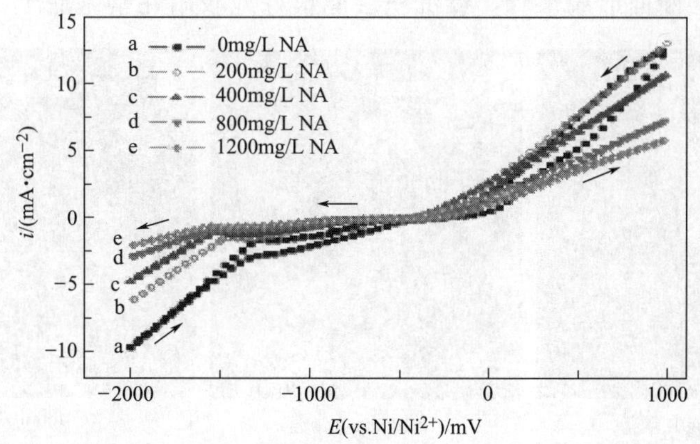

图 4.6　65℃，铜电极，扫描速率为−20mV/s 时，不同浓度添加剂类离子液体尿素-氯化胆碱中 Ni^{2+} 的循环伏安曲线

镍在该体系的沉积还原峰为−1.22V，能谱和 X 射线衍射说明沉积层为镍层，镍还原为一步还原，如式(4.1)：

$$Ni^{2+} + 2e \longrightarrow Ni \tag{4.1}$$

镍在类离子液体中电沉积电流与时间的关系如图 4.7(a)、(b) 所示，电流和时间的平方根成正比，说明镍在铜电极上的电沉积为三维瞬时成核。图 4.7 (b) 说明镍电沉积的三维瞬时成核符合公式(4.2)，这种成核机理和文献[15~17]中报道的一致：

$$\left(\frac{i}{i_m}\right)^2 = \frac{1.9542}{(t'/t'_m)}\left\{1 - \exp\left[-1.2564\left(\frac{t'}{t'_m}\right)\right]\right\}^2 \tag{4.2}$$

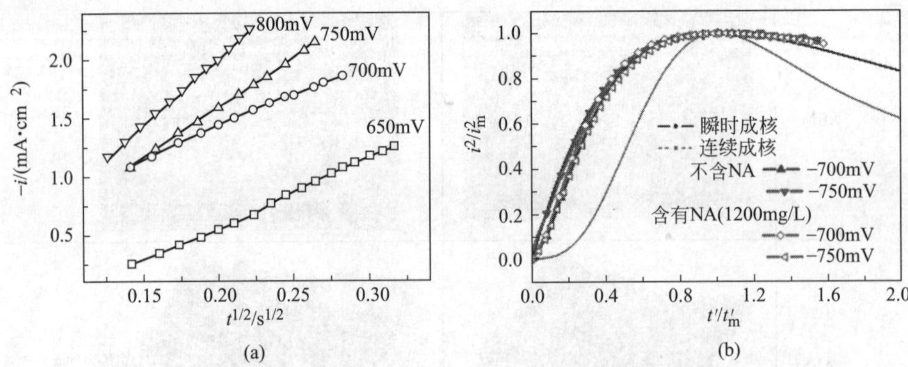

(a) (b)

图 4.7 (a) 65℃，0.2mol/L 六水氯化镍的尿素-氯化胆碱类离子液体 Cu 电极上电流密度 i 与 $t^{1/2}$ 的计时数据；(b) 三维成核理论模型的实验时间比较

图 4.8 为不同烟酸用量对类离子液体中镍沉积的影响，在不添加光亮剂烟酸时，镍沉积层上有大的镍金字塔形团簇，平均粒径为 0.5～2.5μm，沉积表面松散、粗糙。随着烟酸含量的增加，团簇越来越小，表面也变得致密、光滑和光亮。从沉积层断面形貌来看，镍沉积层能很好地吸附在铜基底上，镍沉积是均

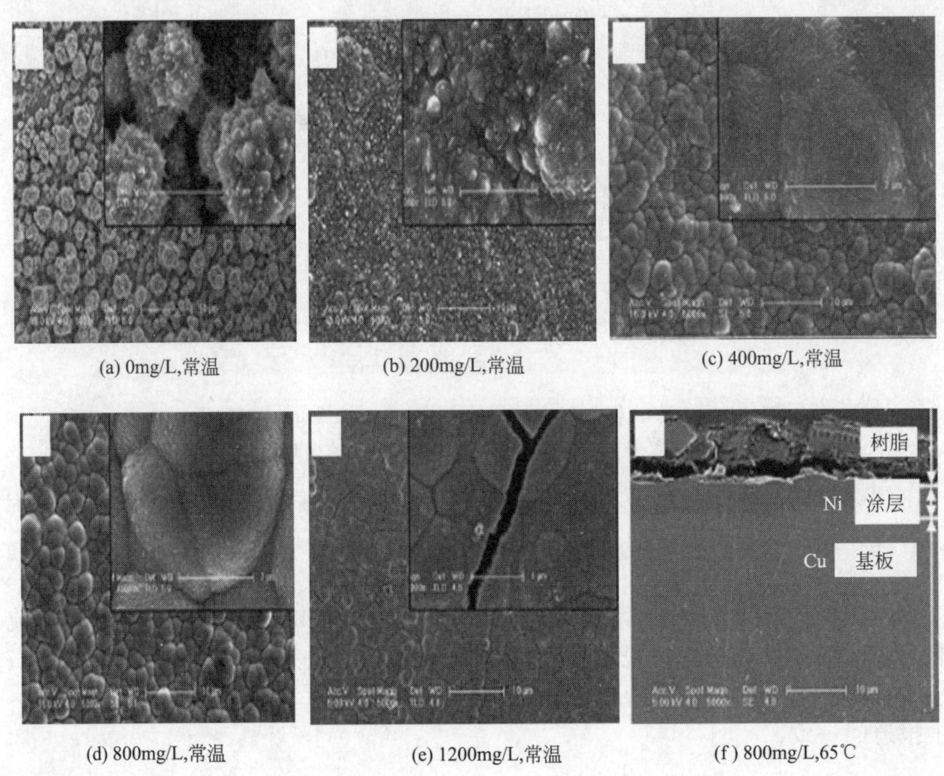

(a) 0mg/L,常温 (b) 200mg/L,常温 (c) 400mg/L,常温

(d) 800mg/L,常温 (e) 1200mg/L,常温 (f) 800mg/L,65℃

图 4.8 不同烟酸用量类离子液体中镍沉积的扫描电镜图

匀分布的微粒。

4.1.3 金属铜的电沉积

铜的电沉积能应用到许多工业和装饰业中，包括电路板的生产及电铸版印刷业等电子产业。铜易于沉积或电镀于其他金属上，所以能应用于汽车产业中焊接及锌合金硬模铸造时的预涂层。镀铜电解液种类很多，目前生产中应用的主要有4种：酸性镀铜液、氰化物镀铜液、焦磷酸盐镀铜液和有机膦酸盐镀铜液。

一般用于铜的电镀液含氰化物或酸，具有强腐蚀性、高能耗及空气污染等缺点。而类离子液体用于铜电镀溶液，由于其无毒、无污染而受到广泛的关注。

2009年，Abbott等[18]报道了铜及复合材料在类离子液体尿素-氯化胆碱、乙二醇-氯化胆碱中的电沉积，研究了铜在类离子液体中电沉积的动力学及热力学行为，结果表明在相同的条件，其动力学和热力学行为不同于水溶液中铜的电沉积，而且与铜离子形成的配合物也不相同。同时研究发现铜在尿素-氯化胆碱体系中的扩散系数为$4.27\times10^{-8}cm^2\cdot s^{-1}$，在乙二醇-氯化胆碱体系中扩散系数为$3.01\times10^{-7}cm^2\cdot s^{-1}$。计时电流法对铜沉积机理研究表明：高浓度的逐步成核可以形成光亮的铜沉积；相反，在低浓度时瞬时成核只能形成灰暗的电沉积层。对铜在上述两种类离子液体中成核机理进行研究，发现Cu^{2+}的电化学还原分为Cu^{2+}/Cu^{+}和Cu^{+}/Cu^{0}两步进行，其中Cu^{2+}/Cu^{+}为准可逆反应，而Cu^{+}/Cu^{0}为不可逆反应，且沉积过程中铜的成核为连续成核。铜在两种体系中电沉积的电流效率接近100%。图4.9为铜薄膜的扫描电镜图。

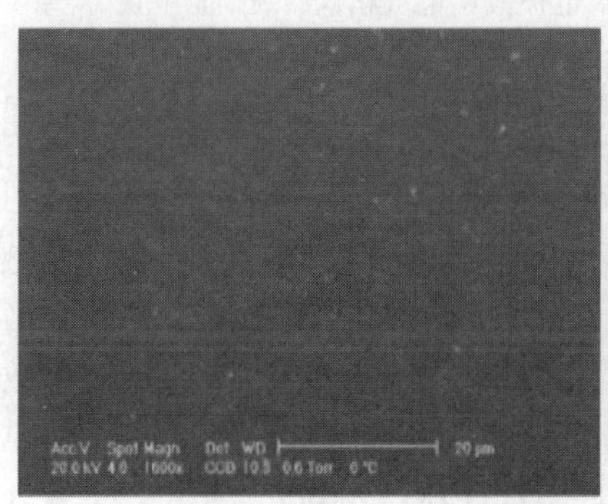

(a) 含有Al_2O_3

(b) 含有SiC

图4.9 铜薄膜的扫描电镜图

Gu等[19]研究了二水氯化铜在乙二醇-氯化胆碱类离子液体中，添加了乙二胺后电沉积铜薄膜的机理、沉积层的微结构和抗腐蚀性，结果表明乙二醇-氯化胆碱类离子液体电解液在添加乙二胺添加剂后比较稳定，而且铜沉积层光滑且致密性较好。如图4.10为添加不同浓度添加剂时，铜沉积层扫描电镜图。图4.10(a)说明在该类离子液体中无添加剂时，电沉积的铜沉积层是粗糙的、伴有圆柱

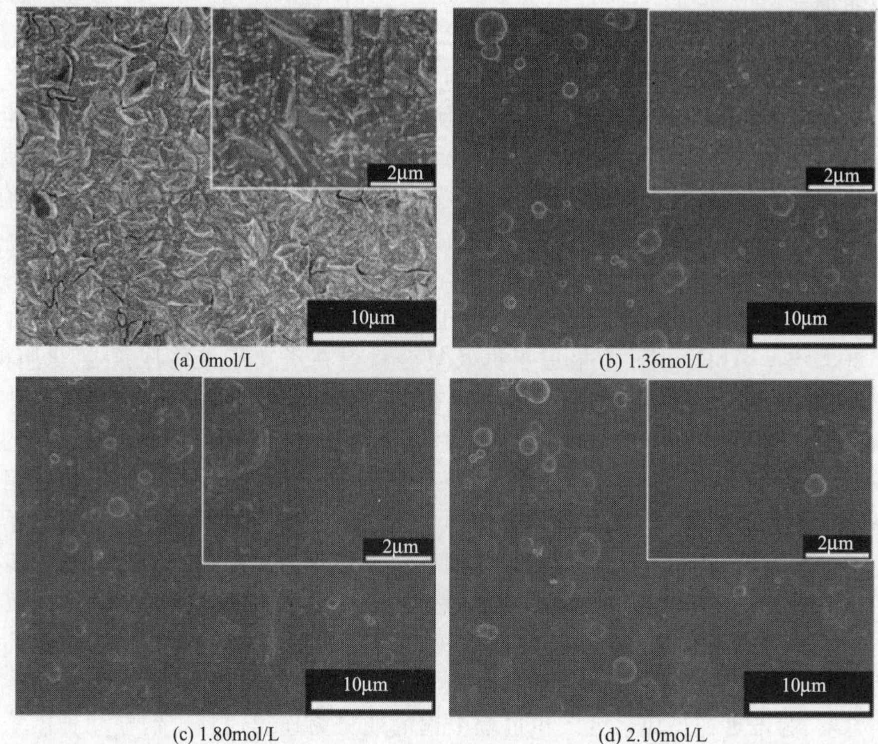

(a) 0mol/L (b) 1.36mol/L
(c) 1.80mol/L (d) 2.10mol/L

图 4.10 不同浓度的乙二胺添加剂电镀液中电沉积铜的表面形貌图

形的颗粒；当添加剂存在时，铜沉积层是光滑的、致密的。

Tetsuya 等[20]研究了 Cu^+ 在尿素-氯化胆碱类离子液体中的电沉积行为，证实铜的三维成核过程介于瞬时成核和连续成核机理之间。Murtomäki 等[21]利用计时电流法、循环伏安法和阻抗谱研究了氧化还原对 Cu^{2+}/Cu^+ 在类离子液体乙二醇-氯化胆碱体系中动力学行为。发现 Cu^{2+}/Cu^+ 氧化还原反应是具有高速率常数［$(9.5\pm2)\times10^{-4}cm\cdot s^{-1}$］的不可逆过程。$Cu^+$ 和 Cu^{2+} 的扩散系数分别为（2.7 ± 0.1）$\times10^{-7}cm^2\cdot s^{-1}$ 和（1.5 ± 0.1）$\times10^{-7}cm^2\cdot s^{-1}$，质子和电子转移活化能分别为（$27.7\pm1$）$kJ\cdot mol^{-1}$ 和（39 ± 7）$kJ\cdot mol^{-1}$。图 4.11 紫外光谱图显示 Cu^+ 配合物为［$CuCl_3$］$^{2-}$，Cu^{2+} 的配合物［$CuCl_4$］$^{2-}$。

4.1.4 金属锌的电沉积

镀锌主要用于铁等黑色金属的保护层，铁上镀锌是最有效且是最早采用的防腐方法，镀锌后的铁皮可在 10～20 年期间经得住大气的腐蚀。这是由于锌的电势比铁的更负，当镀层与铁基体金属形成原电池时，锌先受腐蚀，因此锌是阳极保护层。

锌镀层在铬酸溶液中钝化后，表面产生一种光亮而美观的钝化膜，使锌的防护性能比原来提高许多倍。由于这种特性，锌镀层在机械工业、仪表工业和轻工

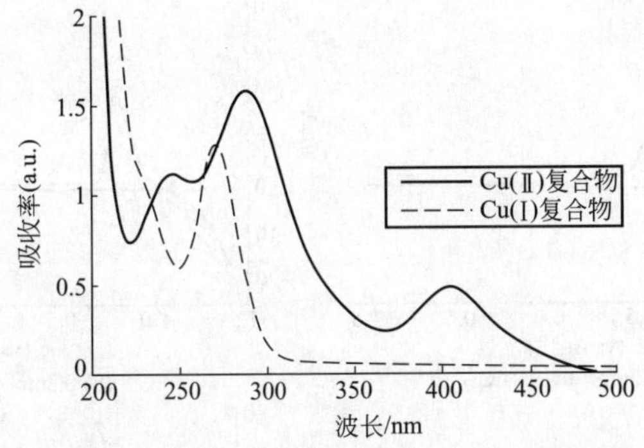

图 4.11 类离子液体中的 Cu（Ⅱ）和 Cu（Ⅰ）配合物的紫外可见光谱图

业等方面得到了广泛的应用。

镀锌方法分氰化物镀锌和无氰镀锌两类。在我国目前的镀锌工艺方法中，以氰化物镀锌、酸性镀锌和碱性锌酸盐镀锌应用最广。这些镀锌液毒性大，污染严重，而应用类离子液体进行电沉积锌开辟了电镀锌的新方法。在类离子液体中电沉积锌主要有以下优点：

① 高的电流效率（99%）；

② 锌的电沉积为可逆电沉积；

③ 沉积层没有微孔；

④ 耐腐蚀性能好；

⑤ 没有 H_2 析出。

Gollas 等[22]研究了类离子液体乙二醇-氯化胆碱中锌电沉积过程。在静态旋转玻碳电极上的循环伏安曲线表明扫描电位从－0.8V 到－0.5V 时，有少量的锌沉积，当电位升到－0.4V 和－0.2V 之间时，锌迅速沉积。Abbott 等[23]为了明确光亮剂在电镀锌过程中的作用，研究了三种极性添加剂对锌在类离子液体乙二醇-氯化胆碱和尿素-氯化胆碱中沉积机理的影响，添加剂乙腈、乙二胺和氨水能够使沉积层变得光亮，这主要是因为这两种添加剂可阻止电极表面吸附氯。在类离子液体中添加添加剂后，电沉积的锌为微晶结构，这和水溶液电沉积锌一致。

图 4.12(a) 显示，在没有添加剂时，锌的还原电位为－1.080V，锌氧化分为两步氧化，电位分别为－0.680V 和－0.554V。当添加剂为乙腈时，氧化还原电位基本没有变化，添加剂为乙二胺时，还原电位向正电位方向移动大约 50mV 为－1.034V，说明乙二胺添加剂促进了锌的还原，图 4.12(d) 说明氨水对锌的电沉积影响最大，锌的还原电位变为－0.991V，说明氨水更能促进锌的还原。

图 4.13 为沉积层的扫描电镜图，(a) 为没有添加剂时沉积层的形貌图，可知锌沉积为二维形貌，垂直于基底。沉积的锌为六方晶系结构，按照某个面的方向生长。在该体系中锌存在形式为 $[ZnCl_4]^{2-}$，在 Zn^{2+} 沉积后，Cl^- 被释放并

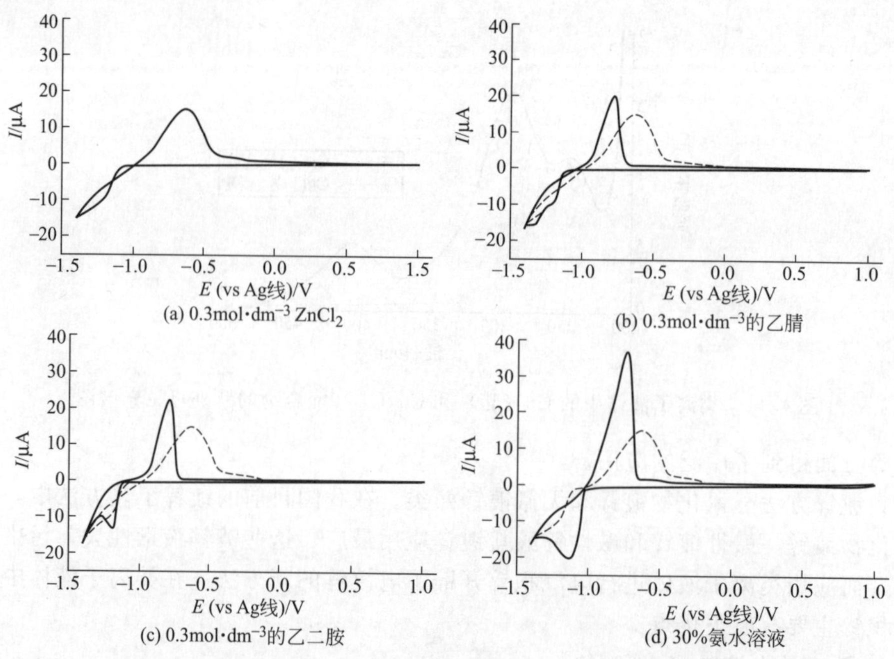

图 4.12 尿素-氯化胆碱类离子液体在 50℃，5mV·s^{-1}下，铂盘上的循环伏安曲线

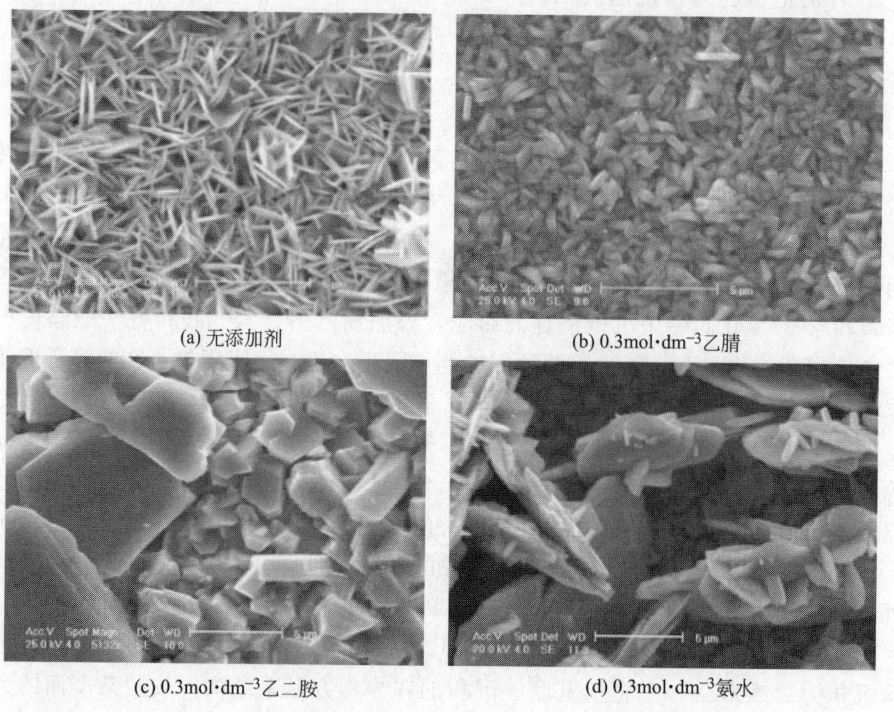

图 4.13 乙二醇-氯化胆碱体系中锌电沉积的扫描电镜图（氯化锌浓度 0.3mol/L）

被吸附在电极表面，这阻止了更多的 $[ZnCl_4]^{2-}$ 吸附在电极表面，从而使 Zn^{2+} 无法在电极表面还原沉积。当加入添加剂乙腈后［图(b)］，沉积的晶体为均一六方晶系结构，晶体生长仍沿某一个面生长。当加入乙二胺［图(c)］后，沉积形貌类似于在水溶液[24,25]和在其他离子液体中锌的沉积。但是，在沉积时间较长或高电流密度下沉积会形成大块、分散的沉积层。乙二胺为其中强的氢键供应体，会影响溶液中 Cl^- 的配合行为，这降低了沉积锌表面的 Cl^- 吸收。同时导致了锌晶体的生长优于新的晶核的生成。相反，氨水添加剂的添加有利于锌的新晶核的生成，使得在此体系中二次成核生长导致大量垂直于电极表面的锌晶体的产生，更多锌晶体的产生可能是由于在双电层中 $[NH_4]^+$ 的存在。

2011 年，Abbott 等[26]报道了类离子液体中双电层对金属成核的影响。图 4.14，

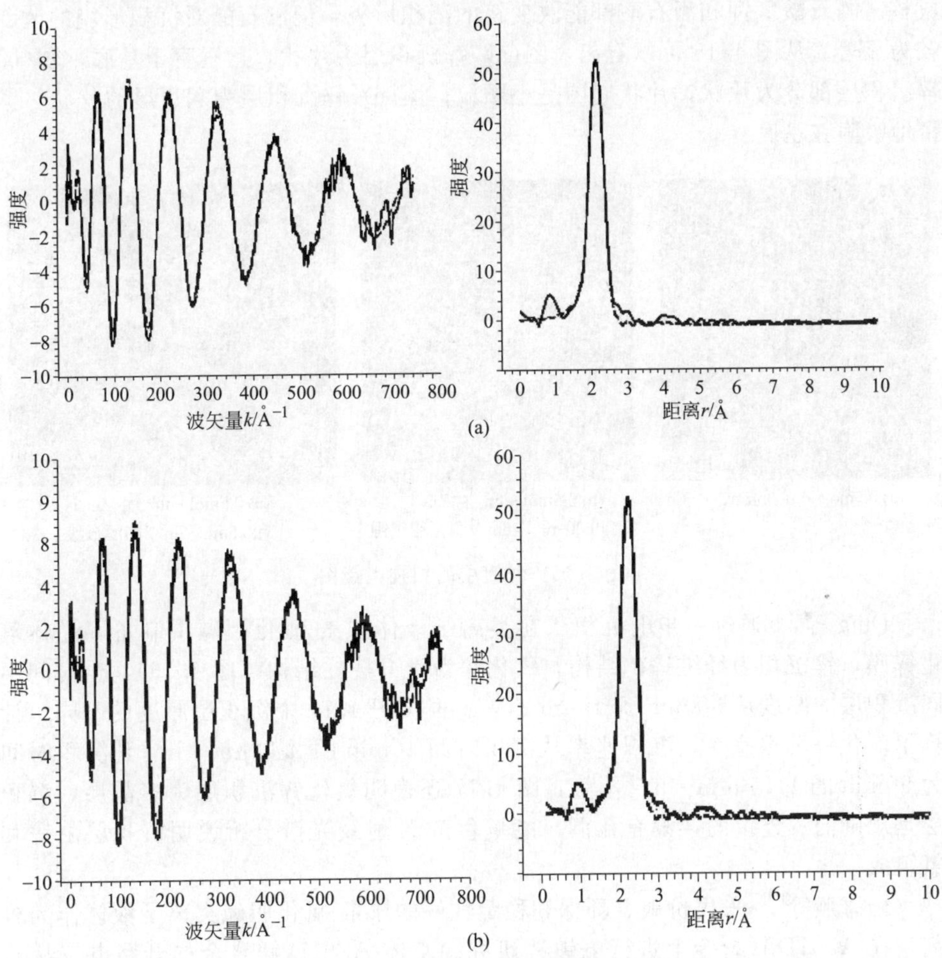

图 4.14　在 (a) 尿素-氯化胆碱和(b) 乙二醇-氯化胆碱中 0.3mol/L $ZnCl_2$ 的 Zn-K-Edge 得到 X 射线吸收精细结构谱

X 射线吸收精细结构分析结果表明，锌在尿素-氯化胆碱和乙二醇-氯化胆碱两种类离子液体中存在的形式都为［$ZnCl_4$］$^{2-}$，导致两种类离子液体中锌的电沉积不同的原因是在两种类离子液体中形成的双电层不同。同时 Abbott 利用 Scharifker 和 Hills 理论模型研究了锌沉积机理，在尿素-氯化胆碱类离子液体体系中，理论分析和实验值都说明锌沉积机理为三维瞬时成核，但在乙二醇-氯化胆碱类离子液体体系中，理论和实验值不相符，并不能确定锌沉积机理为三维瞬时或连续成核。

之后，Pereira 等[27]研究了酒石酸根离子对锌在乙二醇-氯化胆碱类离子液体中电沉积的影响。无论酒石酸氢钾是否存在，锌电沉积的机理都为三维连续成核。在酒石酸存在的情况下，锌开始沉积是为二维连续成核，之后变为三维连续成核。酒石酸氢钾和酒石酸都能改变锌的沉积形貌，但酒石酸对沉积形貌的改变较为显著。从图 4.15 可以看出，图(a) 锌沉积层为片状，且垂直于基底；图(b) 锌沉积层部分为片状，片状周围是小颗粒；图(c) 锌沉积层为六边形的片状，紧密地吸附在基底。

(a) 0.5mol · dm^{-3}的$ZnCl_2$

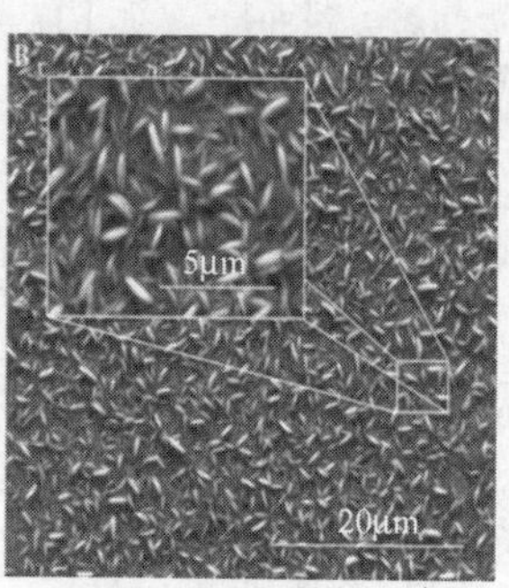

(b) 0.5mol · dm^{-3}的$ZnCl_2$+和0.009mol · dm^{-3}酒石酸氢钾

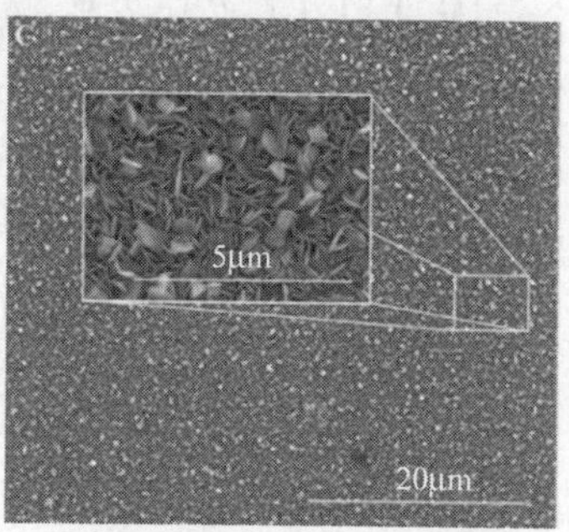

(c) 0.5mol · dm^{-3} 的$ZnCl_2$+和0.5mol · dm^{-3}的酒石酸

图 4.15　锌镀层的扫描电镜图

Ding 等[28]通过一步电沉积法在类离子液体尿素-氯化胆碱中制备了晶体氧化锌膜，锌沉积为纤维锌矿结构，氧化锌为六方棱柱结构（图 4.16)，当时间不同沉积层的厚度从 300nm 到 15μm 不等。根据图 4.17 中沉积层厚度的不同，计算了氧化锌沉积速率，沉积速率从沉积时间 10min 的 2.32μm · h^{-1}到沉积时间为 90min 的 11.40μm · h^{-1}不等，图 4.17 还表明氧化锌沉积层为多晶层，沉积层是规则的、连续的，没有孔洞。能量色散 X 射线光谱分析说明沉积层由锌和氧组成。

杨海燕等[29]采用价廉、环保和稳定性好的尿素-氯化胆碱类离子液体作为溶剂，在 AZ91D 镁合金上进行电镀锌研究。基体 AZ91D 镁合金的开路电位从－1610mV 正移至－1072mV，腐蚀电流从 14.9μA/cm^2 降为 6.9μA/cm^2，脉冲电镀锌层抗腐蚀性能较强，可为 AZ91D 镁合金基体提供良好的防护。

(a) 10min (b) 20min (c) 30min
(d) 60min (e) 90min (f) 120min

图 4.16 不同沉积时间下氧化锌膜的扫描电镜图

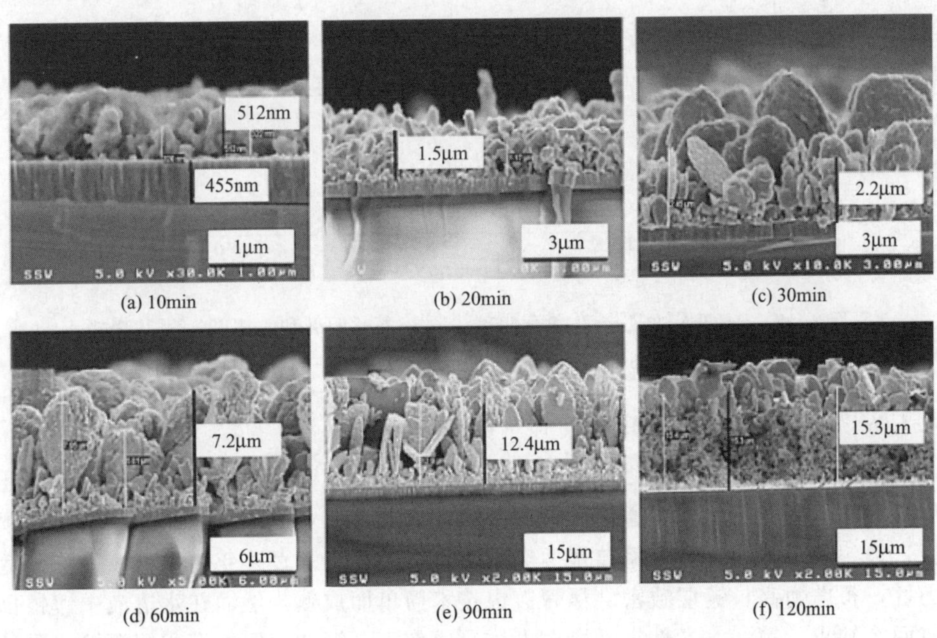

(a) 10min (b) 20min (c) 30min
(d) 60min (e) 90min (f) 120min

图 4.17 不同沉积时间下氧化锌膜的截面扫描电镜图

4.1.5 金属钯的电沉积

钯镀层具有优良的耐蚀性和光泽性，已广泛应用于电器用品和装饰用品等工业产品中。钯电镀液由钯化合物、导电盐、添加剂和光亮剂等组成，一般电沉积钯的电解液为水溶液[30～34]。然而在水溶液中电解钯时，钯对溶液的酸碱性很敏感，碱性溶液中钯电沉积产物是氢氧化物，而在酸性溶液中会有氢析出，进而引起氢脆[35,36]，而利用类离子液体则对溶液的酸碱性要求不高。Lanzinger 等[37]研究了三种非水钯电解液乙二醇-氯化胆碱、尿素-氯化胆碱、1-丁基-3-甲基咪唑-四氟硼酸盐类离子液体中钯的电沉积，得到致密的钯电沉积层。

图 4.18 为钯在三种电解液中典型的循环伏安曲线，钯的还原电位为－0.50～－0.93V，氧化峰有两个，在－0.5～0.42V 之间。图 4.19 为钯电沉积的扫描电镜图，可以看出尿素-氯化胆碱中电沉积的钯最好，沉积层为细小的晶粒，没有微裂缝和结节。与传统的水溶液中电沉积钯相比，在这三种类离子液体电解液中电沉积钯电流密度也较小。

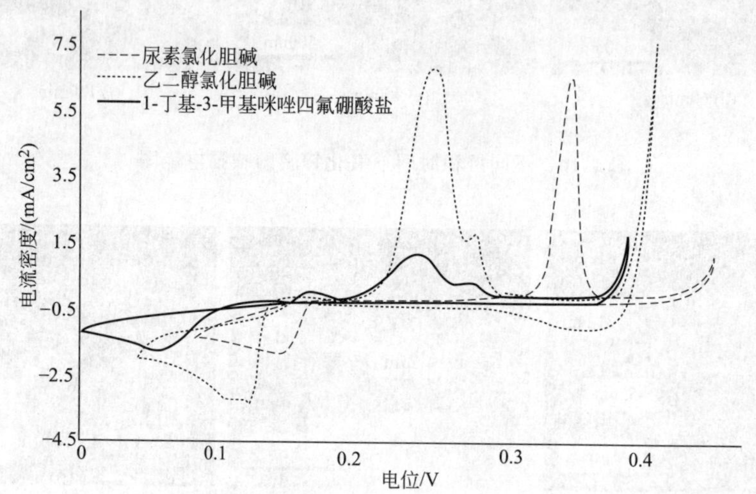

图 4.18 Pd(Ⅱ) 在乙二醇-氯化胆碱，尿素-氯化胆碱和 1-丁基-3-甲基咪唑四氟硼酸盐中的典型循环伏安曲线：扫描速率为 50mV·s^{-1}；电解液温度为 75℃

4.1.6 金属银的电沉积

镀银是最古老的工艺之一，早在一个世纪以前就已应用于装饰工艺，同时还广泛应用于无线电工艺、通信设备和仪器仪表制造工业及电器产品的零部件等领域。镀银液有氰化物和无氰镀银两类，氰化镀银已有一百多年历史，该方法分散力好，覆盖力高，镀层致密。尽管镀银技术简单而成熟，然而在水溶液中镀银仍有两个缺点：第一，毒性大，会对人体造成伤害；第二，置换沉积层深镀能力较弱，沉积层厚度只有几纳米。

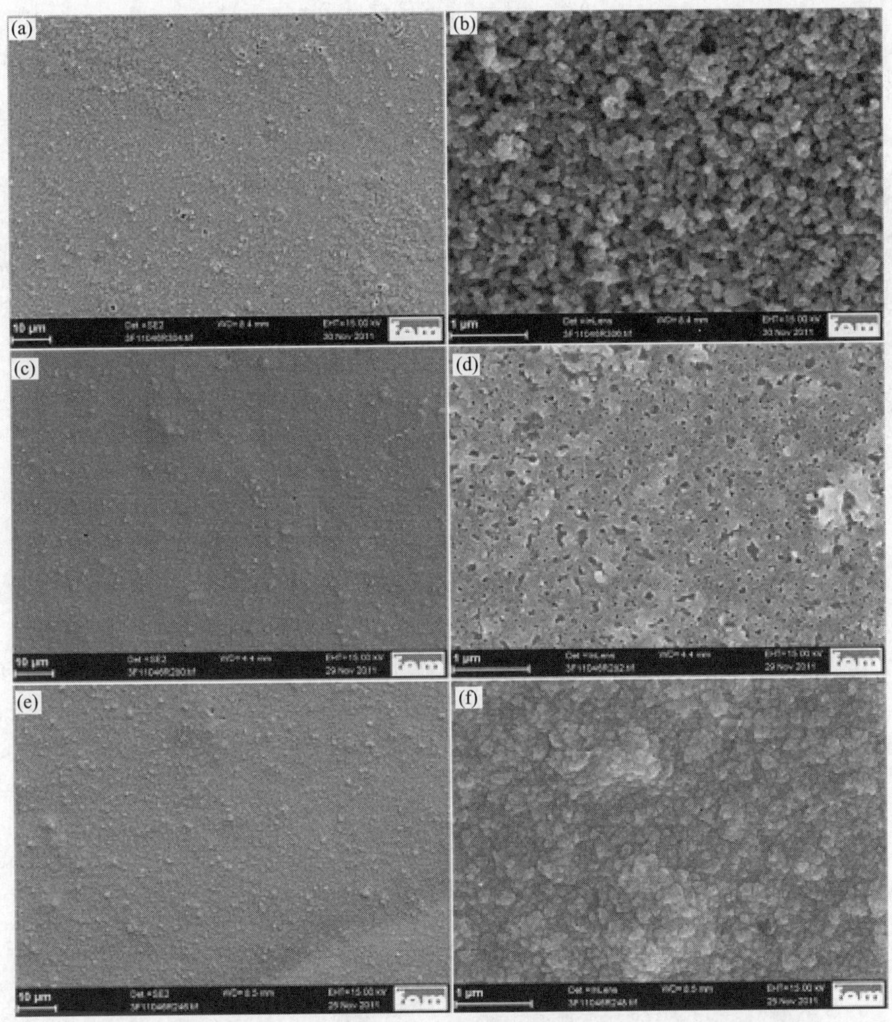

图 4.19　钯电沉积的扫描电镜图：(a)，(b) 为1-丁基-3-甲基咪唑四氟硼酸盐在 100℃ 电沉积 Pd；(c)，(d) 为乙二醇-氯化胆碱在 30℃电沉积 Pd；(e)，(f) 为尿素-氯化胆碱在 70℃电沉积 Pd 膜

Abbott 等[38,39]研究了类离子液体乙二醇-氯化胆碱中铜基底上银的电镀，其多孔性促进了银沉积的可持续生长。在水溶液中，如果不用催化剂，一旦基底表面完全被银覆盖，银沉积不能再继续沉积，而在类离子液体乙二醇-氯化胆碱中，无需催化剂和无机酸，通过浸涂就可沉积几微米的银镀层。

图 4.20(a) 为部分金电极和部分由铜包覆金电极表面上银的沉积扫描电镜图。金、银和铜三种物质的表面形貌完全不同，银沉积是枝状结构。在铜基底上能发生银的浸涂，是由于银的还原，铜的溶解，反应式为式(4.3)：

$$Ag^+ + Cu \longrightarrow Cu^+ + Ag \tag{4.3}$$

图 4.20(b) 为原子力显微镜图，同样也说明与铜和金基底相比，银沉积层比较粗糙，高低不平。

图 4.20　金基底，部分铜包覆层的银沉积的（a）扫描电镜和（b）原子力显微镜图

图 4.21(a) 说明银沉积层与基底相比比较粗糙。图 4.21(b)、(c) 可以看出银沉积层的平均厚度为 400nm，这说明金属在类离子液体中的生长机理完全不同于在水溶液中的生长机理，在类离子液体中能够沉积出沉积层较厚的银金属，是因为银沉积是多孔性的，而且 Cu^+ 可以通过银沉积层的孔和孔道从基底表面扩散到溶液中，银沉积层的吸附有效地抑制了铜基底的腐蚀。

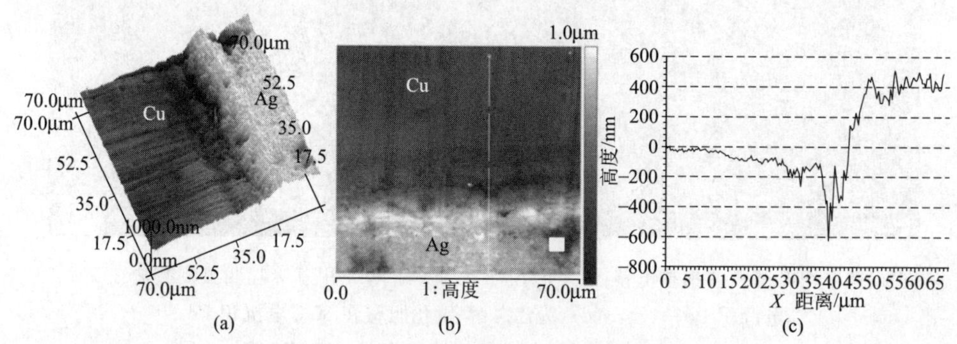

图 4.21　Ag 在 Cu 基底上沉积的原子力显微镜图：（a）*XYZ* 轴投影，（b）同一数据的高对比度图像，（c）为（b）中所示的垂直线高度数据

Wang 等[40]研究了氯化胆碱水溶液中银的持续沉积过程。以铜为基底，银盐、氯化胆碱和水为电解液，不添加催化剂和还原剂，成功实现银的可持续电沉积，并研究了银电沉积的机理和形貌。图 4.22 是温度为 55℃，不同的沉积时间，不同硝酸银电解液中银沉积层的厚度变化图。

图 4.22 显示在相同的电沉积条件下，氯化胆碱与 H_2O 的摩尔比较低时，电解液的黏度降低，导致 $[AgCl_2]^-$ 迁移能力增加，因此能促进 $[AgCl_2]^-$ 分解，

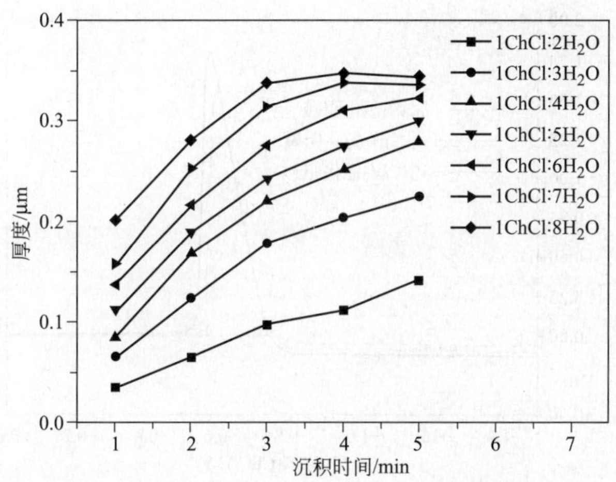

图 4.22 在 55℃，不同沉积时间下，不同浓度 $AgNO_3$ 电解液中 Ag 沉积层的厚度变化

从而被铜还原。当 ChCl 与 H_2O 组分摩尔比高于 1∶5 时，银沉积层的厚度不断增加，当摩尔比低于 1∶5 时，银沉积层的厚度在沉积 4min 后停止增加。所以如果要沉积较厚的银沉积层，需要电解液组分摩尔比高于 1∶5。

图 4.23 显示银沉积层表面有纳米尺寸的微孔，并且沉积层很光滑。因为微孔存在，所以可实现银的可持续沉积。

图 4.23 银涂层沉积表面形貌的扫描电镜图

4.1.7 金属锡的电沉积

Salomé[41]研究了三种类离子液体中锡的电沉积及电化学行为，锡在不同电解质中的电化学行为变化不大。计时安培法显示锡成核机理为扩散控制的三维瞬时成核。图 4.24 为 Sn^{2+} 在玻碳电极上的循环伏安曲线，在尿素-氯化胆碱

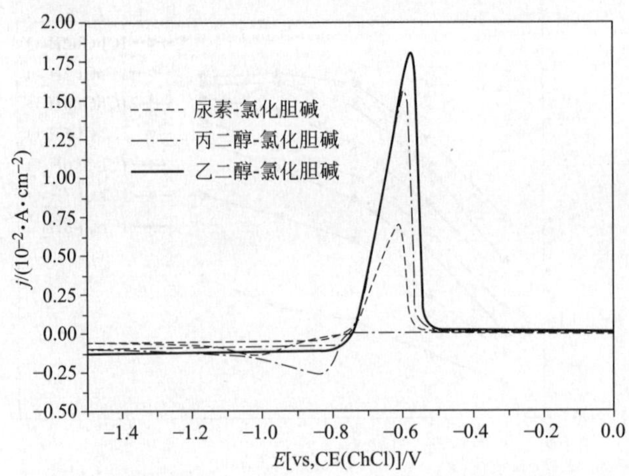

图 4.24　Sn^{2+}在不同类离子液体中的伏安曲线
（扫描速率 20mV·s^{-1}，75℃，GC 电极）

和乙二醇-氯化胆碱类离子液体中 Sn^{2+} 还原电位相差不大。

计时电流法表明在三种类离子液体中 Sn^{2+} 电沉积为扩散控制，其扩散系数顺序为 $D_{Sn^{2+},EG}>D_{Sn^{2+},PG}>D_{Sn^{2+},Urea}$。图 4.25 为三种类离子液体中锡的电沉积形貌图，图 4.25(a) 说明在尿素-氯化胆碱中，沉积层覆盖整个基底表面，沉积层晶体轮廓并不清晰，但均匀分布在基底表面，放大图能看到少量清晰的平行六面体微晶。图 4.25(c) 显示在乙二醇-氯化胆碱中，电沉积锡层的微晶数量减少，没有平行六面体微晶存在，一些微晶聚集到一起。通过比较可知乙二醇-氯化胆碱类离子液体中电沉积锡层中微晶数量最少。

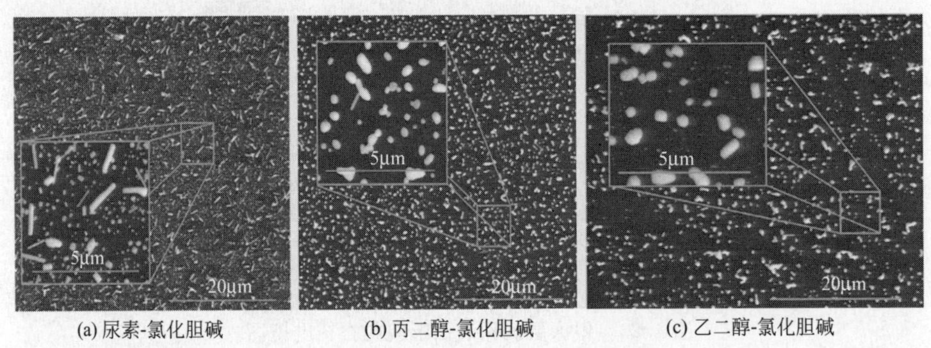

(a) 尿素-氯化胆碱　(b) 丙二醇-氯化胆碱　(c) 乙二醇-氯化胆碱

图 4.25　锡电位沉积的扫描电镜图，沉积电位 $E=-1.25V$，
GC 电极，沉积时间 60s

4.1.8　金属金的电沉积

金在类离子液体中电沉积的研究较少。通常，单质金具有良好的延展性、导

热性等优良性能。常常被用于镀覆某些工件，以赋予其特殊功能，在电器及装饰等方面应用较多[42,43]。镀金工艺分有氰和无氰两类。传统的工艺在生产安全、环境保护等方面都存在较大的隐患[44]。类离子液体溶解性能好，低毒，易生物降解，可用于金的电沉积。付雄之等[45]以 $AuPPh_3Cl$ 为主盐，电流密度 0.2～0.5A/dm^2，主盐浓度 3～7g/L，温度 70～80℃，电镀时间 30～40min，在类离子液体尿素-氯化胆碱中成功电沉积出金。采用此工艺制得的金镀层色泽光亮，性能良好。

本节介绍了类离子液体中电沉积铬、镍、铜、锌、钯、银、锡和金等金属单质，探讨了金属电沉积的机理，金属沉积的形貌及影响电沉积的因素。目前类离子液中能够电沉积的金属大多为过渡金属，如何找到合适的类离子液体电沉积较活泼金属如锗、钛等是类离子液体电沉积金属的发展方向之一。

4.2　类离子液体中金属合金的电沉积

由于类离子液体具有某些特性，在类离子液体中能够电沉积出许多金属合金。

4.2.1　含镍、钴、锌等元素合金的电沉积

镍和钴作为重要的有色金属原材料，长期以来被广泛地应用在钢铁、化工、机械制造及军事工业领域，作为功能材料的应用也越来越广泛。与单质金属镍镀层相比，镍钴合金镀层具有较好的磁性能、较高的硬度、更好的耐腐蚀性和较好耐磨性等，已成功应用于微系统中的传感器、电动机、继电器和应变片[46,47]等。类离子液体可用于电沉积镍钴合金。

Srivastava 等[48]研究了镍-钴合金在氯化胆碱-尿素类离子液体中的电沉积，研究结果表明，镍-钴合金在氯化胆碱-尿素中类离子液体中很容易被沉积出来，沉积层镍-钴合金为 α（镍-钴）固溶体，具有较好的耐腐蚀性能。

Srivastava 研究了类离子液体中电沉积的镍-钴合金的结构和形貌。可以看出，类离子液体中电沉积的镍-钴合金显微硬度更强，镍含量高的沉积合金为面心立方晶体结构，钴含量高的沉积合金为密集六方堆积结构。图 4.26 为不同比例镍-钴沉积合金的形貌图，钴含量不同，合金的形貌不同，镍-钴合金与平整的镍沉积层相比，合金沉积为精细微晶。

图 4.27 为合金的扫描电镜图，Ni 含量高时，为面心立方结构，钴含量高时，合金为密集六方堆积结构。采用 Scherrer 法计算了晶体尺寸大小，镍-5 钴和镍-25 钴合金层为 23～25nm。图 4.28 为镍、钴和镍钴的类离子液体体系及其水溶液体系的阻抗谱图，图中只有一个半圆环说明只有一个时间常数，电极表面为电荷传递过程。镍沉积层和镍-钴合金沉积层的抗腐蚀性相同，由于类离子

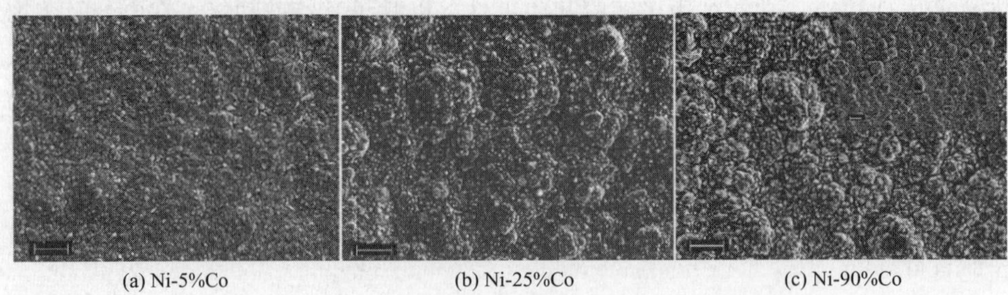

图 4.26 不同比例镍-钴沉积合金的扫描电镜图

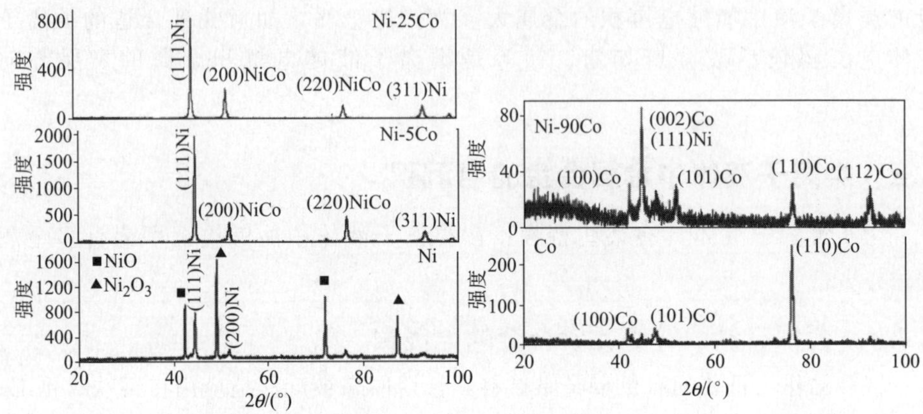

图 4.27 类离子液体中沉积的 Ni、Ni-5%Co、Ni-25%Co、Ni-90%Co 合金和纯 Co 层的扫描电镜图

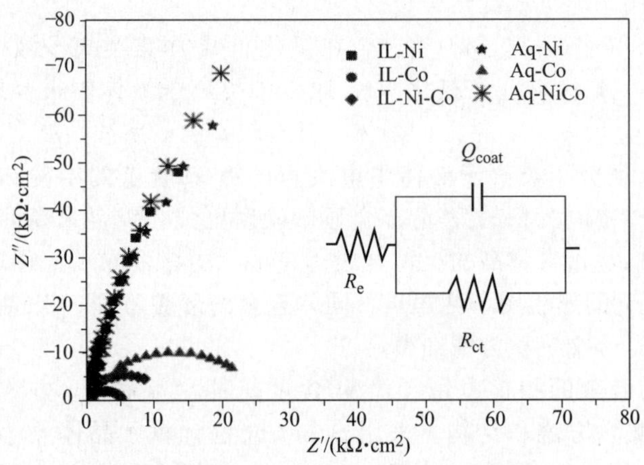

图 4.28 类离子液体和水溶液电沉积层的电化学阻抗图

液体中电沉积出的镍-钴合金具有很好的力学性质和抗腐蚀性，使其在工业生产

中可以更好地发挥作用。

同样，You 等[49]研究了乙二醇-氯化胆碱中镍-钴合金的电沉积，合金沉积层的表面形貌和化学组成完全取决于电解质中 Ni^{2+} 和 Co^{2+} 的浓度。合金沉积层中镍-钴的含量完全不同于溶液中的含量，说明类离子液体中沉积镍-钴合金为不规则沉积过程。镍-钴合金形貌为面心立方结构。动电位极化测量揭示，与镍-钴沉积层相比，镍沉积层具有非常高的腐蚀电位和最低的腐蚀电流，合金层中钴含量越高，腐蚀电位越负，合金层腐蚀电流越高。

图 4.29 中沉积层和基底很难区分开来，说明沉积层很好地吸附在基底上，沉积层中的铜和锌是黄铜基底中的，纯镍沉积层为 1.58μm，镍-钴合金层大约为 1.10μm，比镍沉积层薄，说明加入 Co^{2+} 沉积速率降低。

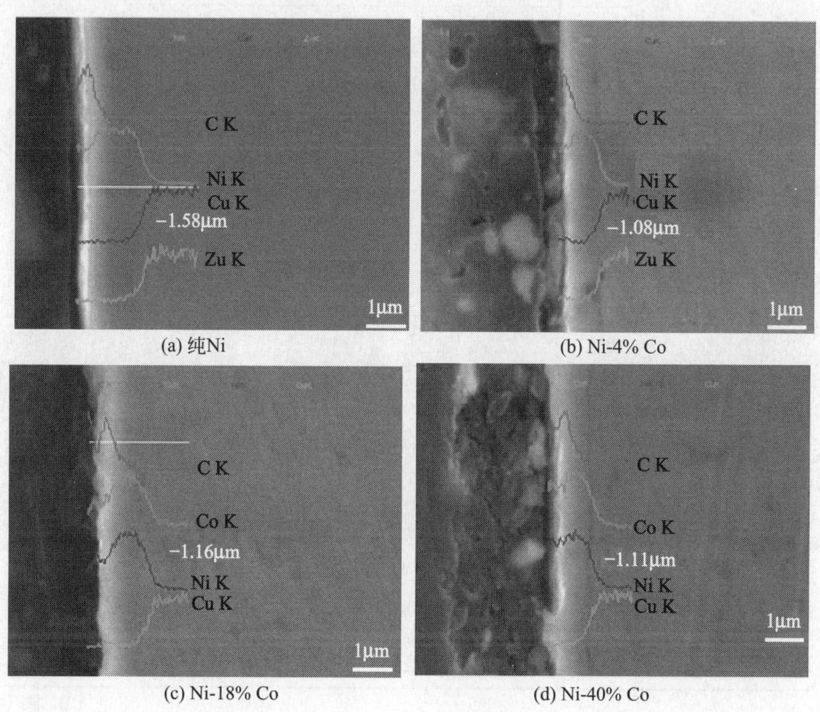

(a) 纯Ni　(b) Ni-4% Co　(c) Ni-18% Co　(d) Ni-40% Co

图 4.29　铜基板上电沉积 Ni 和 Ni-Co 合金膜的切面扫描电镜图和能谱分析

合金沉积层的抗腐蚀性能与它们的微晶结构密切相关，获得不同沉积层的微晶结构，就可获得不同抗腐蚀性能的合金。图 4.30 中阴极极化曲线为氢的析出，阳极曲线对应合金的抗腐蚀性。随着合金中钴的含量升高，合金越活泼越容易被腐蚀。

Mohan 等[50]研究了在乙二醇-氯化胆碱类离子液体中电沉积镍-钴-锡合金，探讨了在碱性溶液中合金的沉积机理、微观结构和电化学性质。合金沉积中的其他成分包裹在镍基体中，晶格常数与合金中锡的含量呈线性关系。与其他二元合金相比，所沉积的合金具有较高的腐蚀电位和较高的交换电流密度。

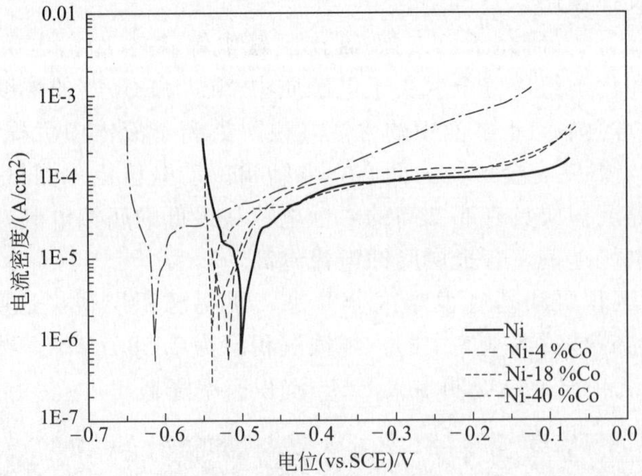

图 4.30 电沉积镍层和镍-钴层的电化学极化曲线

图 4.31 是电流密度为 $50mA/cm^2$，铜电极上，电沉积镍-钴-锡合金的扫描电镜图。由图可以看出在高电流密度时，沉积层中锡的含量降低，因为 Ni^{2+} 和 Co^{2+} 被优先还原。合金的晶格常数列于表 4.1。

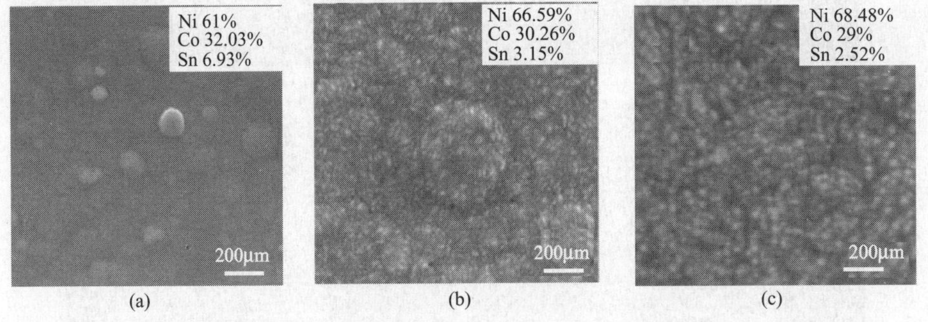

图 4.31 电流密度为 $50mA/cm^2$，铜电极上，电沉积镍-钴-锡合金的扫描电镜图

表 4.1 电流密度对晶粒尺寸和晶格常数的影响

合金	间距/Å	晶格常数(a)/Å	(111)方向晶体尺寸/nm
镍-钴-锡沉积			
$30mA/cm^2$	2.0901	3.619	7
$40mA/cm^2$	2.0517	3.550	16
$50mA/cm^2$	2.0430	3.540	21

晶格常数随锡含量的增加而变大，这与 Vegard 定律一致。采用 Scherrer 公式计算了晶粒尺寸的大小为 7～21nm。

图 4.32 为镍-锡、钴-锡和镍-钴-锡合金的极化曲线。镍-锡合金的抗腐蚀优于钴-锡合金，镍-钴-锡在碱性溶液中最稳定，抗腐蚀性能最强。

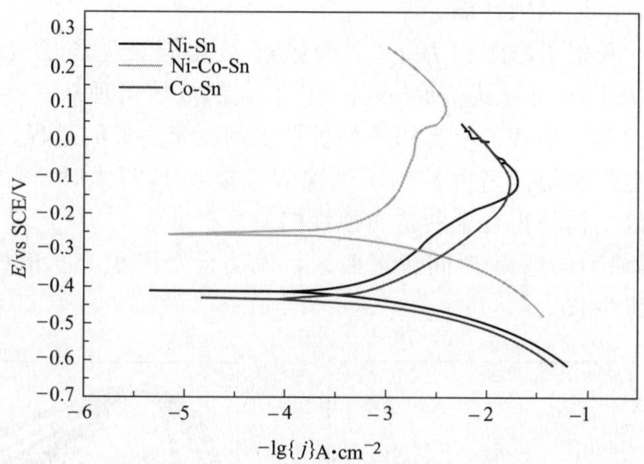

图 4.32　扫描速率为 1mV/s，1mol/L 氢氧化钾中的镍-锡、钴-锡和镍-钴-锡合金的极化曲线

镍-铁-铬合金由于具有较强的抗腐蚀性、较好的磁阻性和力学性能而被广泛应用于许多领域。Saravanan 等[51]在低碳钢基底上电沉积获得了含有 53%～61%的铁、34%～41%的镍和 4%～15%的铬的合金，合金沉积层比较厚。

图 4.33 为不同条件下制备的合金的扫描电镜图。当沉积电压为－1.3V［图 4.33(a)］，合金沉积层为黑色，颗粒尺寸为 0.3～0.7μm，而且都结成块状颗粒。图 4.33(b) 为电压－1.4V 时的沉积层图，与图(a) 相比，沉积层变得光亮，沉积层上的颗粒尺寸变为 0.2～0.5μm，沉积层比较致密，含有圆形小颗粒形成的团簇。图 4.33(c) 为电压－1.5V 时的沉积形貌，沉积层光亮、均一、致密，并在沉积层表面有平均尺寸为 0.2μm 的小颗粒。

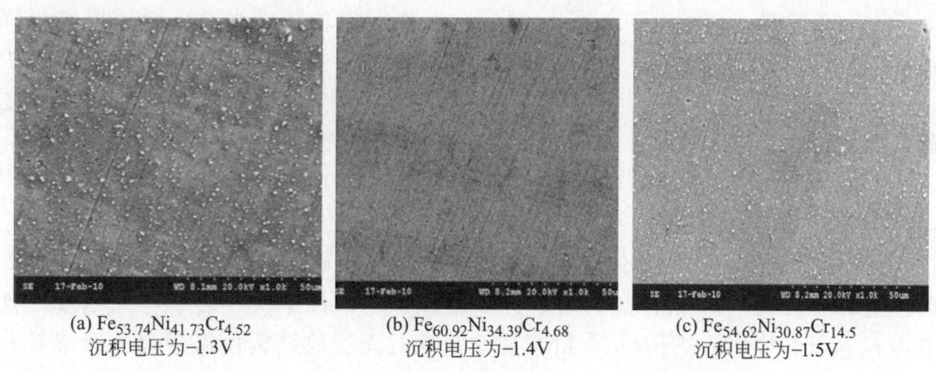

(a) $Fe_{53.74}Ni_{41.73}Cr_{4.52}$ 沉积电压为−1.3V　(b) $Fe_{60.92}Ni_{34.39}Cr_{4.68}$ 沉积电压为−1.4V　(c) $Fe_{54.62}Ni_{30.87}Cr_{14.5}$ 沉积电压为−1.5V

图 4.33　不同条件下制备的合金的扫描电镜图

采用动电位极化曲线研究合金的抗腐蚀性能可知，当电位达到－0.146V 时，沉积合金的电流密度迅速增加，此时合金发生过钝化，沉积的合金层比低碳

钢基底具有较好的抗腐蚀性能。

Yang 等[52]观察了摩尔比为 1∶2 的尿素-氯化胆碱类离子液体中铜基底上镍-锌合金的电沉积，可以获得镍-锌合金。合金的成核机理从三维逐步成核到三维瞬时成核，此过程中锌的电沉积遵循扩散限制凝聚生长的过程，镍的沉积含量可以通过沉积电位和电流密度控制，当镍的含量大于 87%时，由于沉积层是致密的，没有裂纹结构使得合金的抗腐蚀性能最好。

图 4.34 为典型的电流-时间暂态曲线，说明合金沉积为扩散控制生长机理，核的生长为三维生长。

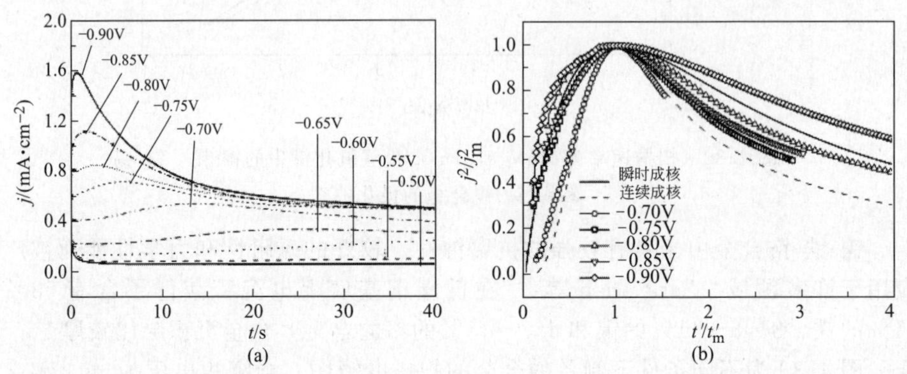

图 4.34 (a) 0.1mol/L $NiCl_2$ 和 0.4mol/L $ZnCl_2$ 的 1∶2 尿素-氯化胆碱类离子液体的电流-时间暂态图 (b) 三维成核理论模拟与电流-暂态曲线对比图

图 4.35 为不同条件下尿素-氯化胆碱类离子液体镍-锌沉积的表面和相应的截面形貌图。图 4.35(a) 为镍沉积，当沉积电位为−0.60V，镍开始沉积，沉积层为金字塔状团簇，团簇尺寸不均匀，都小于 1.5μm。4.35(b) 显示沉积电位负于−0.75V 时，锌镍共沉积开始发生。沉积层更加致密平整。当还原电位降到−0.80V 时，镍含量降到 87.1%，镍-锌沉积层为圆形枝状结构，直径为 0.5～2.0μm，颜色为灰色，枝状结构由更小的金字塔形结构组成。沉积电位越负，沉积层中镍的含量越少，沉积形貌也在不断改变。

Abbott 等[53]在类离子液体尿素-氯化胆碱体系中电沉积了镍-铬合金（见图 4.36），铬包覆在镍的基底上，为深灰色。

Wang 等[54]在尿素-氯化胆碱类离子液体体系中研究了不同电沉积条件下镍-铜合金的电沉积。镍-铜合金的组成、形貌和抗腐蚀性取决于沉积电流密度。其中含有 17.6%Cu 的 α-Ni(Cu) 相，其致密性及无裂纹结构使得合金电镀层具有很高的抗腐蚀性。

随着人们对材料性能要求的不断提高，具有多种优异性能的钴合金镀层的应用范围将越来越广。钐钴合金薄膜因其优异的磁性能在磁记录、微电机等领域有着广泛的应用。陈冲[55]使用尿素-氯化胆碱形成的类离子液体进行钐钴合金的电

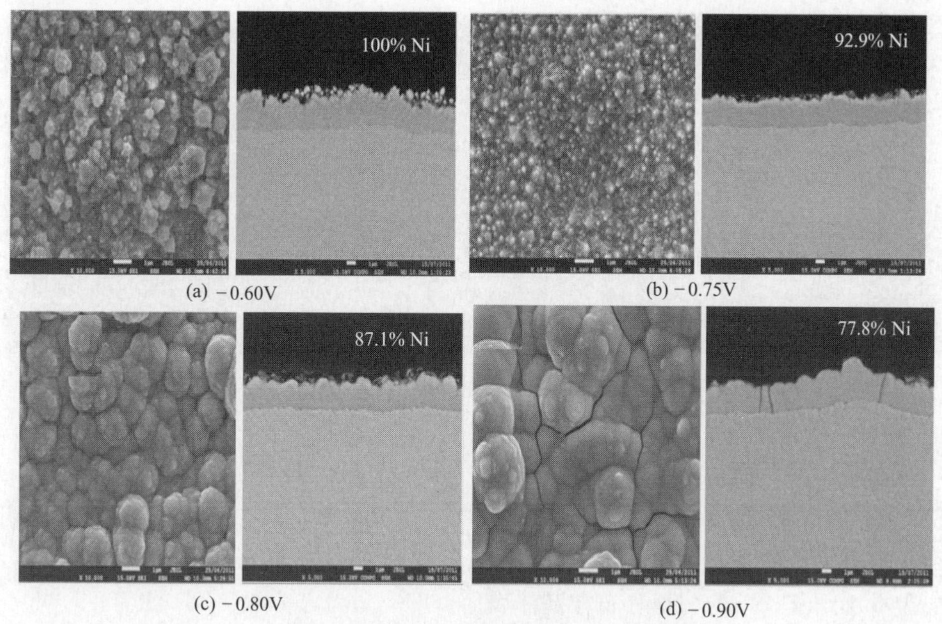

图 4.35 不同条件下尿素-氯化胆碱类离子液体镍-锌沉积的表面和相应的截面形貌图

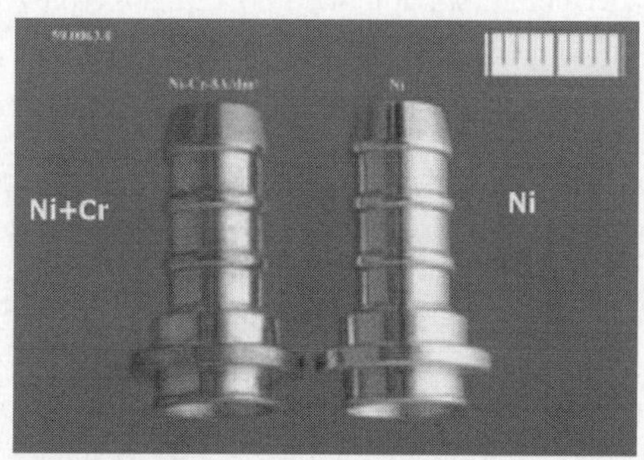

图 4.36 尿素-氯化胆碱类离子液体中，装饰性镀铬金属零件（在镍层，软管接头）

沉积，研究表明类离子液体中的离子会与钴离子形成络合物，能够促进钐钴共沉积的发生。采用恒电位的方法在铜箔上进行电沉积，得到了不同组分的钐钴合金薄膜。通过控制沉积电位、沉积时间和沉积电解液的组成可以控制沉积层中的钐钴含量比。钐含量较高时得到的沉积层是非晶态的，钐含量的升高会降低钐钴合金薄膜的矫顽力与饱和磁化强度。

Gómez 等[56]研究了钴-钐合金在类离子液体尿素-氯化胆碱中的电沉积。图 4.37(a) 为最小沉积电位沉积合金的形貌图，沉积中含有 27%的钐，沉积层为带有圆形颗粒的枝状结构。这时沉积速率比较低，沉积层不能完全覆盖基底。采用更负的电位进行合金电沉积时，得到的沉积层均匀地覆盖在基底表面，如图

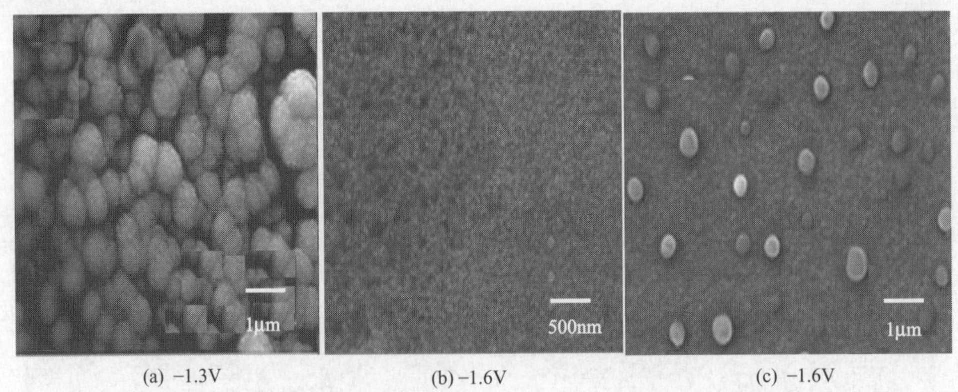

(a) −1.3V (b) −1.6V (c) −1.6V

图 4.37 不同电位下沉积合金的形貌图

4.37(b) 所示。增加沉积时间，发现了一种新的沉积层，如图 4.37(c) 所示。

Guillamat 等[57]在尿素-氯化胆碱类离子液体中电沉积出钴-铂磁性合金，用玻碳电极来检测分析铂和钴-铂合金的电沉积过程，合金沉积层为光亮的灰色，形貌有小结节，不均匀地分布在基体表面。

图 4.38 为元素在沉积层不同厚度中的结合能，图 4.38(a)、(b) 说明沉积层中没有氮、碳，(b) 图说明碳在沉积层中以物理吸附的形式存在，(c) 图中 530.9eV 和 533.8eV 处两个峰表明基底中有氧；铂的 4f 图谱中在 71.6eV 和

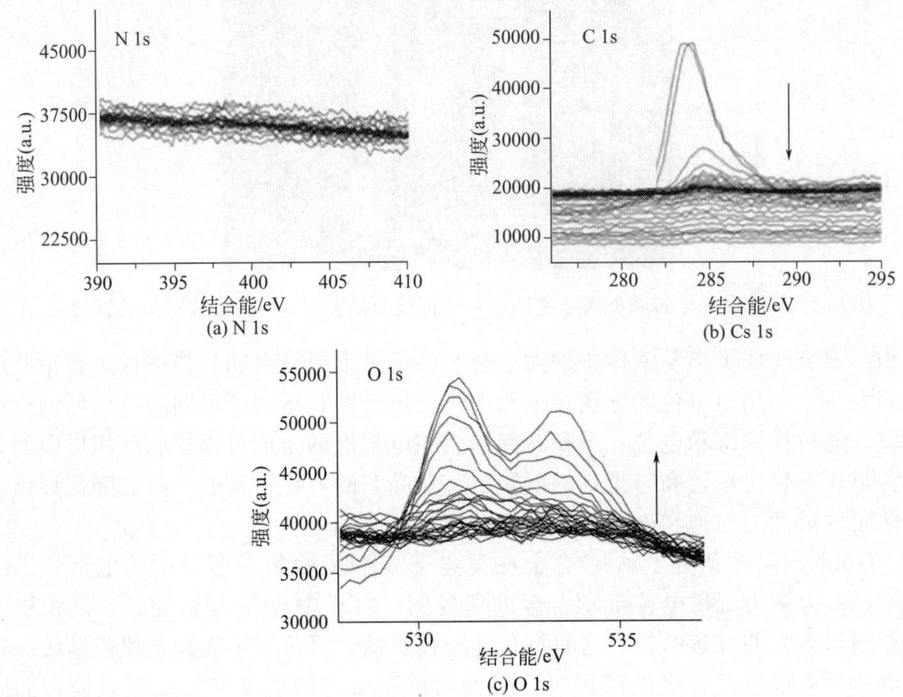

(a) N 1s (b) Cs 1s (c) O 1s

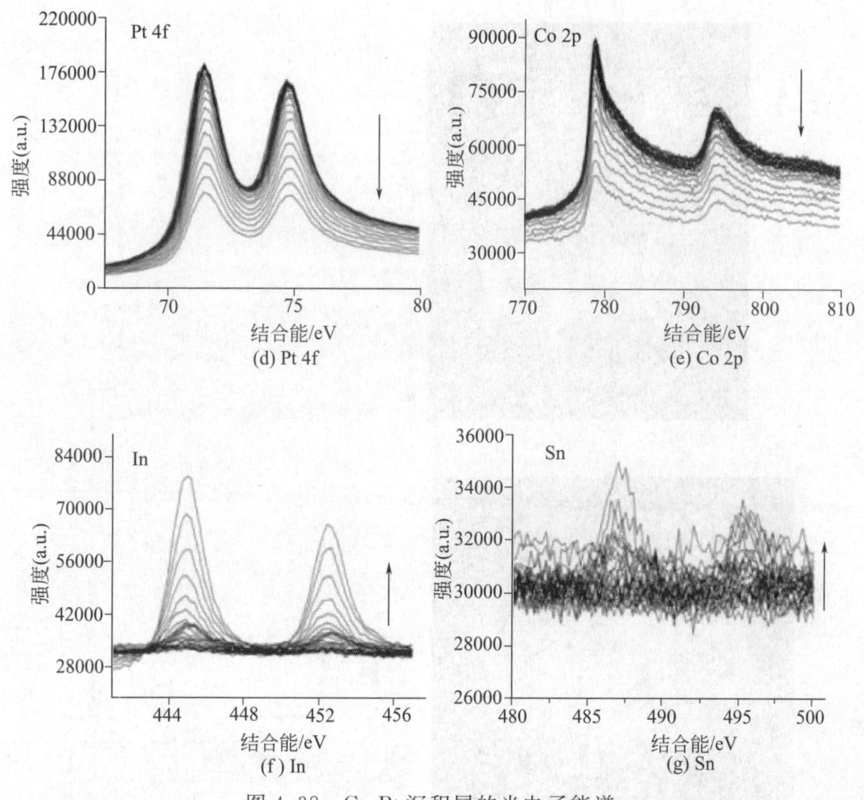

图 4.38　Co-Pt 沉积层的光电子能谱

74.8eV 有两个峰，说明有大量的金属铂沉积；钴的 2p 图谱中有两个非对称的峰，说明沉积层中没有氧化钴的存在。图 4.38（f）、（g）分别对应铟、锡的光电子能谱，表明类离子液体对沉积层不构成污染。

图 4.39 原子力显微镜图说明沉积层为致密的粒状沉积，沉积层略微粗糙。在类离子液体中电沉积的钴-铂合金为密集六方堆积或无定形结构。当沉积层中的含量达到 87%时，沉积层中只能观测到纳米微晶结构。

王小娟等[58]在尿素-氯化胆碱类离子液体中，控制体系的组成和沉积条件，得到表面均匀、附着力强、有金属光泽的非晶态钴-锌合金镀层，其中钴的质量分数可达 90%。Saravanan 等[59]采用直流和脉冲电沉积技术在黄铜和低碳钢基底上电沉积了钴-铬合金，合金为 65%～81%钴，19%～35%铬。利用脉冲电沉积技术可以得到钴含量为 65.44%，铬含量为 34.55%的合金形貌结构较好。

图 4.40 是钴铬合金的 X 射线光电子能谱图，脉冲电流沉积的合金层中钴的百分含量高于直流电沉积的钴的百分含量。铬的光电子能谱中结合能 571.7eV 和 581.3eV 对应 $Cr2p_{3/2}$ 和 $Cr2p_{1/2}$，为金属 Cr(0) 的特征峰[60,61]。特别是，Co2p 和 Cr2p 的峰强度和合金中 Co 和 Cr 的原子浓度成比例[62,63]。图 4.41 中动

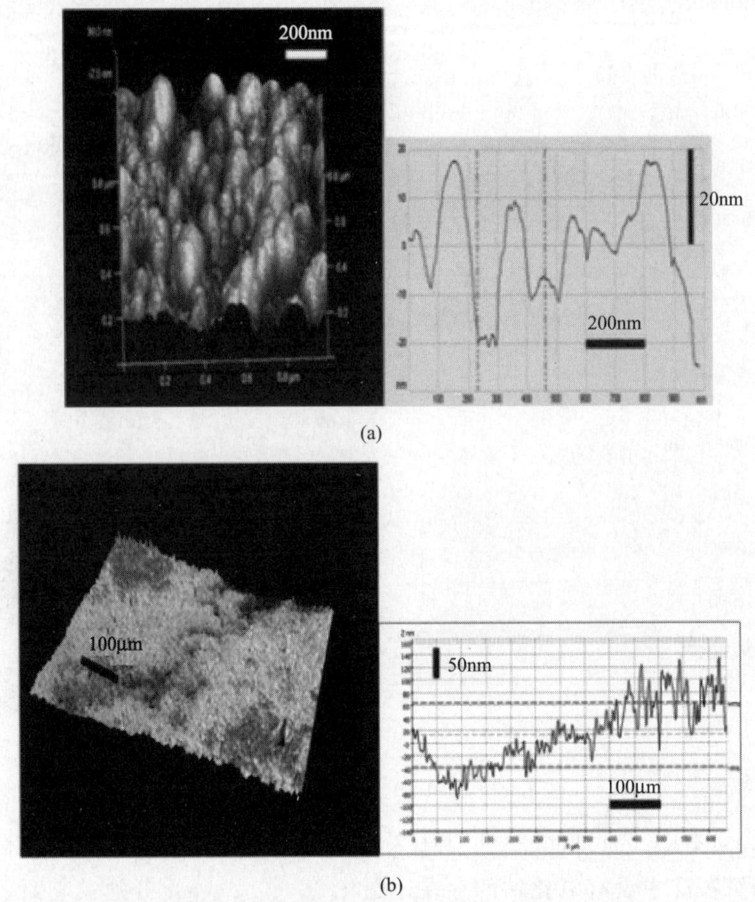

(a)

(b)

图 4.39 电沉积层的 (a) 原子力显微镜和 (b) 干涉图

电位曲线显示，基底上沉积合金之后，抗腐蚀性能增强，抗腐蚀性能一般与腐蚀电流密度成反比，脉冲电流下电沉积得到的沉积层 $Co_{65.44}Cr_{34.55}$ 和直流电流下电沉积得到的沉积层 $Co_{80.04}Cr_{19.95}$ 的腐蚀电流密度小于基底的腐蚀电流密度[64]，而脉冲电流下电沉积得到的沉积层 $Co_{65.44}Cr_{34.55}$ 的腐蚀电流密度大约是直流电流下电沉积得到的沉积层 $Co_{80.04}Cr_{19.95}$ 的腐蚀电流密度的 1/2，说明 $Co_{65.44}Cr_{34.55}$ 的抗腐蚀性高于 $Co_{80.04}Cr_{19.95}$。Z_{im} 表示等效电阻的虚部，Z_{re} 表示等效电阻的实部。

锌锡合金镀层具备良好的耐氯离子腐蚀性能，工业上普遍使用的水溶型镀液具有镀层不均匀、颜色暗淡、产生结瘤等缺点。锌-锡合金一般从水溶液中电沉积，溶液类型包括硫酸盐、葡萄糖酸盐和焦磷酸盐[65,66]。现代工艺倾向于非水溶液镀液的研究，锌-锡合金电镀可以在氯化胆碱-乙二醇电镀液中完成。这种电镀液以其无毒、适合高温电镀、安全环保等性能吸引了人们的广泛关注。Abbott 等[67]研究了类离子液体乙二醇-氯化胆碱和尿素-氯化胆碱中锌、锡及锌-

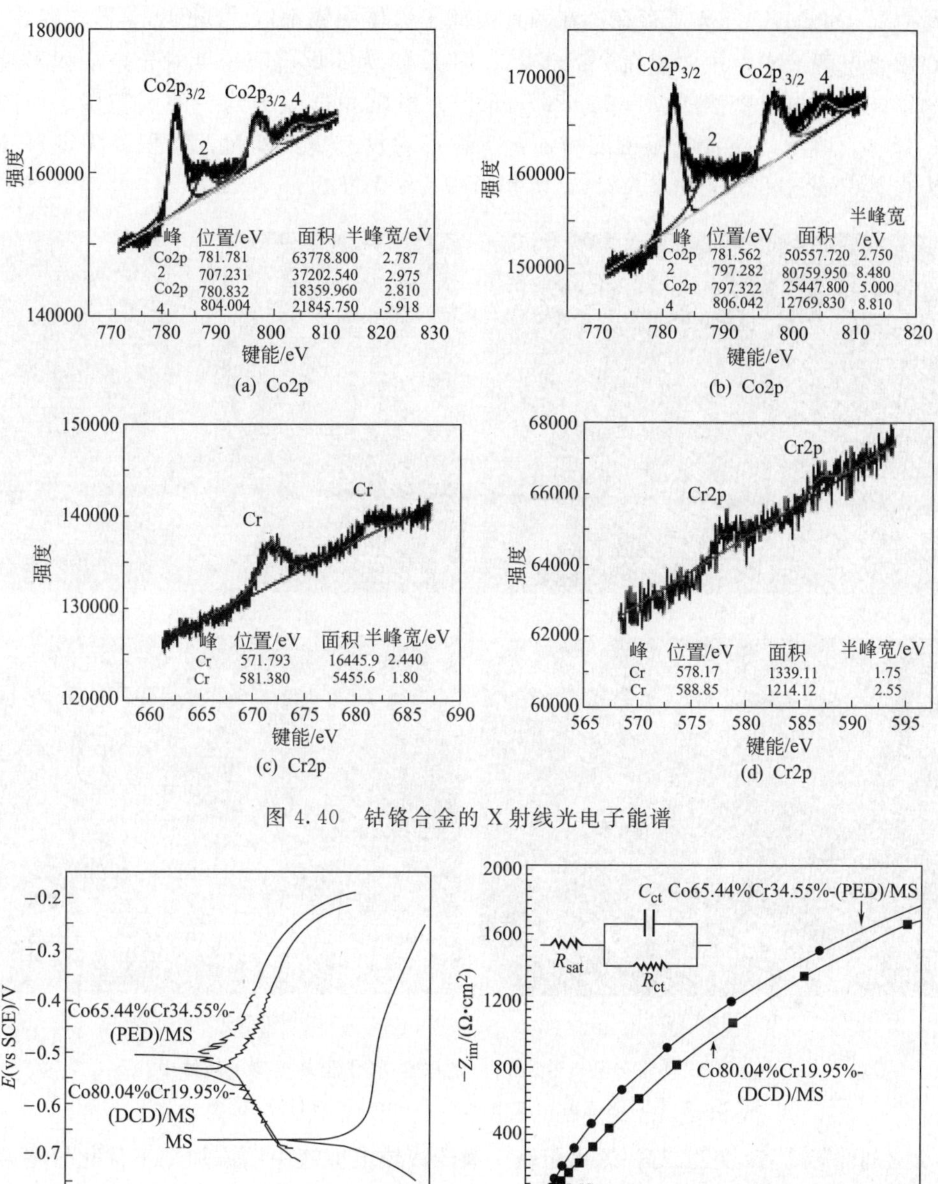

图 4.40　钴铬合金的 X 射线光电子能谱

图 4.41　电沉积合金的（a）典型动电位极化曲线和（b）电化学阻抗谱

锡合金的电沉积。在类离子液体中既可沉积锡和锌，又可电沉积锌-锡合金。在含有尿素的类离子液体中锌以 $ZnCl_3^-$ 存在，在乙二醇类离子液中以 $ZnCl_3^-$、

$Zn_2Cl_5^-$ 和 $Zn_3Cl_7^-$ 离子存在。在两种类离子液体中锡都以 $[SnCl_3]^-$ 形式存在。在混合电解液中，主要存在 $ZnSnCl_5^-$。图 4.42 为不同电流密度对合金沉积形貌的影响，当电流密度为 $I=85mA \cdot cm^{-2}$，电沉积形貌为均一的沉积层。如图 4.42(b) 所示，随着电流密度增加，沉积形貌没有多大变化，沉积为无定形结构，其中锡占 42%，锌占 38%，沉积形貌为结节状。

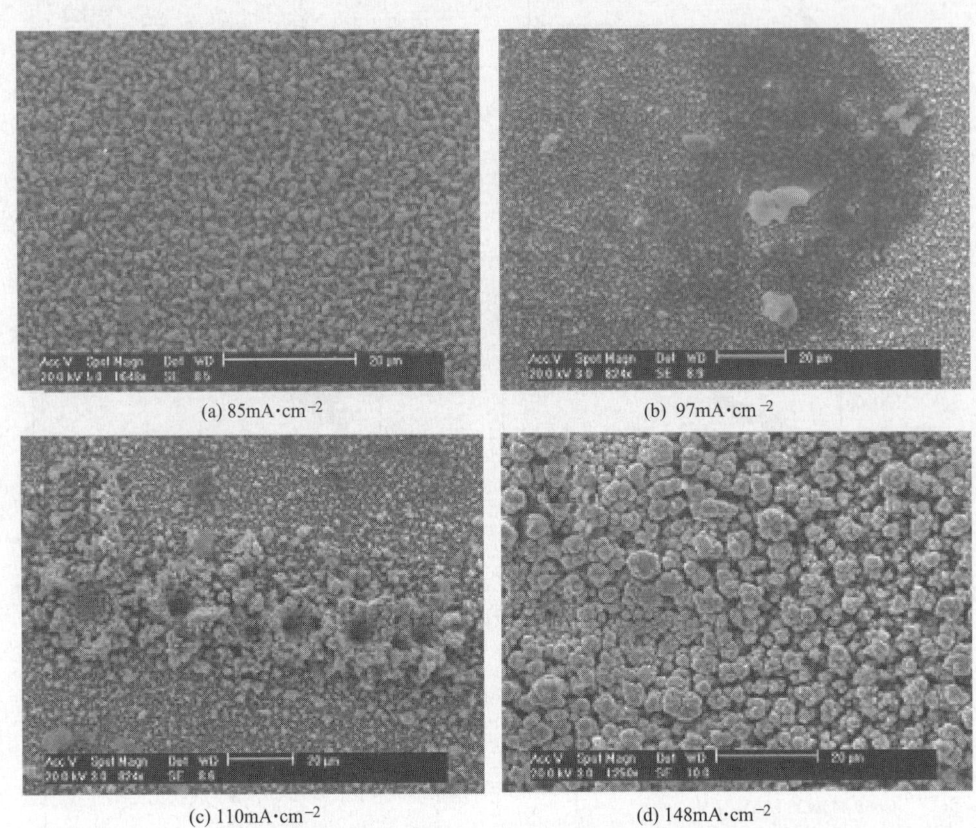

(a) 85mA·cm^{-2}　(b) 97mA·cm^{-2}　(c) 110mA·cm^{-2}　(d) 148mA·cm^{-2}

图 4.42　质量分数 3% Al_2O_3 的尿素-氯化胆碱类离子液体中 Sn 在不同的电流密度中沉积 30min 后的扫描电镜图

刘莎等[68]改变乙二醇-氯化胆碱类离子液体电镀液中的添加剂来优化锌锡合金电镀层，加快反应速度。选取羟乙磷酸、羟乙基乙二胺、甘氨酸、乙醇酸、聚乙二醇辛基苯基醚、亚苄基丙酮等作为电镀过程中的添加剂，应用了赫尔槽实验，通过电化学测量、X 射线荧光光谱、扫描电子显微镜测定研究了存在添加剂情况下的锌-锡电镀的反应过程，详细描述了在各种条件下添加剂的反应原理及其作用。在所有测试过的有机物质中，羟乙基乙二胺优于其他有机添加剂，可抑制锡沉积的树枝状结构的产生，延长锡沉积的时间，使锡的沉积更致密，能够获得均一、致密、光滑、有金属光泽的锌-锡镀层，达到了细化晶粒，统一晶体生长方向的作用。随着羟乙基乙二胺浓度的增加，镀层中锡的含量减少。随着电镀池中锡含量的增加，可以用更多的羟乙基乙二胺以得到好的锌-锡镀层。反应条件为 ChCl：8EG，120g/L EDTP，15% Sn（52.9g/L ZnCl，27.1g/L $SnCl_2$），55℃，10min，0.2A 与反应条件为 ChCl：8EG（120g/L EDTP，40g/L $ZnCl_2$，40g/L $SnCl_2$），55℃，10min，0.2A 时均获得了良好的镀层。另外，在反应条件为 ChCl：8EG（120g/L EDTP，40g/L $ZnCl_2$，40g/L $SnCl_2$），55℃，10min，0.2A 的基础上再加入 15g/L NaCl 以测试 EDTP 和 NaCl 两种添加剂的配合作用，得到了更加光亮的镀层。

Gao 等[69]在乙二醇-氯化胆碱类离子液体中，在铜电极上电沉积了 Cd-Zn 合金，其沉积形貌为菜花状。

4.2.2　铋、碲等元素合金的电沉积

Bi_2Te_3 是由Ⅴ、Ⅵ主族元素构成的化合物半导体，是一种天然的层状结构材料，为三角晶系。由于这种材料为间接带隙半导体，室温禁带宽度 0.145eV，电子和空穴迁移率分别为 $0.135m^2/(V \cdot s)$ 和 $4.4\times10^{-2}m^2/(V \cdot s)$，温差电系数 $1.6\times10^{-3}K^{-1}$，可采用布里奇曼法、区域熔炼法、直拉法制备，为良好的温差电材料。

此种材料可允许电子在室温条件下无能耗地在其表面运动，这将给芯片的运行速度带来飞跃，甚至可大大提高计算机芯片的运行速度和工作效率。

Agapescu 等[70]在类离子液体草酰乙酸-氯化胆碱中成功进行了 Bi_2Te_3 的电沉积。

图 4.43 为在 60℃下，从草酰乙酸-氯化胆碱类离子液体中沉积碲化铋薄膜包覆层的扫描电镜图，其形貌为棱柱形团簇，平均尺寸为 200～300nm，不均匀地分布在整个基底表面。图 4.43(c)、(d) 说明结合点的微晶为圆角，小尺寸（平均 10～15nm），形成这样的碲化铋沉积层是因为晶粒沿着几个方向快速生长[71]，导致碲化铋沉积层的形貌完全不同于铋和碲的形貌，表 4.2 为沉积层各元素的含量表。

表 4.2　电沉积层的各元素含量

组成元素	Bi-2 层		Te-1 层		Bi_2Te_3层	
	质量分数/%	原子百分数/%	质量分数/%	原子百分数/%	质量分数/%	原子百分数/%
Bi	84.73	29.82	—	—	63.40	33.63
Te	—	—	84.50	40.58	30.90	26.82
O	15.27	70.18	15.50	59.42	5.70	39.55

Agapescu 等[72]报道了乙二醇/丙二酸/草酸-氯化胆碱类离子液体中 BiTeSe 合金膜的电沉积。Gao 等[73]以 $BiCl_3$、$SnCl_2$ 和 H_3BO_3 为原料，在类离子液体乙二醇-氯化胆碱中成功在铜电极上电沉积了 SnBi 合金，研究了不同电压、不同沉积条件下沉积形貌、沉积物相的变化，当电压移到负电位时，铋的晶粒尺寸增

(a) ×20000 (c) ×200000

(b) ×50000 (d) ×400000

图 4.43 在 60℃下，从草酰乙酸-氯化胆碱类离子液体中沉积碲化铋薄膜包覆层的扫描电镜图

大，锡的晶粒尺寸减小，合金形貌为枝状晶体。电压越负合金晶粒尺寸越小，合金中由于电位不同，铋的原子百分含量从 25%～52%不等。Anicai 等[74]在类离子液体乙二醇-氯化胆碱和丙二酸-氯化胆碱中共沉积锡-镍合金，合金不均一的黏附在基底表面，晶粒尺寸为 11～14.5nm。Anicai 还研究了 NiSn 合金的抗腐蚀性，发现该合金具有较高的抗腐蚀性能。Zhao 等[75]在类离子液体乙二醇-氯化胆碱中成功电沉积了铁-镓薄膜，以草酸为添加剂，研究了薄膜的磁性。草酸促进了 Ga^{3+} 的还原和铁-镓共沉积。含有 17%镓的铁-镓薄膜为无序的体心立方结构，其磁性回线的饱和磁性强度为 1.7T，说明其是质量合格的磁性材料。

类离子液体中能够电沉积镍-钴、镍-锌、镍-铜、钴-铂、钴-锌、钴-铬、镍-钴-锡等合金，类离子液体中电沉积合金电流效率高，所获得的合金抗腐蚀性能强，类离子液体可作为电沉积合金的优良电解液。

4.3 类离子液体中纳米材料等的电沉积

4.3.1 纳米材料的电沉积

纳米材料具有许多不同于其他材料的优异性能，在生物、医药、催化等领域有着广阔的应用前景。纳米材料的传统合成方法需要各种有机溶剂，并且对合成条件的要求也比较高，而类离子液体的出现为纳米材料的制备开辟了一条新的途径。

氯化亚铜广泛用做有机合成中的催化剂，在石油工业中用做脱硫剂、脱色剂和除臭剂，传统合成氯化亚铜纳米晶体粉末的方法是在一定浓度的酸溶液中用不同的添加剂还原 Cu^{2+}，这种方法易污染环境。最近，Lai 等[76]在类离子液体中电沉积制备出了氯化亚铜纳米晶体。

图 4.44 为在不同含水量条件下电沉积得到的氯化亚铜扫描电镜图，图 4.44(a) 说明含水量在 3.62%时，氯化亚铜为立方晶体，晶格常数为 5.4318Å。图谱中没有氯化铜和铜的特征峰，说明获得的产物完全为氯化亚铜，图 4.44(b)～(e) 中有一些杂峰为碱式氯化铜，因为尿素-氯化胆碱类离子液体中含有一定量的水，该类离子液体也是弱碱性，氯化亚铜被氧化成碱式氯化铜，此方法安全、环保。

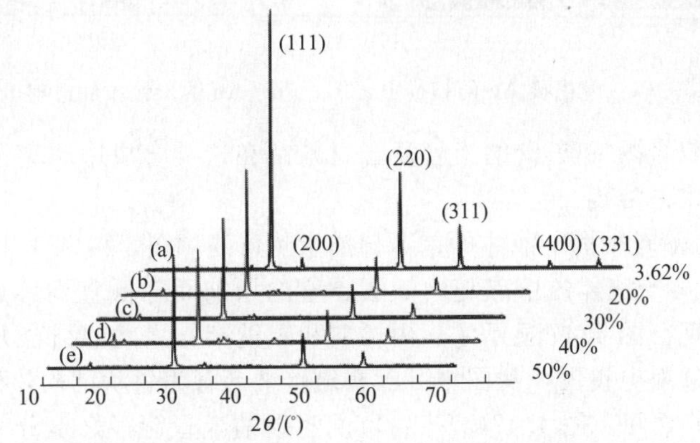

图 4.44 在不同水分含量类离子液体中 CuCl 产物的扫描电镜图

(a) 3.62%；(b) 20%；(c) 30%；(d) 40%和 (e) 50%

目前含有金纳米颗粒的催化剂越来越受到研究人员的重视。在低温时，金纳米颗粒催化剂能有效地将 CO 氧化成 CO_2。含金的催化剂已成为新一代的催化剂[77]。Liao 等[78]在类离子液体中合成形貌可控的金纳米颗粒。通过 L-抗坏血酸在类离子液体中还原氯金酸合成晶面为（331）星形金纳米颗粒。通过调节水的含量可以得到雪花状等多种形状的金纳米颗粒。

水在控制金纳米颗粒的形状和结构中起到重要作用，在不含水的类离子液体中合成的金纳米颗粒大约为 300nm［图 4.45(a)］，纳米颗粒枝状边缘形成像屋顶一样的正方形微型金字塔状（半个八面体状），所以主要的纳米颗粒晶面为(111) 晶面。当水含量增加到 5000mg/kg 时，能得到星形纳米颗粒；当水含量高于 10000mg/kg 时，就可形成纳米刺。

Mota-Morales 等[79]合成了丙烯酸-氯化胆碱类离子液体，并在此类离子液

图 4.45 (a) 雪花状 Au 的扫描电镜图；(b) Au 纳米颗粒的透射电镜图

体中合成大孔聚合丙烯酸-碳纳米管复合材料。在这类合成中类离子液体不仅作为单体，同时也是溶剂。

图 4.46 为不同类离子液体的差示扫描量热仪测试图。由图 4.46 中可知丙烯酸-氯化胆碱类离子液体的熔点随丙烯酸含量的增加而降低直到熔点消失，玻璃态转化温度出现。图 4.47 显示了聚丙烯酸和碳纳米管之间的结合方式。图 4.47 为碳纳米管的透射电镜图，从图中可以看出碳纳米管为竹状结构，外边缘石墨圆筒在 20～50nm 之间。图 4.47(a)～(c) 说明碳纳米管能很好地分散在无定形聚丙烯酸基底上。

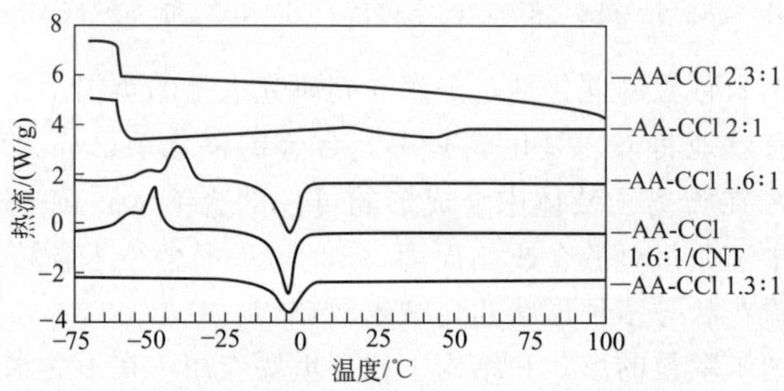

图 4.46 不同类离子液体的差示扫描量热仪测试图（扫描速率为 10℃ · min^{-1}）

Cai 等[80]在类离子液体乙二醇-氯化胆碱中成功地电沉积 NiO 纳米材料，这种纳米结构 NiO 具有超快速电致变色转化功能。沉积时间 10～30s 时，多晶 NiO 层为不均一的小颗粒，并带有一些空隙，当沉积时间增到 60s 时沉积层变得致密。沉

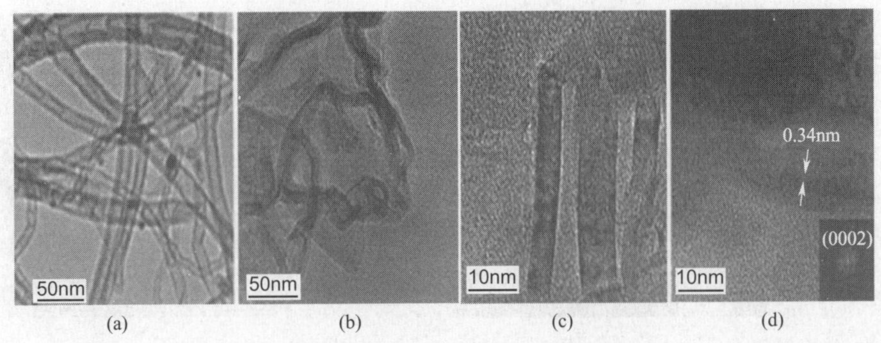

图 4.47 碳纳米管的透射电镜图

积层光的透射率随沉积层厚度增加而降低。所有的 NiO 沉积层具有高效着色、快速电致变色转化和循环性能等优点。这是因为在沉积层颗粒中间为纳米结构和打开的空隙。超快速转化时间为 0.74s 和 0.88s，最大着色率为 $250cm^2 \cdot C^{-1}$。

采用拉曼光谱表征镍电沉积层氧化之后的氧化镍层如图 4.48 所示，$562cm^{-1}$处的振动峰为镍-氧的振动特征峰。图 4.49 透射电镜图显示，在氧化锡铟基底上沉积的镍层为纳米颗粒，颗粒尺寸大约 10nm。镍为面心立方结构，镍沉积层纳米颗粒尺寸和形貌在氧化之后没有多大变化。没有处理情况下氧化镍纳米颗粒为多晶的，这与扫描电镜结果一致。

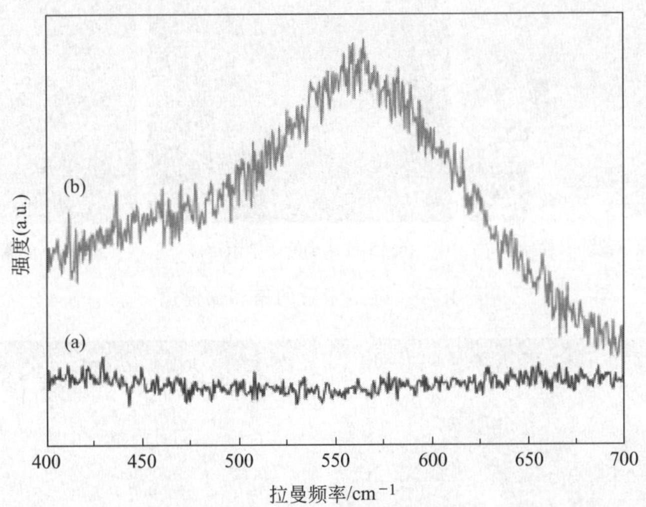

图 4.48 (a) Ni 沉积层的拉曼谱图，(b) 在 300℃下氧化 2h 获得的 NiO 膜的拉曼谱图

Wright 等[81]发现在类离子液体中可以电沉积磁性纳米铬，采用的基底为垂直排列的碳纳米管。水溶液中在碳纳米管上电沉积铬磁性纳米颗粒需要很高的电流，而在类离子液体中只需较小的电流，通电时间很短即可获得所需产物。图 4.50 为碳纳米管上的铬-镍镀层，沉积层非常致密，而不是单独地包覆在碳纳米

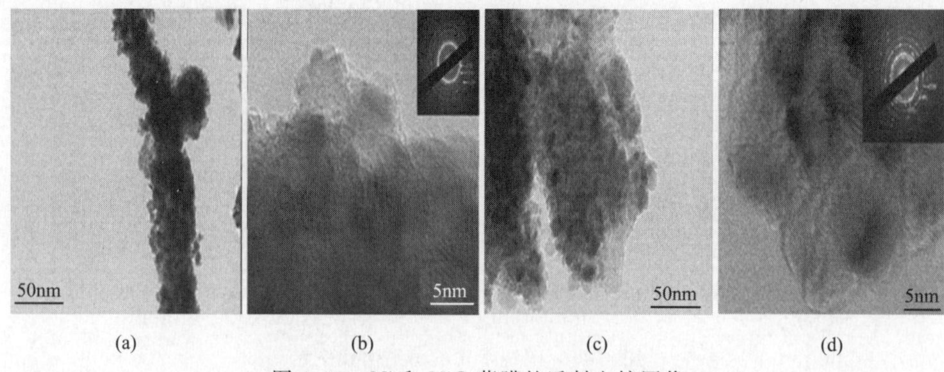

(a) (b) (c) (d)

图 4.49 Ni 和 NiO 薄膜的透射电镜图像

管外层。0.15～6A 变换电流密度并不能提高碳纳米管上铬-镍的镀层厚度，电流密度过低将不能电沉积目标产物。图 4.50(b) 为铬-镍修饰的碳纳米管，在此基础上在铬酸溶液中电沉积铬，如图 4.50(c) 所示，仍不能获得所需碳材料。采用类离子液体六水氯化铬-氯化胆碱在电流为 0.018A 条件下沉积 10min，获得的沉积扫描电镜的横切面图如图 4.51 所示。沉积层比较薄，沉积时产生了团簇。

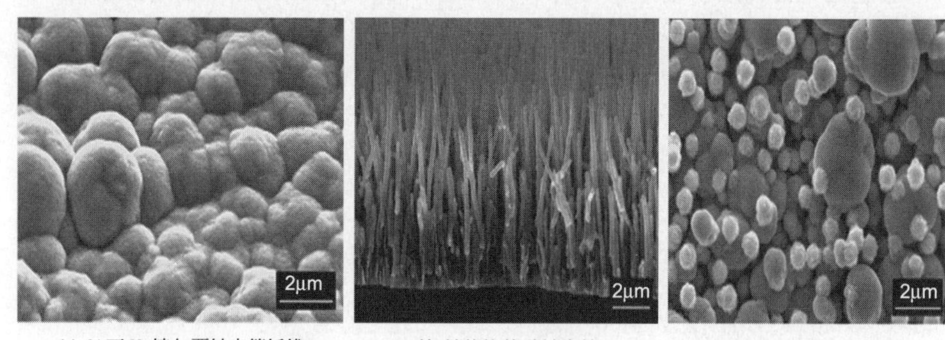

(a) 6A下60s镍包覆纳米管纤维　(b) 铬-镍修饰的碳纳米管　(c) 10A电流下，376s镀层

图 4.50 碳纳米管的铬和镍镀层

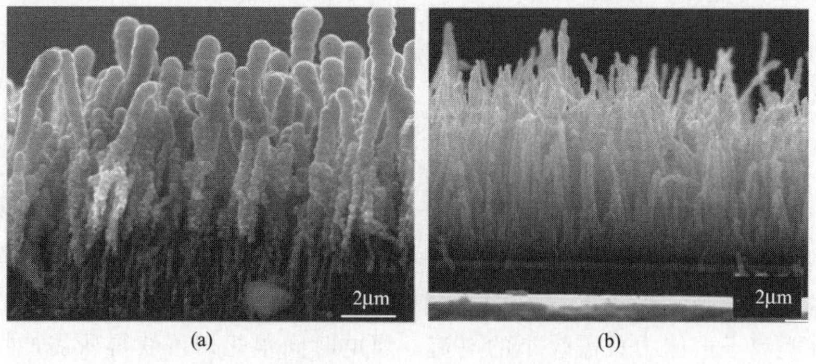

(a) (b)

图 4.51 碳纳米管的铬镀层横截面的扫描电镜图

Wei 等[82]研究了在尿素-氯化胆碱类离子液体中电沉积铂纳米粉，可以对纳米粉形貌进行控制合成。

图 4.52(a) 说明铂纳米粉为尖锐的花瓣形，均匀分布在基底上，尺寸大约 200nm。纳米粉的晶体结构进一步采取高分辨率透射电镜观察，图 4.52(b) 说明制备的花瓣状纳米粉具有单晶结构，铂的（111）晶面间距为 0.23nm，和其他纳米粉相比，其纳米颗粒发生聚集，在文献中有所报道[83,84]。能谱分析表明纳米铂粉中含有铂、碳和氧。这种不均一的铂纳米粉是尖锐的单晶花瓣结构，和商业用黑色铂催化剂相比，具有高的电催化活性和稳定性。

图 4.52 （a）在 GC 电极上电沉积的铂纳米花的扫描电镜图，（b）单一的铂纳米花，（c）为（b）中标记花瓣的透射电镜图像，（d）铂纳米花 X 射线能谱分析图像

Cojocaru 等[85]在尿素-氯化胆碱类离子液体中电沉积 CoSm 磁性合金和纳米线。电流密度为 0.5～1.5mA·cm^{-2}时，沉积层不均匀，钴为六边形晶体，具有磁各向异性。采用铝模板可以沉积 SmCo 纳米线，直径为 50nm，为六边形晶体，合金有更高的磁矫顽力。图 4.53(a) 显示合金的稳定电势为－1050～－850mV，SmCo 合金在金属基底上的恒电流曲线与水溶液中的一致。尽管介质的黏度较高，但其纳米线也可以从类离子液体中电沉积出来，如图 4.53 所示。在低电流密度时（－0.5～1mA·cm^{-2}），可以获得厚度均匀的纳米线。纳米线中含有 46%～50%Sm。

李慧等[86,87]合成了尿素-氯化胆碱和乙二醇-氯化胆碱类离子液体，并采用傅里叶红外光谱对其进行了表征。并研究了在氯化三苯基磷尿素-氯化胆碱和氯化铜-尿素-氯化胆碱体系中，采用电化学牺牲阳极法，直接以金属金、铜为原料电解制备纳米金（金→纳米金）、纳米铜（铜→纳米铜），考察了金属盐含量、电解温度、阴极等因素对电解产物形貌的影响，采用 SEM、TEM、FT-IR、TG 对产物进行了表征。李慧认为在上述体系中，控制合适的条件，可以制备得到纳米金、纳米铜。

李慧等在氯化银-乙二醇-氯化胆碱体系中，采用电化学牺牲阳极法，直接以金属银为原料电解制备纳米银（银→纳米银）。他们认为采用合适的条件，可以制备得到纳米银。氯化胆碱类离子液体原料低廉、合成简单，通过对氯化胆碱类离子液体中电化学制备纳米金、银、铜的研究，希望能够从块体金属直接制备纳

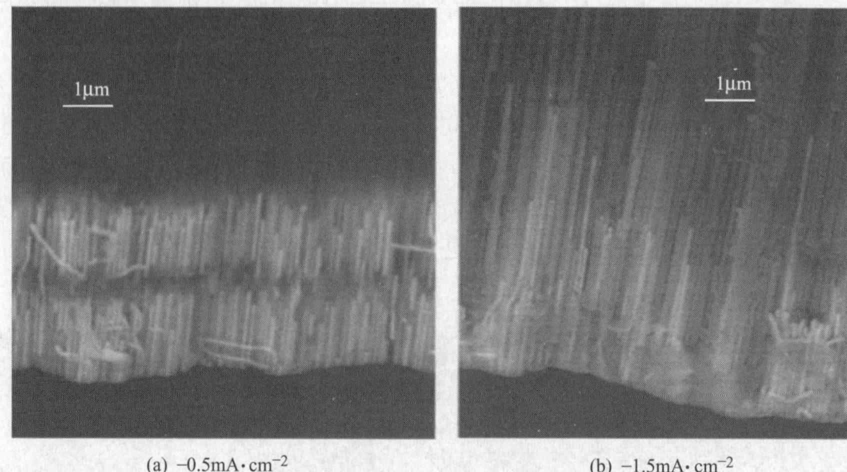

(a) −0.5mA·cm^{-2}　　(b) −1.5mA·cm^{-2}

图 4.53　不同电流密度下制备的 SmCo 纳米线的扫描电镜图

米金属，这说明氯化胆碱类离子液体不仅可以作为电解液，又可作为分散剂和修饰剂，阻止纳米金属的团聚。

Shi 等[88]报道了在类离子液体尿素-氯化胆碱中电子束诱导银纳米颗粒的生长，电子束诱导方法在氯化银颗粒上产生了大量银纳米颗粒，电子束驱动过程采用扫描电镜和能谱表征。他们通过理论计算和实验观察，说明银纳米颗粒与电子束的电流密度关系密切。这种现象可以用来解释一种新型纳米材料的制备方法。氯化银颗粒表面的纳米颗粒的扫描电镜图像显示（图 4.54），纳米粒子在最后阶段达到约 100nm 的尺寸［图(a)］。该纳米粒子优先在氯化银颗粒边缘生长［图(b) 中白色箭头］，这可能是由于相对表面而言，边缘处的自由能较低的缘故。

(a)　(b)

图 4.54　氯化银颗粒表面的纳米颗粒放大的扫描电镜图

叶萌等[89]利用新型类离子液体尿素-氯化胆碱一步合成了球状纳米 α-Fe_2O_3。合成的 α-Fe_2O_3 大小为 130～150nm，分布均匀。他们通过研究提出了纳米α-Fe_2O_3可能的形成机理。尽管此类离子液体显示出极性特性，但与水相比，其表面张力较低。较低的界面张力又会导致较高的成核速率。当晶体的成核速度大于晶体的生长速度时，反应体系中具有较多的晶核，因此非常容易得到小颗粒的产物。同时他们的研究结果表明，由于共晶离子液体中存在较强的静电吸引力和氢键作用，这些作用使得类离子液体吸附在形成的晶核表面，防止了合成的纳米粒子之间发生团聚。

Wei 等[90,91]研究了尿素-氯化胆碱类离子液体中形貌控制纳米晶体铂的电沉积，这种铂的纳米晶为高指数晶面，提高了其催化活性。图 4.55 为电沉积法制备纳米晶体铂的示意图。图 4.56 为电沉积纳米晶体铂的扫描电镜图。

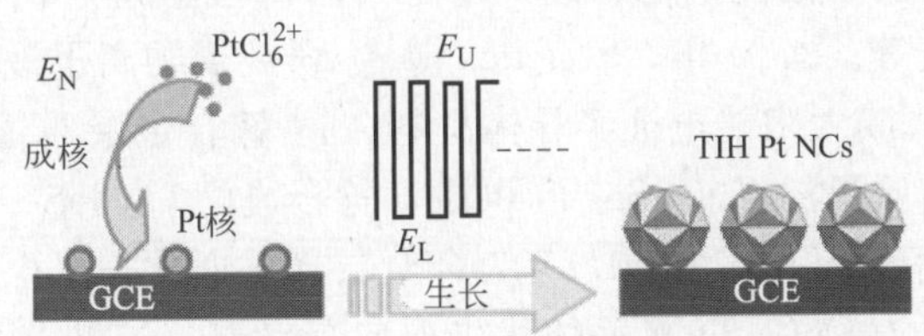

图 4.55 电沉积方法制备纳米晶体铂的示意图

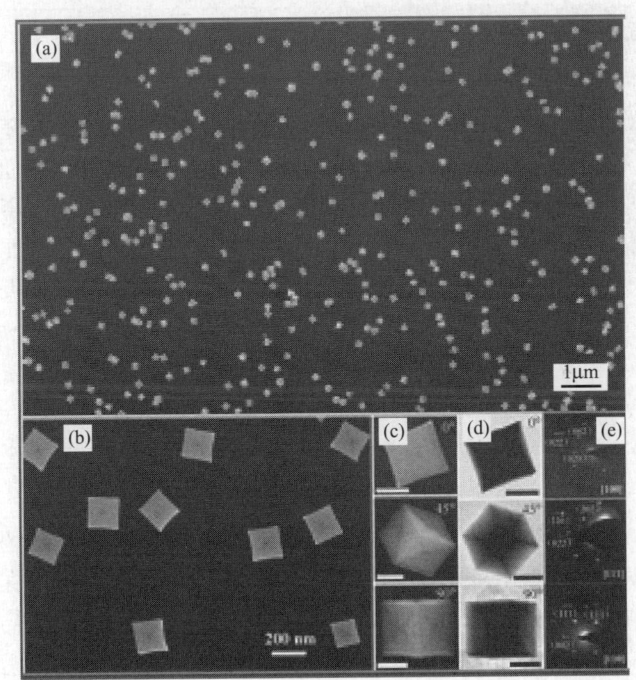

图 4.56 (a) 大面积，(b) 电沉积纳米晶体铂的凹处扫描电镜图。(c) 扫描电镜图，(d) 观察倾斜角为 0℃，45℃和 90℃的 Pt 纳米凹面的透射电镜图像。(e) 纳米晶体铂凹面在 [100] [111] 和 [110] 方向的电子衍射分析图

Zheng 等[92]利用尿素-氯化胆碱类离子液体快速合成了 20～30nm 的 SnO 纳米颗粒，其结构为四方晶体结构。当延长反应时间时，SnO 纳米颗粒会自组装成球状。

4.3.2 太阳能电池材料的电沉积

随着煤、石油等一次能源的逐渐枯竭及对环境恶化的影响，人类对环境友好的可再生能源的需求日益增大。合理地利用好太阳能将是人类解决能源问题的重要途径。太阳能电池可利用光电转换技术将太阳能直接转换为电能，是使用太阳能最有效的方式。

目前研究最多的太阳能电池有硅太阳能电池、化合物半导体太阳能电池和染料敏化太阳能电池等。2010 年，Steichen 等[93]研究了类离子液体尿素-氯化胆碱中沉积 $CuGaSe_2$ 薄膜太阳能电池半导体材料，铜-镓合金层通过在硒气氛中退火处理，可以得到高质量的 $CuGaSe_2$ 沉积层，所合成的 $CuGaSe_2$ 太阳能电池，其能量转化效率能达到 4.1%。图 4.57 为合金层横截面的扫描电镜图和 X 射线衍射图，可知沉积层为 $CuGaSe_2$，晶体优先取向是沿着（112）生长，四面体分裂的（220）和（204）两个峰说明 $CuGaSe_2$ 晶体结晶很好[94]。

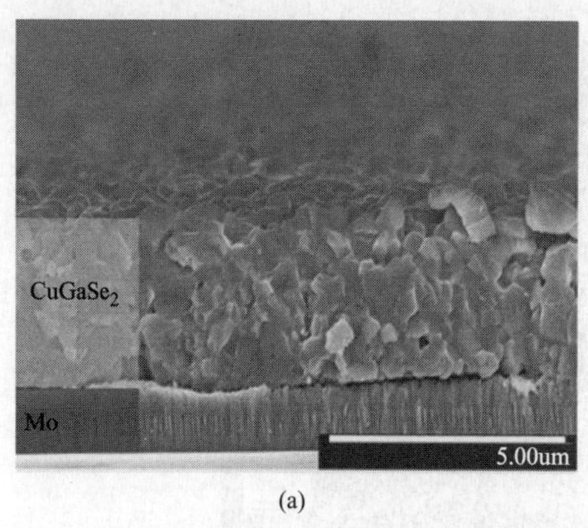

(a)

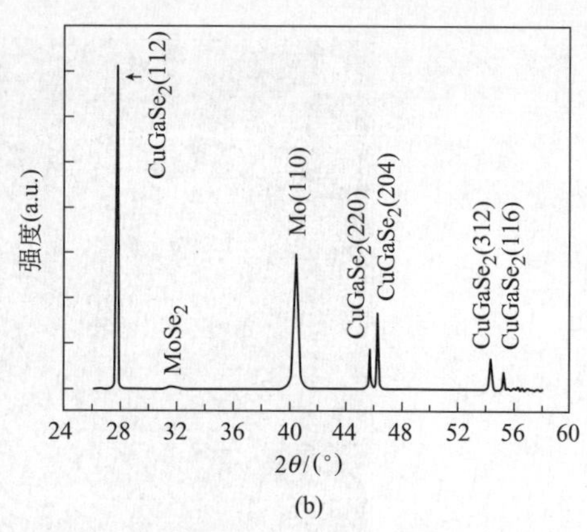

(b)

图 4.57 (a) 横截面的扫描电镜图，(b) $CuGaSe_2$ 吸收剂层的 X 射线衍射图

Chan 等[95]在乙二醇-氯化胆碱类离子液体中电沉积 Cu_2ZnSnS_4 薄膜（其扫描电镜图见图 4.58），沉积层为锌黄锡矿结构，沿着（112）晶面生长，薄膜的能隙为 1.49eV，光学吸收系数为 10^4cm^{-1}，电沉积的薄膜可以用在光电器件中，沉积层为不平整的多晶形貌，且非常致密，厚度大约 3.5μm（样品 A），1.5μm（样品 B）。大的晶粒达 2μm，这有利于它应用于光电池，在沉积层中不存在氧化物[96]。

Malaquias 等[97]在尿素-氯化胆碱类离子液体中电沉积铜-铟合金，之后在硒气氛下进行退火处理，即可得到光伏器件材料，铜-铟合金晶间化合物的晶相、

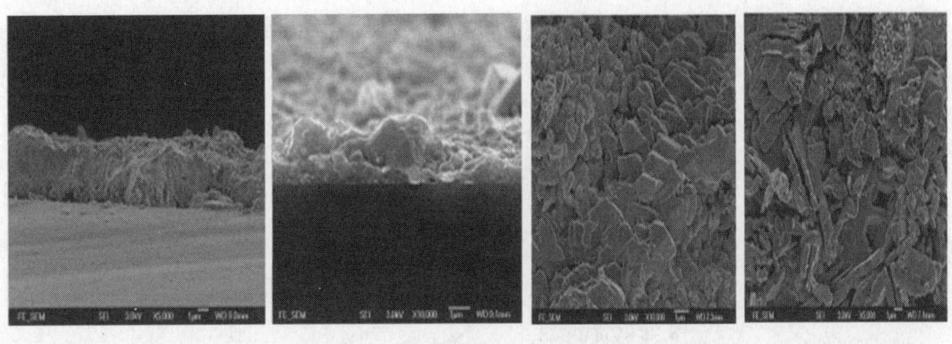

(a) 样品A的横截面视图
(b) 样品B的横截面视图
(c) 样品A的俯视图
(d) 样品B的俯视图

图 4.58 CZTS 的扫描电镜图

组成和形貌取决于沉积电势。图 4.59 为退火之后 $CuInSe_2$ 的 X 射线衍射图和扫描电镜图，说明沉积层中有 $MoSe_2$ 和 $CuInSe_2$ 存在，小角度的肩缝为 $Cu_{2-x}Se$ 相。沉积层中（d）的形貌为树突状，中间有许多空穴，这是因为 Mo 基底直接暴露在硒气氛中形成了 $MoSe_2$ 合金。

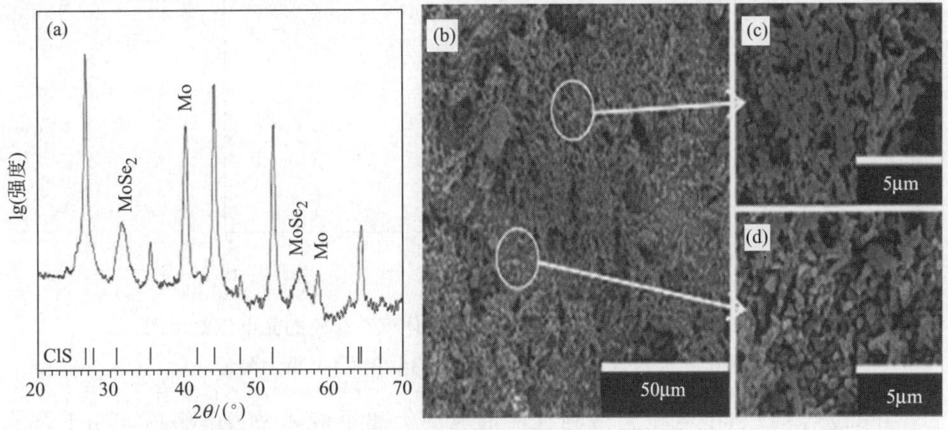

图 4.59 （a）−1.2V 下 Cu-In 薄膜 X 射线衍射图谱。退火后的扫描电镜图片为（b）～(d)

半导体 CdS、ZnS、CdSe、ZnSe 在 Cu(In，Ga)(S，Se）光电器件中可做缓冲层，其中 CdS 是最常见的一种。Dale 等[98]在类离子液体尿素-氯化胆碱中合成镉锌半导体化合物，电沉积了 CdS、CdSe 和 ZnS 等化合物。沉积 CdS 薄膜在光照下显示为 N 型半导体，图 4.60 为不同 CdS 薄膜的光电转化效率图。CdS 的带隙为 2.48eV 和 2.72eV，单晶 CdS 的带隙为 2.42eV。CdSe 和 ZnS 也是 N 型半导体。图 4.61 为 CdSe、CdS 和 ZnS 三种半导体沉积薄膜的光电流效率图，CdSe 和 ZnS 的带隙分别为 1.8eV 和 3.6eV。

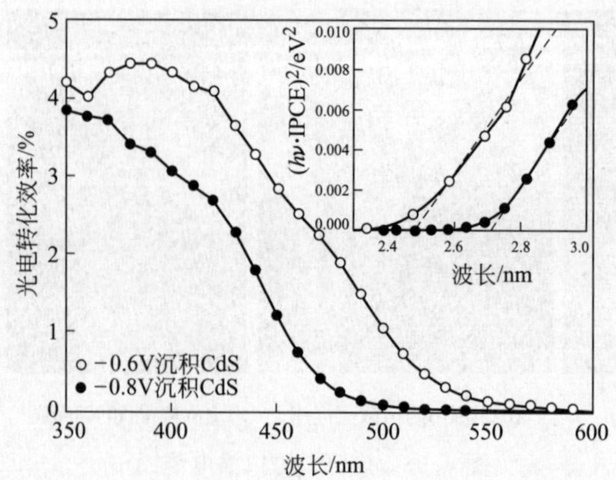

图 4.60　两种不同 CdS 薄膜的光电转化效率图

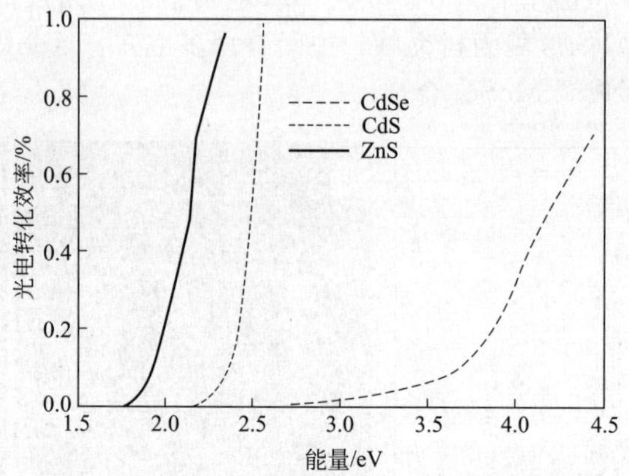

图 4.61　CdSe、CdS 和 ZnS 三种半导体沉积薄膜的光电流效率图

CdSe 和 ZnS 谱均在+0.2V 的 Ag/AgCl 电极上测量

Jhong 等[99]利用氯化胆碱和甘油形成的类离子液体做为电解质，用于合成敏化太阳能电池，合成的太阳能电池能量转化效率为 3.88%。通过使用一种新型的类离子液体电解质，转化效率较高。这种类离子液体高的电导率和高的扩散系数，使得甘油-氯化胆碱作为染料敏化太阳能电池电解液具有较大的发展潜力。

4.3.3　镍-聚四氟乙烯等复合材料的电沉积

复合电镀是用电沉积的方法使金属与固体微粒共沉积来获取功能材料的工艺过程。聚四氟乙烯作为复合电镀的一种分散相材料，其本身具有优良的物理化学性能。其耐蚀性能优良，耐磨性好，静摩擦系数是塑料中最小的。特别是用电沉积方法制取 Ni/PTFE 复合镀膜在国外已得到工业化的应用。

一般镍-聚四氟乙烯复合材料是在水溶液中电沉积，而通常采用阴离子润湿剂阻止聚四氟乙烯颗粒在水溶液中团聚。但由于研究尚不成熟，如何选择合适的添加剂是一个难题。Gu 等[100]研究了类离子液体乙二醇-氯化胆碱中镍-聚四氟乙烯复合材料的电沉积。研究了复合材料的沉积机理、微观结构和复合材料的性质。图 4.62 为复合材料沉积层的原子力显微镜图，整个沉积表面尺寸为 10～40nm 的粒状团簇，镍沉积层具有比镍复合材料沉积层更大的粒状团簇，表面平均厚度可达 41.5nm，而镍（2.8%）的复合材料仅为 9.2nm。

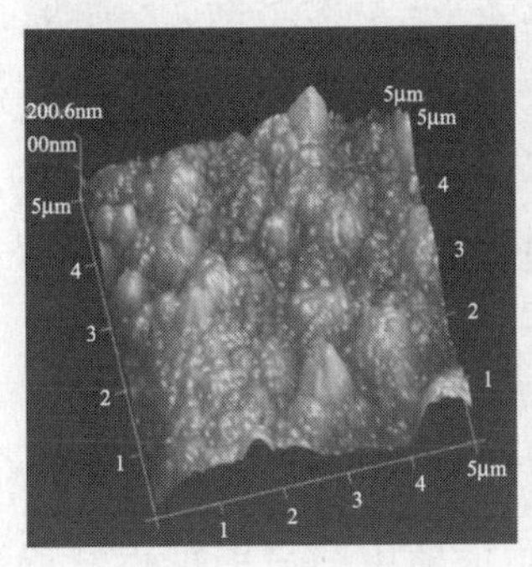

(a) Ni;Ni-2.8%聚四氟乙烯　(b) Ni-2.8%聚四氟乙烯

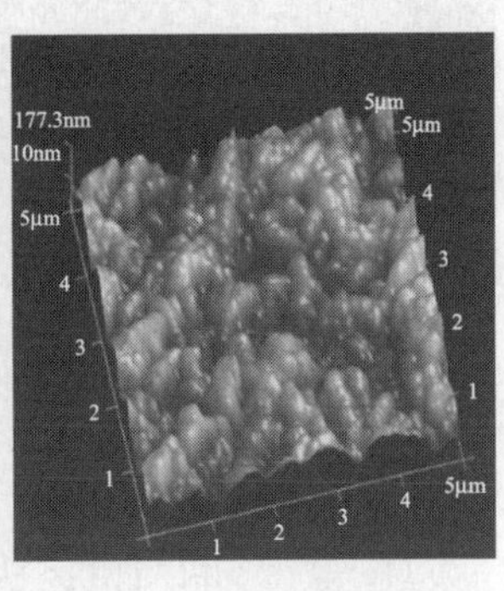

(c) Ni-3.1%聚四氟乙烯

图 4.62　电沉积 Ni 和 Ni-PTFE 复合镀层的典型三维原子力显微镜图（5μm×5μm）

从图 4.62 中很难区分沉积层和基体，说明沉积的附着力比较强，镍沉积层的厚度为 6.5μm，镍复合材料的沉积厚度比镍沉积层薄（为 1.6μm），这说明复合材料的沉积速率降低了。能谱线性分析说明沉积层中含有碳、氧、铜和锌。碳和氧为环氧树脂中的，铜和锌来源于基底黄铜。

Abbott 等[101]在六水氯化铬-氯化胆碱体系中制备了铬-三氧化二铝复合材料，体系中能形成稳定的胶体悬浮液，并且这些胶体悬浮液能制备金属涂料（如图 4.63 所示）。加入三氧化二铝之后的电沉积产物形貌比沉积的金属铬形貌具有

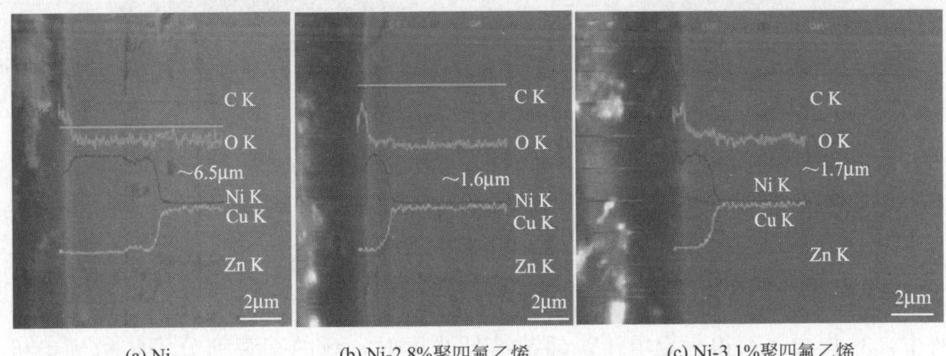

(a) Ni　(b) Ni-2.8%聚四氟乙烯　(c) Ni-3.1%聚四氟乙烯

图 4.63　铜基板上电沉积镍和镍-聚四氟乙烯复合镀层的截面能谱线分析和扫描电镜图

多孔性。图 4.64(b) 为六水氯化铬-氯化胆碱类离子液体中加入金刚石后电沉积产物的形貌。加入三氧化二铝和金刚石后，电沉积产物的硬度变小。

(a) 只有Cr(左边)和从含有5%的 Al_2O_3(0.1μm)铬液沉积(右边)

(b) 从含有10%的金刚石(0.5～1.0μm)的铬液中电沉积

图 4.64　40℃下，六水氯化铬-氯化胆碱溶液复合镀层

He 等[102]利用微波法，在乙二醇-氯化胆碱类离子液体中超声电沉积制备铜-石墨烯复合材料葡萄糖传感器。传感器的检测限为 5～900μmol・L^{-1}，反应时间小于 3s，可以检测血浆中的葡萄糖含量。铜-石墨烯复合材料的形貌由粗糙不平的花瓣状碎片组成，其边缘尺寸为 20～50nm，宽 50～150nm，长 50～80nm。如图 4.65 所示。

(a) 比例尺为500nm

(b) 比例尺为100nm

图 4.65　铜-石墨烯复合材料的透射电镜图

图 4.66 为典型的电流-时间曲线，传感器浸泡在含有葡萄糖 0.1mol・L^{-1}溶液中，3s 内可以获得稳定电流。葡萄糖低浓度时，新的葡萄糖分子扩散到电极表面是可以忽略不计的；葡萄糖含量的增加导致大量分子的转移，影响正常的分子扩散，当浓度高于 2000μmol・L^{-1}时，没有电化学响应。

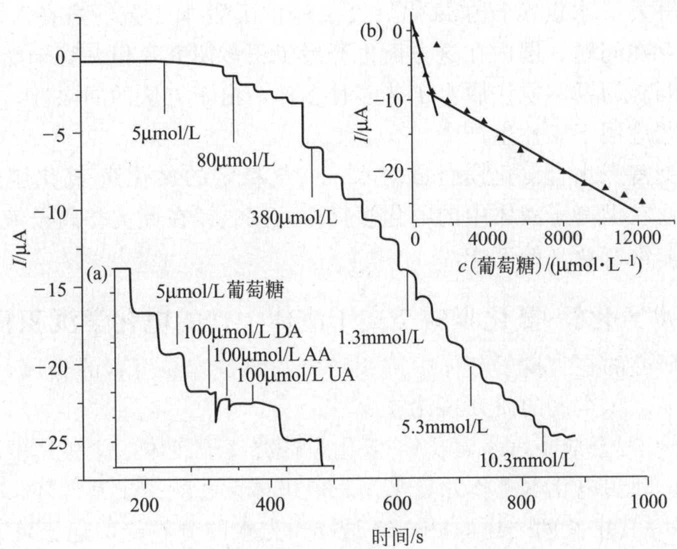

图 4.66 在 0.30V (vs. SCE) 下，在 0.1mol·L^{-1} KOH 中连续加入 5μmol·L^{-1}，80μmol·L^{-1}，380μmol·L^{-1}，1.3mmol·L^{-1}，5.3mmol·L^{-1} 和 10.3mmol·L^{-1}时，铜-石墨烯复合材料的电化学反应

在类离子液体领域，基础研究还有很大的发展空间，由于其组成的灵活性使其容易制备。根据这些性质，可以合成形貌和组成可调的新型材料。因此，类离子液体被广泛地应用在高技术产品制备领域中。

4.4 类离子液体中镁的电化学沉积行为研究和探索

我国盐湖镁资源储量巨大，青海察尔汗盐湖氯化镁储量尤为丰富。柴达木盆地自然蒸发量大，老卤经日晒蒸发后就可得到纯度高达 98% 的水氯镁石 ($MgCl_2 \cdot 6H_2O$)，水氯镁石是生产高纯镁砂和电解用无水氯化镁的重要原料。但由于技术、经济及环境等问题，盐湖镁资源一直无法大规模开发和综合利用，提钾过程中排出的大量镁盐造成了盐湖“镁害”。

镁盐的最大用途是提炼金属镁和镁合金。目前国内多以菱镁矿为原料的皮江法炼镁，是典型的高能耗工艺，在能源、资源及环境等方面都面临困难。电解法生产金属镁是镁产业的发展趋势，电解法是电解高温熔融态的无水氯化镁来生产金属镁，它的关键在于获得优质廉价的无水氯化镁，其水分和氧化镁含量均要严格控制在 0.5%以内，这成为常规电解炼镁的瓶颈问题。由于六水氯化镁空气中脱水至二水氯化镁后，继续脱水便会产生氧化镁、盐酸以及水解产物。氧化镁不利于电解，而盐酸对设备产生严重的腐蚀并降低镁的利用率。目前以六水氯化镁生产无水氯化镁的方法主要有：氯化氢气氛保护脱水和氨法脱水。挪威 Norsk

Hydro公司开发了水氯镁石在氯化氢气氛保护下脱水工艺，虽在工业中得到应用，但仍然存在问题。国内在这方面也开展了很多研究，但一直未能解决设备腐蚀、工艺控制等问题。氨法脱水工艺多种多样，由于方法的局限性，到目前为止没有一种工艺应用于工业生产中。

利用盐湖富产水合氯化镁合成对水、空气稳定的氯化镁-氯化胆碱型类离子液体，研究镁在类离子液体中的电化学行为，探讨镁在此类类离子液体中电沉积的可能性是非常有意义的工作。

4.4.1 六水氯化镁-氯化胆碱类离子液体中镁的电化学沉积行为研究

以上所研究的在类离子液体中沉积的金属都是容易沉积的金属，而像对锗、铝、镁等不易沉积金属的研究还比较少。

Jia等[103,104]合成了六水氯化镁-氯化胆碱类离子液体，并在其中进行了电化学行为研究。利用电化学工作站，采用三电极体系，测定了其循环伏安曲线，如图4.67所示，其中有两个还原峰，还原峰a为水的分解峰，还原峰b为镁的还原峰，氧化峰a′为OH^-的氧化峰，氧化反应为：

$$4OH^- - 4e^- = 2H_2O + O_2\uparrow \tag{4.4}$$

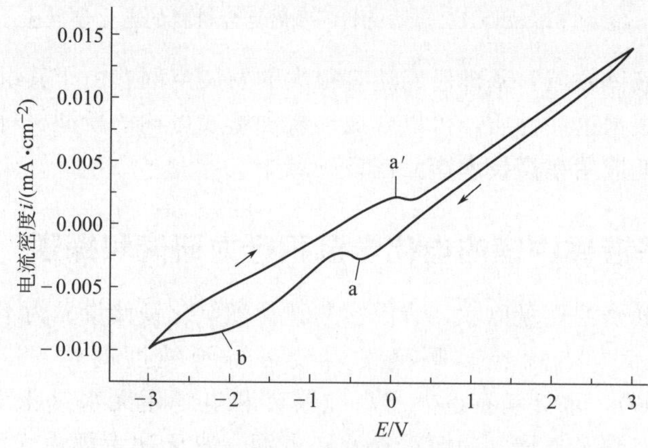

图4.67 六水氯化镁-氯化胆碱类离子液体在铜电极80℃下的循环伏安曲线

根据图中循环伏安曲线，采用三电极体系，在恒电位−3.0V下进行电沉积实验，工作电极为铜电极，沉积时间2h。对沉积层进行电子能谱表征。能谱如图4.68所示，沉积层中有镁、氧和氯等元素。

沉积层元素含量见表4.3，沉积层中镁含量为28.73%，氧含量为64.28%。其中的铜和锌为基底，氯为沉积物中夹带的残余液。

在恒电位条件下进行电沉积实验，有气体产生，在阴极上获得了一定的沉积产物。他们经过能谱分析，发现了镁，但同时也有大量的氧存在，并且n(Mg)：

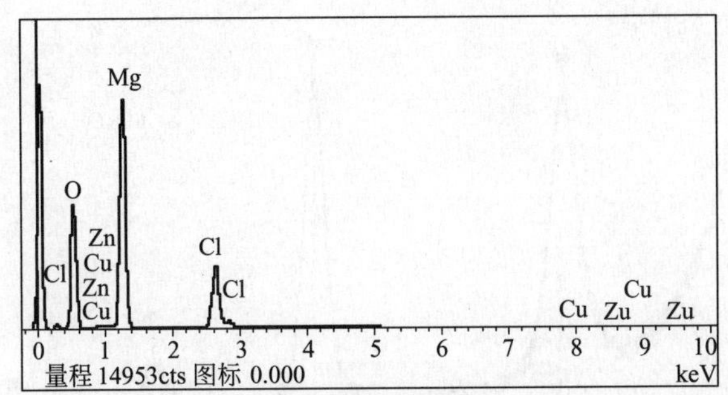

图 4.68 六水氯化镁-氯化胆碱类离子液体中镁电沉积物能谱图

表 4.3 六水氯化镁-氯化胆碱类离子液体中镁电沉积含量表

元素	质量分数/%	原子百分含量/%
O	51.50	64.28
Mg	34.99	28.73
Cl	11.05	6.22
Cu	1.58	0.50
Zn	0.87	0.27
总计	100.00	

$n(O)\approx1:2$。在六水氯化镁-氯化胆碱类离子液体中主要存在 Ch^+、$MgCl_1(H_2O)_5^+$、Cl^-、$MgCl_2(H_2O)_4$ 等物种，初步分析在电沉积的过程中，相关物质电极电势如下式所示：

$$Mg^{2+}+2e^-\longrightarrow Mg(s) \qquad \varphi^{\ominus}=-2.37V\ vs\ SHE \tag{4.5}$$

$$2H_2O+2e^-\longrightarrow H_2(g)+2OH^- \qquad \varphi^{\ominus}=-0.12V\ vs\ SHE \tag{4.6}$$

$$2Cl^- -2e^-\longrightarrow Cl_2(g) \qquad \varphi^{\ominus}=1.36V\ vs\ SHE \tag{4.7}$$

由于 H_2O 和 Cl^- 的存在，在通电的条件下，H_2O 优先在阴极进行放电，产生 H_2 和 OH^-，Cl^- 在阳极放电产生 Cl_2，同时 $MgCl_1(H_2O)_5^+$ 会在阴极附近集聚，随着电解过程的进行，阴极附近 OH^- 会逐渐增多，阴极附近的 pH 值会上升，最终镁离子最可能会以 $Mg(OH)_2(s)$ 的形式在阴极上沉淀出来，如下式所示：

$$[MgCl_1(H_2O)_5]^+ +2OH^-\longrightarrow Mg(OH)_2(s)+Cl^- +5H_2O \tag{4.8}$$

按照这一过程，由于 H 在能谱分析中不会显示，最终能谱分析显示 $n(Mg):n(O)\approx1:2$，Mg 主要来自于化学沉积，其中 O 源自于 $Mg(OH)_2(s)$ 中的 OH^-。

对沉积层进行扫描电镜测试，测试结果如图 4.69 所示，贾永忠等所合成的沉积物的 X 射线衍射图和标准 $Mg(OH)_2$ 谱峰完全吻合，说明沉积物为 $Mg(OH)_2$。

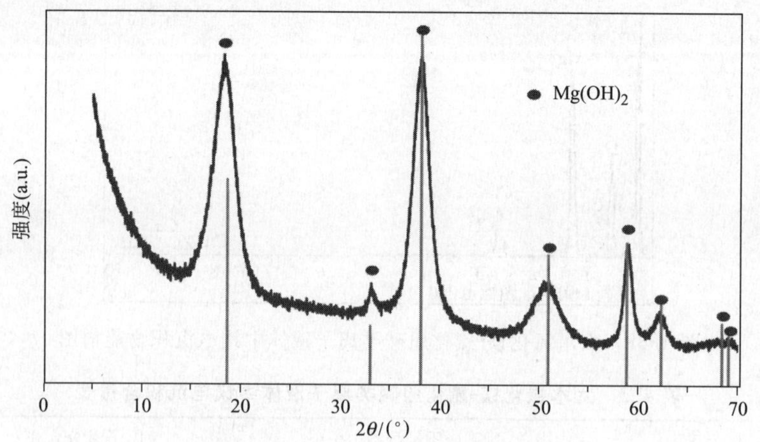

图 4.69　六水氯化镁-氯化胆碱类离子液体中镁电沉积物 X 射线衍射图

4.4.2　氯化镁-乙二醇-氯化胆碱类离子液体中镁的电化学行为研究

贾永忠等合成的氯化镁-乙二醇-氯化胆碱类离子液体在氯化镁-乙二醇/甘油/尿素-氯化胆碱三种类离子液体中电导率最大。利用循环伏安法，测定了氯化镁-乙二醇-氯化胆碱类离子液体体系的循环伏安曲线。

图 4.70 为乙二醇-氯化胆碱[104]类离子液体（摩尔比为 1∶2）循环伏安曲线，类离子液体的阳极分解电位为＋1.0V，阴极分解电位为－0.8V；电化学窗口较小为 1.8V。图 4.71 为氯化镁-乙二醇-氯化胆碱类离子液体不同氯化镁含量的循环伏安曲线图。图 4.71 中有明显的氧化还原峰，图 4.71(a) 还原峰电位－1.66V，图 4.71(b) 还原峰电位为－1.2V，两者还原峰电位都大于乙二醇-氯化胆碱的阴极分解峰（－0.8V），说明此体系不适合镁的进一步还原。

为了验证以上结论，根据循环伏安曲线对该体系进行镁的电沉积实验研究，采用三电极体系、工作电极为银电极的恒电位沉积法，沉积过程中没有得到明显的沉积层。对工作电极进行能谱检测，能谱中存在少量的镁，认为是电极表面吸附电解液造成的。

4.4.3　氯化镁-甘油-氯化胆碱类离子液体中镁的电化学行为研究

对比图 4.72 和图 4.73 可以发现，在图 4.73 中的－2.1V 出现了一个比较小的还原峰，初步判定为金属镁的还原峰。选择－2.1V 为沉积电位，在此电位下恒电位沉积 2.5h，经过能谱检测，只有少量的镁。为了沉积得到更多的金属镁，利用镁-铝诱导共沉积的机理[105]，在氯化镁-甘油-氯化胆碱体系中加入 $AlCl_3$，以得到良好的共沉积结果。氯化铝-氯化镁-甘油-氯化胆碱循环伏安曲线如图 4.74 所示。

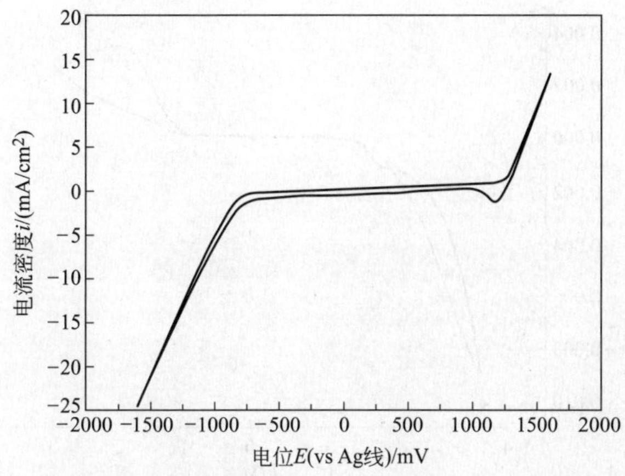

图 4.70　乙二醇-氯化胆碱类离子液体（摩尔比为 1∶2）循环伏安曲线

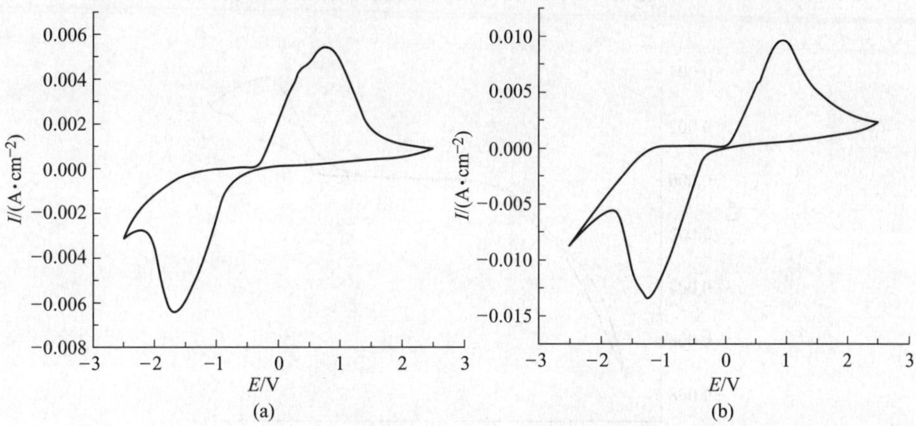

图 4.71　氯化镁-乙二醇-氯化胆碱类离子液体不同氯化镁含量的循环伏安曲线（温度，20℃；工作电极银电极）

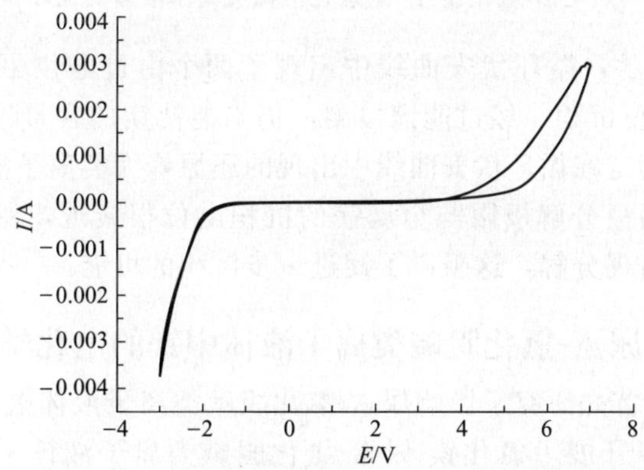

图 4.72　不含 $MgCl_2$ 时甘油-氯化胆碱类离子液体的循环伏安曲线

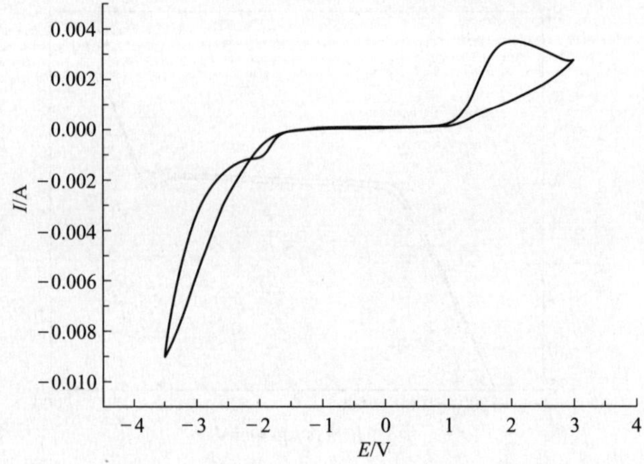

图 4.73　氯化镁-甘油-氯化胆碱类离子液体的循环伏安曲线

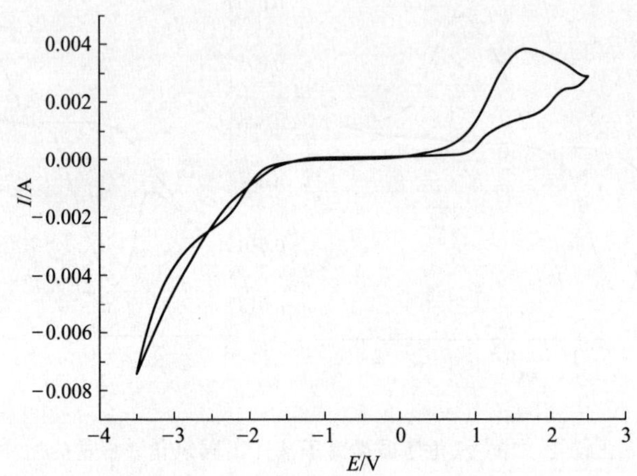

图 4.74　氯化铝-氯化镁-甘油-氯化胆碱类离子液体的循环伏安曲线

图 4.74 中显示，循环伏安曲线中出现了两个由过电位驱动的成核环[106]，经过 2.5h 的恒电位沉积，经过能谱检测，仍未能使镁的含量增加，也未检测到大量的金属铝。判定在循环伏安曲线中出现的还原峰为类离子液体的分解峰，由于类离子液体的阴极分解极限与金属镁的沉积电位很接近，所以在恒电位过程中，类离子液体出现分解，这阻碍了镁进一步沉积的可能。

4.4.4　氯化镁-尿素-氯化胆碱类离子液体中镁的电化学行为研究

贾永忠等[107]首先研究了影响尿素-氯化胆碱类离子液体电化学行为的因素，在此基础上进一步开展了氯化镁-尿素-氯化胆碱类离子液体中镁的电化学行为研究。

4.4.4.1 尿素-氯化胆碱类离子液体电化学行为研究

(1) 温度对尿素-氯化胆碱类离子液体电化学行为的影响（图 4.75）

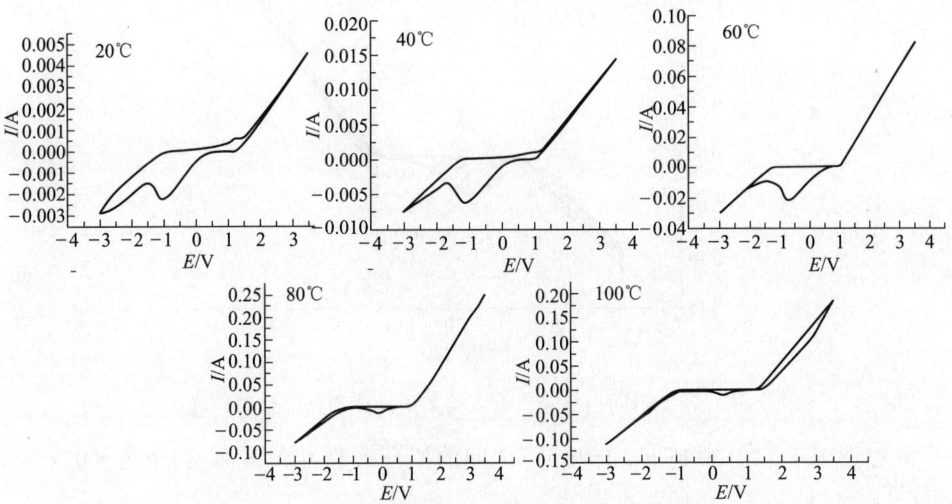

图 4.75 不同温度下，类离子液体的循环伏安曲线（扫描速度为 $20mV \cdot s^{-1}$）

表 4.4 不同温度下具体的峰电位值

T/℃	20	40	60	80	100
E_p/V	−1.1442	−1.0431	−0.70174	−0.15106	0.29948

由表 4.4 可以看出，随着温度的升高，还原峰位置向正电位方向移动，还原电位与离子活度之间的关系可以用公式(4.9) 表示：

$$\varphi_{red} = \varphi_{red}^{\ominus} + \frac{0.0591}{n}\lg[\alpha_{red}] \tag{4.9}$$

式中，φ_{red}为还原电位；$\varphi_{red}^{\ominus}$为标准还原电位；n 为电子转移数；α_{red}为离子活度。离子活度（α_{red}）随温度的升高而变大，当离子活度（α_{red}）变大时，$(0.0591/n)\lg[\alpha_{red}]$ 数值变大，所以当温度升高时，此类离子液体的还原峰向正电位方向移动。

(2) 扫描速率对尿素-氯化胆碱类离子液体电化学行为的影响（图 4.76）

随着扫描速率的提高，还原峰电流逐渐增加，峰电位也从－335mV 移动到－420mV。

对于不可逆电极反应，峰电位（E_p）和扫描速率（v）之间存在以下关系：

$$E_p = E_{1/2} - \frac{RT}{\alpha n_a F}\left[0.78 + \ln\left(\frac{D_R^{1/2}}{k_s}\right) + \ln\left(\frac{\alpha n_a F v}{RT}\right)^{1/2}\right] \tag{4.10}$$

根据以上公式，做 E_p与 $\ln v^{1/2}$的关系图。

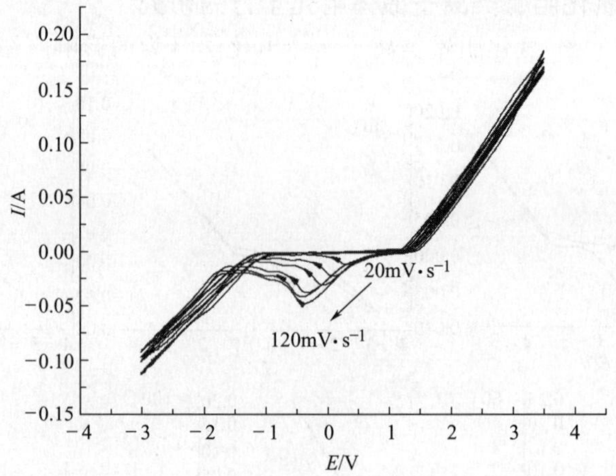

图 4.76 不同扫描速率下，类离子液体的循环伏安行为

根据图 4.77，得到 E_p 与 $\ln v^{1/2}$ 之间的拟合系数为 0.993，斜率为−0.796。

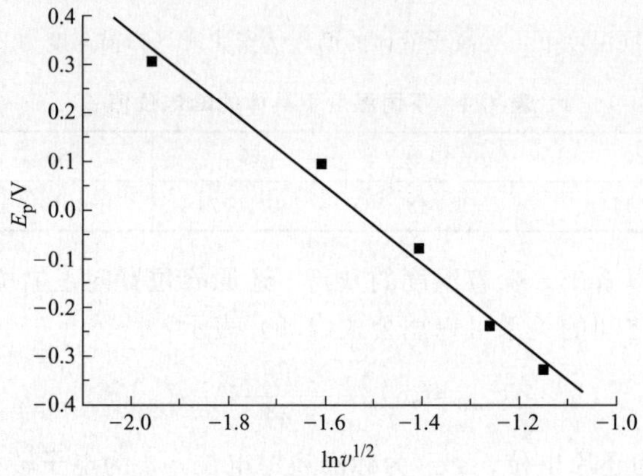

图 4.77 E_p 与 $\ln v^{1/2}$ 的关系图

$$-\frac{RT}{\alpha n_a F}=-0.796$$

$$\alpha n_a=0.04$$

对于不可逆反应，还原电流（I_p）与扫描速率（v）之间存在以下关系：

$$I_p=0.4958\times10^{-3}\times nF^{3/2}A(RT)^{-1/2}D_R^{1/2}C_R^{*}v^{1/2}(\alpha n_a)^{1/2} \quad (4.11)$$

根据公式(4.11) 作图（图 4.78)：还原电流与扫描速率之间的拟合系数为 0.999。峰电流与扫描速率之间良好的线性关系表明，氯化胆碱在电极表面的分解主要是受扩散控制的过程。

(3) 尿素-氯化胆碱类离子液体阻抗谱研究　电化学阻抗谱是研究电解质体

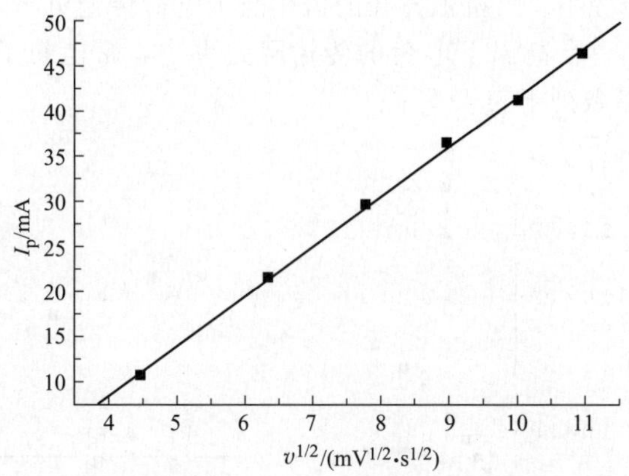

图 4.78 还原电流（I_p）与扫描速率（$v^{1/2}$）之间的关系

系的有效手段。Jia 等[108]利用电化学阻抗谱得到了电解质传输机制，模拟电路图拟合得到了各个电化学元件的参数值。图 4.79 为 333K、353K 和 373K 下，频率范围为 10～10^5 Hz 时类离子液体的电化学阻抗谱。如果电极过程完全由扩散步骤控制，阻抗曲线与 Z' 轴呈 90°关系。在高频区域，阻抗曲线偏离了电容线，在类离子液体内部以及类离子液体与电极之间存在电荷传输行为，是由扩散控制的过程。在高频区与 Z' 轴交点的数值为类离子液体的溶液电阻（R_1），由于 R_1 与温度有关，所以不同温度下，阻抗曲线与 Z' 轴的交点不同。温度越高，R_1 越小，这也解释了温度越高，溶液电阻越低的原因[109]。

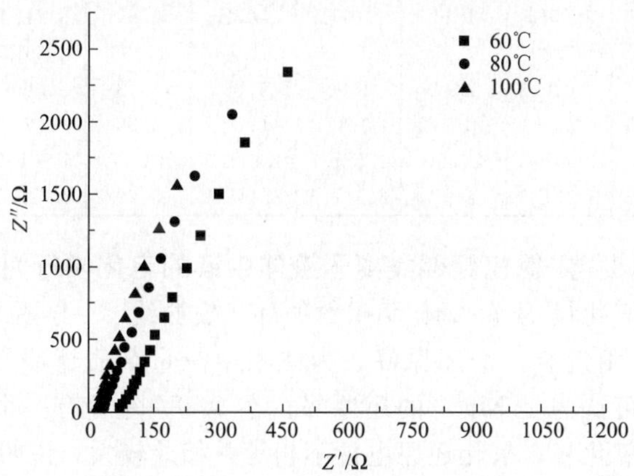

图 4.79 不同温度下，类离子液体的电化学阻抗谱（10～10^5 Hz）

图 4.80 为 333K、353K 和 373K 下，频率范围为 0.001～10^5 Hz 时类离子液体的电化学阻抗谱。与图 4.79 相比，图 4.80 中，阻抗曲线偏离了 90°而形成了半圆。当阻抗频率降到很低时，电极过程主要是电荷传输控制的。随着温度的升

高，阻抗弧的直径变小。阻抗弧直径的值相当于电荷传输电阻（R_2）。温度越高电荷传输电阻越小，在高温下电荷的传输阻力更小，带电粒子更容易移动。图4.80中的各拟合参数列于表4.5中。

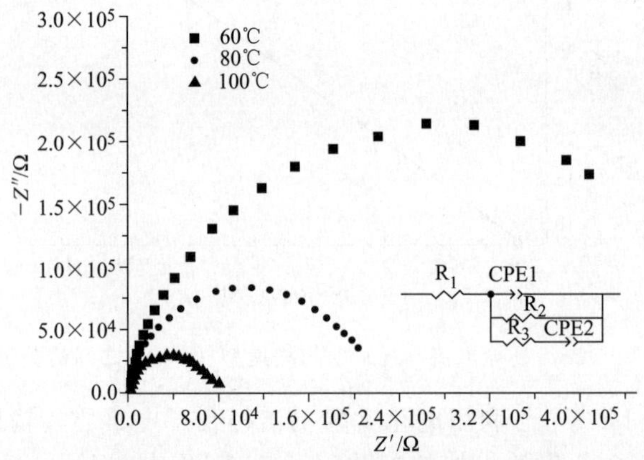

图4.80　不同温度下，类离子液体电化学阻抗谱（0.001～10^5Hz）

表4.5　图4.80中电化学元件的参数值

参数	333K			353K			373K		
	数值		误差/%	数值		误差/%	数值		误差/%
	开始	结束		开始	结束		开始	结束	
R_1	49.22	49.22	0.52	25.45	25.45	0.42	14.26	14.26	0.43
R_2	5.30E5	5.30E5	1.11	2.07E5	2.07E5	0.69	8.24E4	8.24E4	2.32
R_3	65.89	65.89	19.80	31.88	31.88	17.36	2.65E5	2.66E5	20.07
n_1	0.99	0.99	2.41	1.00	1.00	1.73	0.90	0.90	0.15
n_2	0.82	0.82	0.71	0.83	0.83	0.55	0.71	0.71	16.39
Q_1	1.4E-5	1.44E-5	21.96	1.67E-5	1.67E-5	17.17	5.95E-5	5.9E-5	0.65
Q_2	3.13E-5	3.13E-5	9.97	3.44E-5	3.44E-5	8.29	2.72E-5	2.7E-5	28.91

4.4.4.2　氯化镁-尿素-氯化胆碱类离子液体中镁的电化学行为研究

类离子液体氯化镁-尿素-氯化胆碱的循环伏安曲线[107]如图4.81所示，类离子液体在−0.5V附近有一个还原峰，为体系中少量杂质还原峰，在−1.4V时有一个还原峰，可认为是Mg^{2+}的还原峰；在1.1V附近有一个明显的氧化峰，认为是金属镁的氧化峰。氧化还原电位不相等并相差较大，说明类离子液体中镁的氧化还原反应为非可逆氧化还原反应，在−1.32V时尿素-氯化胆碱体系开始分解，阳极产物为氯气，阴极产物为三甲胺。

目前，类离子液体作为一种环境友好的新型溶剂，在电化学上得到广泛的应用，利用类离子液体已经成功实现了多种金属单质、合金、纳米材料和太阳能电池材料等的电化学沉积。虽然类离子液体在活泼金属电沉积等方面还存在一定的

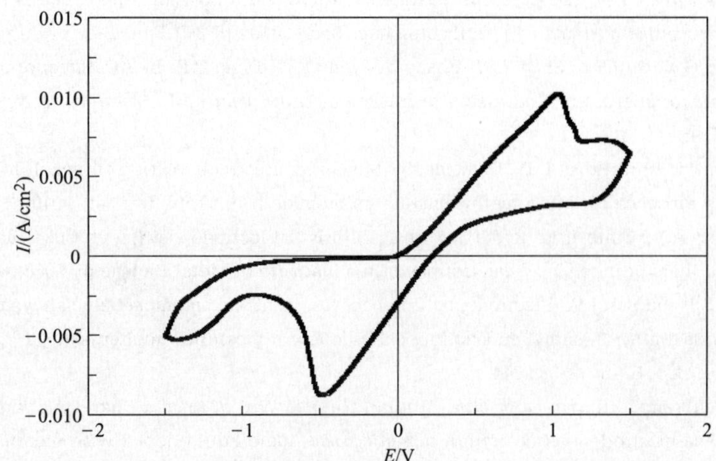

图 4.81　类离子液体在 90℃，50mV·s^{-1}扫描速率下的循环伏安曲线

局限性，但由于类离子液体具有环保低耗、易生物降解、对空气和水稳定、成本低廉和合成简单等突出的优点，随着对其电化学性能研究的日益深入和产业化应用的推广，类离子液体必将在材料的电沉积合成领域发挥更大的作用。

参考文献

[1] Abbott A P, Capper G, Davies D L, Rasheed R K. Ionic liquid analogues formed from hydrated metal salts [J]. Chem Eur J, 2004, 10: 3769-3774.

[2] Abbott A P, Capper G, Davies D L, Rasheed R K. Electrodeposition of chromium black from ionic liquids [J]. Transactions of the Institure of Metal Finishing, 2004, 82: 14-17.

[3] 崔焱，氯化胆碱-$CrCl_3$·$6H_2O$ 体系电沉积铬的研究 [D].昆明理工大学,2011.

[4] Chen W W, Gao W. Sol-enhanced electroplating of nanostructured Ni-TiO_2 composite coatings-The effects of sol concentration on the mechanical and corrosion properties [J]. Electrochim Acta, 2010, 55: 6865-6871.

[5] Chouchane S, Levesque A, Douglade J, Rehamnia R, Chopart J P. Microstructural analysis of low Ni content Zn alloy electrodeposited under applied magnetic field [J]. Surf Coat Technol, 2007, 201: 6212-6216.

[6] Abou-Krisha M M. Electrochemical studies of zinc-nickel codeposition in sulphate bath [J]. Appl Surf Sci, 2005, 252: 1035-1048.

[7] Roventi G, Fratesi R, Delle Guardia R A, Barucca G. Normal and anomalous codeposition of Zn-Ni alloys from chloride bath [J]. J Appl Electrochem, 2000, 30: 173-179.

[8] Grubac Z, Petrovic Z, Katic J, Metikôs-Hukovic M, Babic R. The electrochem-ical behaviour of nanocrystalline nickel: a comparison with polycrystalline nickel under the same experimental condition [J]. J Electroanal Chem, 2010, 45: 87-93.

[9] Chen F J, Pan Y N, Lee C Y, Lin C S. Internal stress control of nickel-phosphorus electrodeposits using pulse currents [J]. J. Electrochem. Soc., 2010, 157: D154-D158.

[10] Meng G Z, Sun F L, Shao Y W, Zhang T, Wang F H, Dong C F, Li X G. Effect of phytic acid on the microstructure and corrosion resistance of Ni coating [J]. Electrochim Acta, 2010, 55: 599-5995.

[11] Rudnik E, Burzynska L D, Dolasinskit, Misiak M. Electrodeposition of nickel/SiC composites in the presence of cetyltrimethylammonium bromide [J]. Appl Surf Sci, 2010, 256:7414-7420.

[12] Abbott A P, Ttaib K E, Ryder K S and Smith E L. Electrodeposition of nickel using eutectic based ionic liquids [J]. Transactions of the Institute of Metal Finishing, 2008, 86 (4).

[13] Gou S P and Sun I W. Electrodeposition behavior of nickel and nickel-zinc alloys from the zinc chloride-1-ethyl-3-methylimidazolium chloride low temperature molten salt [J]. Electrochim Acta, 2008, 53 (5): 2538-2544.

[14] Haiyan Yang, Xingwu Guo, Nick Birbilis, Guohua Wu, Wenjiang Ding. Tailoring nickel coatings via electrodeposition from a eutectic-based ionic liquid doped with nicotinic acid [J]. Applied Surface Science, 2011, 257: 9094-9102.

[15] Ali M R, Nishikata A, Tsuru T. Electrodeposition of Al-Ni intermetallic compounds from aluminum chloride-N- (n-butyl)pyridinium chloride room temperature molten salt [J]. J Electroanal Chem, 2001, 513: 111-118.

[16] Gou S P, Sun I W. Electrodeposition behavior of nickel and nickel-zinc alloys from the zinc chloride-1-ethyl-3-methylimidazolium chloride low temperature molten salt [J]. Electrochim Acta, 2008, 53: 2538-2544.

[17] Yang P X, An M Z, Su C N, Wang F P. Influence of additive on electrodeposition of pure cobalt from an ionic liquid [J]. Chin J Inorg Chem, 2009, 25: 112-116.

[18] Abbott A P, Ttaib E, Frisch G, et al. Electrodeposition of copper composites from deep eutectic solvents based on choline chloride [J]. Phys Chem Chem Phys, 2009, 11: 4269-4277.

[19] Gu C D, You Y H, Wang X L, Tu J P. Electrodeposition, structural, and corrosion properties of Cu films from a stable deep eutectics system with additive of ethylene diamine [J]. Surface & Coatings Technology, 2012, 209: 117 -123.

[20] Tetsuya Tsuda, Laura Boyd, Susumu Kuwabata, and Charles L. Hussey electrochemical behavior of copper (I) oxide in urea-choline chloride room-temperature melts [J]. ECS Transactions, 2009, 16 (49): 529-540.

[21] David Lloyd, Tuomas Vainikka, Lasse Murtomäki, Kyösti Kontturi, Elisabet Ahlberg. The kinetics of the Cu^{2+} /Cu^{+} redox couple in deep eutectic solvents [J]. Electrochimica Acta, 2011. 56 (14): 4942-4948.

[22] Adam H Whitehead, Matthias Pölzler and Bernhard Gollas. Zinc Electrodeposition from a deep eutectic system containing choline chloride and ethylene glycol [J]. Journal of The Electrochemical Society, 2010, 157 (6): D328-D334.

[23] Abbott A P, Barron J C, Frisch G, Ryder K S, Silva A F. The effect of additives on zinc electrodeposition from deep eutectic solvents [J]. Electrochimica Acta, 2011, 56: 5272-5279.

[24] Tripathy B C, Das S C, P Singh, Hefter G T. Zinc electrowinning from acidic sulphate solutions. Part III: Effects of quaternary ammonium bromides [J]. J Appl Electrochem, 1999, 29 (10): 1229-1235.

[25] Lin Y F, Sun I W. Electrodeposition of zinc from a Lewis acidic zinc chloride-1-ethyl-3-methy-

limidazolium chloride molten salt [J]. Electrochim Acta, 1999, 44 (16): 2771-2777.

[26] Andrew P Abbott, Jason Griffith, Satvinder Nandhra, Cecil O Connor, Stella Postlethwaite, Karl S. Ryder, Emma L. Smith. Sustained electroless deposition of metallic silver from a choline chloride-based ionic liquid [J]. Surface & Coatings Technology, 2008, 202: 2033- 2039.

[27] Pereira N M, Fernandes P M V, Pereira C M and Silva A F. Electrodeposition of Zinc from choline chloride-ethylene glycol deep eutectic solvent: effect of the tartrate ion [J]. Journal of the Electrochemical Society, 2012, 159 (9): 501-506.

[28] Mohammad Harati, David Love, Wood Ming La, Zhifeng Ding. Preparation of crystalline zinc oxide films by one-step electrodeposition in Reline [J]. Materials Letters, 2012, 89: 339-342.

[29] 杨海燕，郭兴伍，吴国华，丁文江. 镁合金在氯化胆碱-尿素离子液体中电镀 Zn 的研究 [J].中国腐蚀与防护学报，2010，30 (2)：155-160.

[30] Morrissey R J//Metal finishing-surface finishing guidebook [M]. R E Tucker, New York, Elsevier, 2011, 237.

[31] DGO Fachausschuss Edelmetalle: Galvanotechnik - Sonderdruck.1993, 84 (7-9): 2.

[32] Hedrich H D and Raub Ch J: Metalloberfläche. 1979, 33 (8): 308.

[33] Simon F and W Zilske W: Galvanotechnik. 1982, 73 (9): 981.

[34] Günther E, Kutschbach P, Mache T and Jakob C: Galvanotechnik.2007, 105 (1): 206.

[35] Walz D, Friedrich F and Raub Ch J: Metalloberfläche. 1985, 39 (3): 99.

[36] Juzikis P, Didziulis S and Kittel M U: Metalloberfläche. 1992, 46 (7): 304.

[37] Lanzinger G, Böck R, Freudenberger R, Mehner T, Scharf I and Lampke T. Electrodeposition of palladium films from ionic liquid (IL) and deep eutectic solutions (DES): physical-chemical characterisation of non-aqueous electrolytes and surface morphology of palladium deposits [J]. Transactions of the Institute of Metal Finishing, 2013, 91 (3): 133-139.

[38] Abbott A P, Barron J C, Frisch G, Gurman S, Ryder K S and Silva A F. Double layer effects on metal nucleation in deep eutectic solvents [J]. Phys Chem Chem Phys, 2011, 13: 10224-10231.

[39] Abbott A P, Ttaib K E, Frisch G, Ryder K S and Weston D. The electrodeposition of silver composites using deep eutectic solvents [J]. Phys Chem Chem Phys, 2012, 7: 2443-2449.

[40] Yurong Wang, Yang Zhou, Wenchang Wang and Zhidong Chen. Sustained Deposition of Silver on Copper Surface from Choline Chloride Aqueous Solution [J]. Journal of The Electrochemical Society, 2013, 160 (3): D119-D123.

[41] Sónia Salomé, Nuno M. Pereira, Elisabete S. Ferreira, Carlos M. Pereira, A.F. Silva. Tin electrodeposition from choline chloride based solvent: Influence of the hydrogen bond donors [J]. Journal of Electroanalytical Chemistry, 2013, 703: 80-87.

[42] 阮德水，李卫萍. 金的化学 [J]. 高等函授学报，2000，13：25-29.

[43] 张允诚，胡如南，向荣. 电镀手册 [M]. 北京：国防工业出版社，1997：640.

[44] 蔡积庆. 无氰镀金 [J].电镀与环保，2002 (1)：11-12.

[45] 付雄之，于爱风，顾建胜. 室温离子液体中电沉积金工艺研究 [J].材料保护，2009，42 (2)：22-24.

[46] 谭世雄，兰华龙. 国内镍钴生产与发展综述 [D].中国重有色金属工业发展战略研讨会暨重冶学委会第四届学术年会论文集，110-124.

[47] 贺军. 镍钴合金镀层薄膜的制备及其变形腐蚀行为研究 [D]. 湘潭大学，2008.

[48] Srivastava M, Yoganandan G and William Grips V K. Electrodeposition of Ni and Co coatings from ionic liquid [J]. Surface Engineering, 2012, 28 (6): 424-429.

[49] You Y H, Gu C D, Wang X L, Tu J P. Electrodeposition of Ni-Co alloys from a deep eutectic

solvent [J] . Surface & Coatings Technology, 2012, 206: 3632-3638.

[50] Vijayakumar J, Mohan S, Kumar S A, Suseendiran S R, Pavithra S. Electrodeposition of Ni-Co-Sn alloy from choline chloride-based deep eutectic solvent and characterization as cathode for hydrogen evolution in alkaline solution [J] . International Journal of Hydrogen Energy, 2013, 38 (25): 10208-10214.

[51] Gengan Saravanan, Subramanian Mohan.Electrodeposition of Fe-Ni-Cr alloy from Deep Eutectic System containing Cho line chloride and Ethylene Glycol. Int J Electrochem Sci, 2011, 6: 1468-1478.

[52] Yang H Y, Guo X W, Chen X B, Wang S H, Wu G H, Ding W J, Birbilis N. On the electrodeposition of nickel-zinc alloys from a eutectic-based ionic liquid [J] . Electrochimica Acta, 2012, 63: 131-138.

[53] Abbott A P, Barron J C, Elhadi M, Frisch G, Gurman S J, Hillman A R, Smith E L, Mohamoud M A and Ryder K S. Electrolytic Metal Coatings and Metal Finishing Using Ionic Liquids [J] . ECS Transactions, 2009, 16 (36): 47-63.

[54] Shaohua Wang, Xingwu Guo, Haiyan Yang, JiChun Dai, Rongyu Zhu, Jia Gong, Liming Peng, Wenjiang Ding. Electrodeposition mechanism and characterization of Ni-Cu alloy coatings from a eutectic-based ionic liquid [J] . Applied Surface Science, 2014, 288: 530-536.

[55] 陈冲.钐钴合金薄膜在 Reline 离子液体中的电沉积及其性能研究 [D] . 北京：北京化工大学，2012.

[56] Gómez E, Cojocaru P, Magagnin L, Valles E. Electrodeposition of Co, Sm and SmCo from a Deep Eutectic Solvent [J] . Journal of Electroanalytical Chemistry, 2011, 658: 18-24.

[57] Guillamat P, Cortés M, Vallés E, Gómez E. Electrodeposited CoPt films from a deep eutectic solvent [J] . Surface & Coatings Technology, 2012, 206: 4439-4448.

[58] 王小娟，李慧，王娇，付雄之，顾建胜. 钴锌合金在氯化胆碱-尿素离子液体中的电沉积行为 [J] . 工艺探讨，2010，43 (3)：30-33.

[59] Gengan Saravanan, Subramanian Mohan. Structure, composition and corrosion resistance studies of Co-Cr alloy electrodeposited from deep eutectic solvent (DES) [J] . Journal of Alloys and Compounds, 2012, 522: 162-166.

[60] Desimoni E, Malitesta C, Zambonin P G, Riviere J C. An X-ray photoelectron spectroscopic study of some chromium oxygen systems [J] . Surf Interface Anal, 1988, 13 (2-3): 173-179.

[61] Anandan C, William Grips V K, Rajam K S, Jayaram V, Bera P. Investigation of surface composition of electrodeposited black chrome coatings by X-ray photoelectron spectroscopy [J] . Appled Surface Science, 2002, 191 (1-4): 254-260.

[62] Survilienė S, Jasulaitiene V, Cĕsuniene A, Lisowska-Oleksiak A. The use of XPS for study of the surface layers of Cr-Co alloy electrodeposited from Cr (III) formate-urea baths [J] . Solid StateIonics, 2008, 179: 222-227.

[63] Mattoso N, Fernández V, Abbate M. Structural and chemical characterization of Fe-Co alloys prepared by electrodeposition [J] . Electrochem Solid-State Lett, 2001, 4 (4): C20-C22.

[64] Kumar S M, Sigh A V R, Adya N. Electrochemical corrosion behavior of dental/implant alloys in artificial saliva [J] . J Mater Eng Perform, 2008, 17 (5): 695-701.

[65] Vitkova St, Ivanova V, G Raichevsky V. Electrodeposition of low tin content zinc-tin alloys [J] .Surf Coat Technol, 1996, 82: 226-231.

[66] Vasantha V S, Pushpavanam M, Muralidharan V S. Passivation treatments for zinc - Nickel alloy electrodeposits [J] . Met Finish, 1996, 5 (4): 21-24.

[67] Andrew P Abbott, Glen Capper, Katy J McKenzie, Karl S Ryder. Electrodeposition of zinc-tin alloys from deep eutectic solvents based on choline chloride [J]. Journal of Electroanalytical Chemistry, 2007, 599: 288-294.

[68] 刘莎，基于氯化胆碱离子液体的锌-锡合金电镀过程的添加剂研究 [D]，中国地质大学 (北京), 2011.

[69] Gao Y S, Hu W C, Gao X Q and Duan. Electrodeposition of CdZn coatings based on deep eutectic solvent [J]. Surface Engineering, 2012, 28 (8), 590-593.

[70] Camelia Agapescu, Anca Cojocaru, Adina Cotarta, Teodor Visan. Electrodeposition of bismuth, tellurium, and bismuth telluride thin films from choline chloride-oxalic acid ionic liquid [J]. J Appl Electrochem, 2013, 43: 309-321.

[71] Chaouni H, Bessieres J, Modaressi A, Heizmann J. J Appl Electrochem, 2000, 30 (4): 419.

[72] Camelia Agapescu, Anca Cojocaru, Florentina Golgovici, Adrian Cristian Mantea and Adina Cotarta. Electrochemical studies of BiTeSe films deposition from ionic liquids based on choline chloride with ethylene glycol, Malonic Acid or Oxalic Acid [J]. Rev Chim (Bucharest), 2012, 63 (9): 911-920.

[73] Gao Y, Hu W, Gao X and Duan B. Electrodeposition of SnBi coatings based on deep eutectic solvent [J]. Surface Engineering, 2013.

[74] Liana Anicai, Aurora Petica, Stefania Costovici, Paula Prioteasa, Teodor Visan. Electrodeposition of Sn and NiSn alloys coatings using choline chloride based ionic liquids-Evaluation of corrosion behavior [J]. Electrochimica Acta, 2013, 114: 868-877.

[75] Zhao F, Franz S, Vicenzo A, Bestetti M, Venturini F, Cavallotti P L. Electrodeposition of Fe-Ga thin films from eutectic-based ionic liquid [J]. Electrochimica Acta, 2013, 114: 878-888.

[76] Junling Lai, Ying Huang, Fei Li, Genxiang Luo and Gang Chu. A green method for preparing CuCl nanocrystal in deep eutectic solvent [J]. Aust. J. Chem. 2013, 66, 237-240.

[77] Sakurai H, Akita T, Tsubota S, Kiuchi M, Haruta M. Low-temperature activity of Au/CeO_2 for water gas shift reaction, and characterization by ADF-STEM, temperature-programmed reaction, and pulse reaction [J] .Appl Catal A, 2005, 291 (1-2): 179-187; b) Chen M S, Goodman D W. The structure of catalytically active gold on titania [J]. Science, 2004, 306 (5694): 252-255; c) Jaramillo T F, Baeck S H, Cuenya B R, McFarland E W. Am Catalytic activity of supported nanoparticles deposited from block copolymer micelles [J]. Chem Soc, 2003, 125 (24): 7148-7149; d) Zhang J T, Liu P P, Ma H Y, Ding Y. Nanostructured porous gold for methanol electro-oxidation [J]. J Phys Chem C, 2007, 111 (28): 10382-10388.

[78] Hong-Gang Liao, Yan-Xia Jiang, Zhi-You Zhou, Sheng-Pei Chen, and Shi-Gang Sun, Shape-Controlled Synthesis of Gold Nanoparticles in Deep Eutectic Solvents for Studies of Structure-Functionality Relationships in Electrocatalysis [J]. Angew Chem Int Ed, 2008, 47: 9100 -9103.

[79] Mota-Morales J D, Gutiérez M C, Ferrer M L, Jimínez R, Santiag P, Sanchez I C, Terrones M, Monte F D and Luna-Bárcenas G. Synthesis of macroporous poly (acrylic acid)-carbon nanotube composites by frontal polymerization in deep-eutectic solvents [J]. J Mater Chem A, 2013, 1: 3970-3976.

[80] Cai G F, Gu C D, Zhang J, Liu P C, Wang X L, You Y H, TuUltra J P. Fast electrochromic switching of nanostructured NiO films electrodeposited from choline chloride-based ionic liquid [J]. Electrochimica Acta, 2013, 87: 341- 347.

[81] Andrew C Wright, Michael K Faulkner, Robert C Harris, Alex Goddard, Andrew P. Abbott.

Nanomagnetic domains of chromium deposited on vertically-aligned carbon nanotubes [J]. Journal of Magnetism and Magnetic Materials, 2012, 324: 4170-4174.

[82] Lu Wei, Youjun Fan, Honghui Wang, Na Tian, Zhiyou Zhou, Shigang Sun. Electrochemically shape-controlled synthesis in deep eutectic solvents of Pt nanoflowers with enhanced activity for ethanol oxidation [J]. Electrochimica Acta, 2012, 76: 468-474.

[83] Mohanty A, Garg N, Jin R C. A Universal Approach to the Synthesis of Noble Metal Nanodendriteand Their Catalytic Properties [J]. Angewandte Chemie-internattional Edition, 2010, 29 (49): 4962-4966.

[84] Zhang H M, Zhou W Q, Du Y K, Yang P, Wang C Y. One-step electrodeposition of platinum nanoflowers and their high efficient catalytic activity for methanol electro-oxidation [J].Electrochemistry Communications, 2010, 12 (7): 882-889.

[85] Cojocaru P, Magagnin L, Gomez E, Vallés E. Using deep eutectic solvents to electrodeposit CoSm films and nanowires [J]. Materials Letters, 2011, 65: 3597-3600.

[86] 李慧，王小娟，贾定先，顾建胜.氯化胆碱离子液体中纳米铜的电化学制备 [J].合成化学，2010, 18 (4): 497- 500.

[87] 李慧，氯化胆碱离子液体中纳米金、银、铜的电化学制备与表征 [D].苏州大学，2010.

[88] Shi G H, Bao S X, Lai W M, Rao Z Z, Zhang X W, Wang Z W. Electron beam induced growth of silver nanoparticles [J]. Scanning, 2013, 35 (2): 69-74.

[89] 叶萌，王又容，程四清.新型离子液体中纳米 α-Fe_2O_3的合成及研究 [J].武汉工业学院学报. 9 (3): 24-28.

[90] Wei L, Zhou Z Y, Chen S P, Xu C D, Su D S, Schuster M E and Sun S G. Electrochemically shape-controlled synthesis in deep eutectic solvents: triambic icosahedral platinum nanocrystals with high-index facets and their enhanced catalytic activity [J]. Chem Commun, 2013, 49: 11152-11154.

[91] Wei L, Fan Y J, Tian N, Zhou Z Y, Zhao X Q, Mao B W and Sun S G. Electrochemically shape-controlled synthesis in deep eutectic solvents: triambic icosahedral platinum nanocrystals with high-index facets and their enhanced catalytic activity [J]. J Phys Chem C, 2012, 116, 2040 -2044.

[92] Zheng H, Gu C D, Wang X L, Tu J P. Fast synthesis and optical property of SnO nanoparticles from choline chloride-based ionic liquid [J]. J Nanopart Res, 2014, 16 (2): 2288.

[93] Marc Steichen, Matthieu Thomassey, Susanne Siebentrittand Phillip J Dale. Controlled electrodeposition of Cu-Ga from a deep eutectic solvent for low cost fabrication of $CuGaSe_2$ thin film solar cells [J]. Phys Chem Chem Phys, 2011, 13: 4292-4302.

[94] Steichen M, Larsen J, G ü tay L, Siebentritt S and Dale P J. Preparation of $CuGaSe_2$ absorber layers for thin film solar cells by annealing of efficiently electrodeposited Cu-Ga precursor layers from ionic liquids [J].Thin Solid Films , 2011, 21 (519): 7254-7258.

[95] Chan C P, Lam H, Surya C. Preparation of Cu_2ZnSnS_4 films by electrodeposition using ionic liquids [J]. Solar Energy Materials & Solar Cells, 2010, 94: 207-211.

[96] Silva K T L De, Priyantha W A A, Jayanetti J K D S, Chithrania B D, Siripala W, Blake K, Dharmadasa I M. Electrodeposition and characterisation of $CuInSe_2$ for applications in thin film solar cells [J]. Thin Solid Films, 2001, 382: 158-163.

[97] João C Malaquias, Marc Steichen, Matthieu Thomassey, Phillip J Dale. Electrodeposition of Cu-In alloys from a choline chloride based deep eutectic solvent for photovoltaic applications

[J]. Electrochimica Acta, 2013, 103: 15-22.

[98] Dale P J, Samantilleke A P, Shivagan D D, Peter L M. Synthesis of cadmium and zinc semiconductor compounds from an ionic liquid containing choline chloride and urea [J]. Thin Solid Films, 2007, 515: 5751-5754.

[99] Jhong H R, Wong D S H, Wan C C, Wang Y Y, Wei T C. A novel deep eutectic solvent-based ionic liquid used as electrolyte for dye-sensitized solar cells [J]. Electrochemistry Communications, 2009, 11: 209-211.

[100] Gu C D, You Y H, Wang X L, Tu J P. Electrochemical Preparation and Characterization of Ni-PTFE Composite Coatings from a Non-aqueous Solution Without Additives [J].中国科技论文在线，1-14.

[101] Abbott A P, Barron J C, Elhadi M, Frisch G, Gurman S J, Hillman A R, Smith E L, Mohamoud M A and Ryder K S. Electrolytic metal coatings and metal finishing using ionic liquids [J]. ECS Transactions, 2009, 16 (36) 47-63.

[102] He Y P and Zheng J B. One-pot ultrasonic-electrodeposition of copper-graphene nanoflowers in ethaline for glucose sensing [J]. Anal Methods, 2013, 5: 767-772.

[103] Zhang C, Jia Y Z, Jing Y, Wang H Y. Main Chemical Species and Electrochemical Mechanism of Ionic Liquid Analogue Studied by Experiments with DFT Calculation: A Case of Choline Chloride and Magnesium Chloride Hexahydrate [J]. The Journal of Physical Chemistry C (under review).

[104] Wang H Y, Jia Y Z, Wang X H, Ma J, Jing Y. Physico-chemical properties of magnesium ionic liquid analogous [J]. J Chil Chem Soc, 2012, 57 (3): 1208-1212.

[105] Morimitsu M, Tanaka N, Matsunaga M. Induced codeposition of Al-Mg Alloys in Lewis Acidic $AlCl_3$-EMIC room temperature molten salts [J]. Chem Let, 2000, 1028-1029.

[106] 冯真真,努丽燕娜，杨 军. 有机镁/THF 电解液中镁电化学沉积的研究 [J]. 电池工业，2007，4 (12)：235-240.

[107] 王怀有，景燕，吕学海，尹刚，王小华，姚颖，贾永忠. 含氯化镁的类离子液体结构和物理化学性质 [J].化工学报，2011，62 (S2)：21-25.

[108] Yue D Y, Jia Y Z, Yao Y, Sun J H, Jing Y. Structure and electrochemical behavior of ionic liquid analogue based on choline chloride and urea [J]. Electrochimica Acta, 2012, 65: 30-36.

[109] Abbott A P, Boothby D, Capper G, Davies D L, Rasheed R K. Deep eutectic solvents formed between choline chloride and carboxylic acids: Versatile alternatives to ionic liquids [J]. JACS, 2004, 126 (29): 9142-9147.

第5章

类离子液体在其他领域中的应用

类离子液体具有蒸气压低、溶解性好、合成简便和原料廉价易得等优点，除了在电化学领域具有良好的应用前景外，还能广泛应用于生物柴油制备、有机合成、功能材料制备、气体捕集和相变储能等领域。

5.1 类离子液体在生物柴油制备和纯化中的应用

生物柴油是以植物油脂和动物油脂等为原料制成的一种再生性燃料，它可以替代石化柴油，是一种清洁、高效的生物燃料。基于可再生性、地域性以及环境保护等方面考虑，植物油脂用于生产生物柴油具备较大的发展前景。

以强酸或强碱作为均相催化剂合成生物柴油时，反应中存在腐蚀、皂化和催化剂难回收等问题，且反应结束后需进行中和、洗涤、分离等后续处理，工艺流程长，生产成本高，存在排放废水、废渣等环境污染问题。以脂肪酶催化酯交换反应合成生物柴油时，反应以有机溶剂为介质，有机溶剂的毒性和易挥发性常会使酶失活，且对环境造成危害。

类离子液体对水、空气不敏感，其作为催化剂介质不需要严苛的环境条件，它具有制备简单、原料价格低廉、无毒、生物可降解等优点，且对脂肪酶具有良好的溶解性，脂肪酶-类离子液体体系对油脂的转化具有较好的催化活性和良好的应用前景。因此，生物柴油在类离子液体中的合成、提取和分离近年来受到了越来越多的关注[1~11]。

5.1.1 类离子液体在生物柴油制备中的应用

Zhao 等[4]将甘油-氯化胆碱类离子液体用于从大豆油中制取生物柴油，考察了类离子液体不同组分比例和不同脂肪酶对制备生物柴油的影响，发现利用类离子液体可以从大豆油中制备生物柴油，脂肪酶酵素重复使用多次后活性几乎没有损失。同时他们发现甲醇和甘油酯在乙酸胆碱-甘油类离子液体中的酯交换作用具有较高的反应速率，在合适的条件下甘油三酸酯的转化率可达到97%，这是由于甘油酯是由相对短链的脂肪酸（C_8 和 C_{10}）构成的饱和甘油三酸酯的混合物，其转化为生物柴油比包含长链的脂肪酸更容易。

Hanyan[7]将类离子液体应用于降低低品位棕榈油中游离脂肪酸的含量，进而用棕榈油制备生物柴油。季铵盐基类离子液体是一种新型可循环使用的催化反应介质，首先用季铵盐基类离子液体对低品位棕榈油进行预处理，使低品位棕榈油中游离脂肪酸的含量降低到可用于生产生物柴油的最低含量。为了评价不同反应条件对游离脂肪酸减少量的影响，进行了酯化反应，并获取了降低游离脂肪酸含量的优化条件。在优化条件下，低品位棕榈油中的游离脂肪酸含量可以从9.5%减少到1%以下，类离子液体循环使用多次后活性没有损失。以类离子液体作为催化介质，利用低品位棕榈油制备的生物柴油符合国际标准，是生产生物柴油的新途径。Hayyan 等[3]报道了以季鏻盐类离子液体为催化剂，从工业低品位粗棕榈油中生产生物柴油。他们以季鏻盐基类离子液体为碱性催化剂和溶剂，采用两步法制备了生物柴油。季鏻盐类离子液体经过多次循环后，催化体系没有失去活性。图 5.1 为整个过程的流程图。

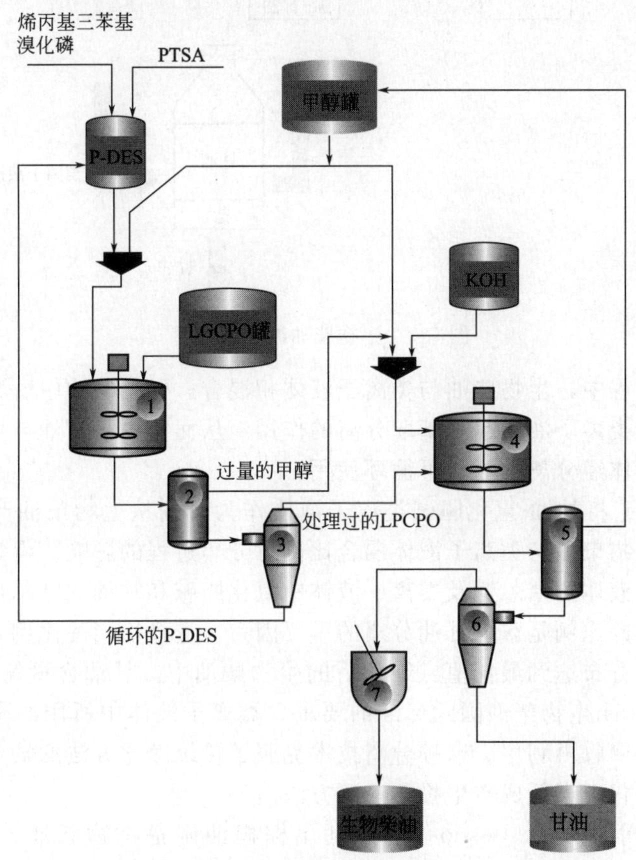

图 5.1　类离子液体制备生物柴油的预处理和生产示意图

1—酯化反应器；2—蒸发器；3—离心机；4—酯交换反应器；5—蒸发器；6—离心机；7—洗涤槽

5.1.2 类离子液体在生物柴油纯化中的应用

类离子液体具有较高的极性，对于含有羟基的有机分子具有良好的溶解性能，它可以用于分离生物柴油中残余的甘油。通过酯化反应制备生物柴油需要多步纯化过程，以除去未反应的原料和有害副产物，使油品达到国际标准。将生物柴油净化并作为替代燃料使用，低甘油含量是 EN 14214 和 ASTM D6751 生物柴油国际标准中必须满足的指标之一，采用类离子液体萃取分离生物柴油中的甘油是最近兴起的方法之一，类离子液体用于生物柴油的纯化包括以下步骤，图 5.2 为其流程图。

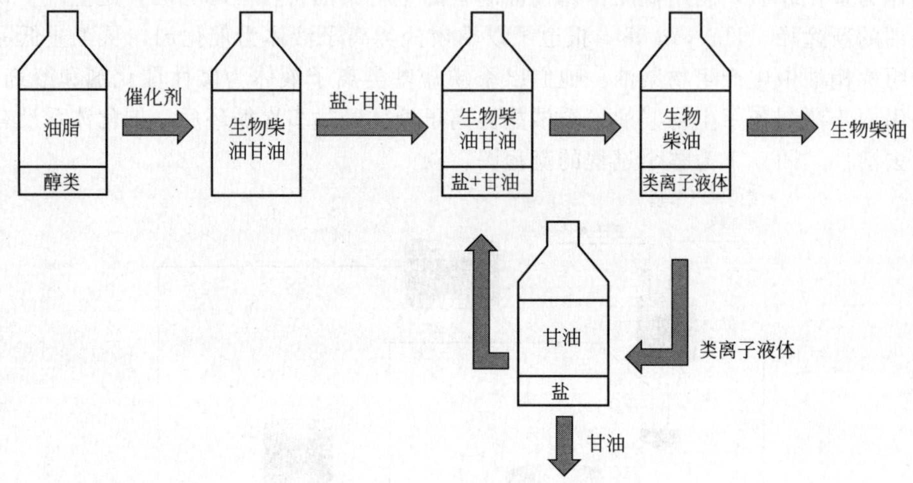

图 5.2 生物柴油纯化流程图

在纯化过程中，生物柴油与类离子液体相混合，生物柴油中所含的甘油进入类离子液体，类离子液体起到萃取分离的作用，从而实现了甘油与生物柴油的分离，类离子液体经分离甘油后可循环使用。

Mjalli 等[9]将甘油-氯化胆碱类离子液体作为溶剂从生物柴油产品中分离甘油。研究了生物柴油与类离子液体混合比例对分离过程的影响，得到优化的生物柴油和类离子液体的摩尔比及类离子液体中氯化胆碱和甘油的摩尔比。生物柴油和类离子液体的比例是影响甘油分离的重要因素，选择恰当的比例，可使溶质在萃取体系中的分布达到最佳值。纯化后的生物柴油中，甘油含量符合 EN 14214 和 ASTM D6751 生物柴油国际标准的要求。类离子液体中所用的季铵盐可以通过重结晶进行回收再利用。这种分离技术克服了传统净化方法的缺点，提供了一种可用于工业化生产低成本生物柴油的方法。

Shahbaz 等[10,12]、Berrios 等[11]利用棕榈油制备生物柴油，重点考察了季鏻盐基类离子液体和季铵盐基类离子液体对生物柴油中甘油的脱除效果，并利用人工智能技术预测了不同类离子液体从生物柴油脱除甘油的性能。在生物柴油纯化过程中，考察了三种季鏻盐类离子液体（季鏻盐-甘油、季鏻盐-乙二醇和季鏻盐-三乙二醇）的甘油脱除效果，获取了类离子液体和生物柴油的最佳配比，并发现季鏻盐与乙二醇和三乙二醇形成的类离子液体能够有效地去除生物柴油中的甘油。对乙二醇-氯化胆碱和2,2,2-三氟乙酰胺-氯化胆碱两种季铵盐基类离子液体脱除生物柴油中甘油的效果进行了研究，获得了脱除甘油过程中，两种类离子液体与生物柴油各自的优化配比。两种不含甘油的季铵盐类离子液体均可以用来去除生物柴油中的甘油。他们利用响应曲面法的中心复合设计对去除甘油实验进行了设计和优化，发现预测值和测量值之间比较吻合，采用2,2,2-三氟乙酰胺-氯化胆碱类离子液体去除甘油时，误差为0.72。类离子液体可连续多次循环使用，在使用过程中的损失几乎可以忽略不计。采用人工智能技术预测了类离子液体对生物柴油脱除甘油的效果。通过实验数据设计了一个基于人工神经网络的模型，以预测甘油的去除率。用氯化胆碱与甲基三苯基溴化磷作为盐和不同的氢键供体合成类离子液体，把类离子液体的组分和生物柴油与类离子液体摩尔比作为参数，输入到模型中，在Levenberg-Marquardt优化方法的基础上，设计了前馈神经网络与4个隐藏的神经元。人工神经网络的预测与实验测得的绝对平均方差数据是一致的，显示了人工神经网络模型的可靠性。模型预测结果表明，类离子液体可作为分离生物柴油中甘油的有效溶剂，以甘油作为氢键供体的类离子液体与以其他化合物作为氢键供体的类离子液体比较，其甘油去除效率低，含磷的类离子液体相比含胺的类离子液体提纯生物柴油更有效。

在碱催化合成生物柴油过程中，碱会部分残留于生物柴油中，从而降低生物柴油的质量，残留的碱在燃油喷射系统部件中会形成沉淀，污染排放控制系统[11]。因此，在碱催化酯交换反应后，除去催化剂是必不可少的。常见的三种去除生物柴油中碱的方法有：水洗、干洗和膜提取[13,14]。在工业上最传统的方法是用水冲洗，水洗会增加生产成本，降低生产效率，生物柴油部分溶解于水相中，会造成相当大的产品损失，并且生产中会产生大量的污水，增大了处理成本。利用类离子液体去除生物柴油中的碱，类离子液体经脱碱处理后可循环使用，相比水洗法，大大减少了废液的排放，且类离子液体循环使用，在很大程度上避免了产品的溶解损失。Mjalli等[15]利用基于氯化胆碱的九种类离子液体以及九种基于甲基溴化铵盐的类离子液体去除残余生物柴油中的氢氧化钾，氢氧化钾去除效率随着体系中类离子液体比例的增加而增加。甘油-氯化胆碱类离子液体和甲基溴化铵盐-甘油类离子液体对生物柴油中氢氧化钾的平均去除效率分别为98.59%和97.57%，得到的生物柴油中氢氧化钾含量符合国际标准。此外，类离子液体除碱过程中可以同时减少生物柴油中的水含量，使其低于国际标准所规定的值。

5.2 类离子液体在有机合成中的应用

5.2.1 类离子液体作为溶剂在有机合成中的应用

类离子液体作为溶剂，具有较高的极性，对于有机合成反应具有较高的催化活性，在其中可以合成多种有机化合物，如催化合成吡喃和苯并吡喃衍生物等。

吡喃和苯并吡喃是药物化学中重要的药效基团，Azizi 等[16]在氯化胆碱基类离子液体中进行了吡喃和苯并吡喃衍生物的催化合成。在不同的氯化胆碱类离子液体中，通过 1,3-二羰基化合物、醛与丙二腈一步法的多组分反应，在无催化剂的条件下合成了高功能化苯并吡喃和吡喃衍生物。在类离子液体中合成吡喃和苯并吡喃具有催化效率高、易于纯化、反应时间短、收率高的优点。尿素-氯化胆碱类离子液体是较好的溶剂，在较短的反应时间内，可合成产率较高的醛与活性亚甲基化合物。

Vidal 等[17]以铷（Ⅳ）配合物作为催化剂，以氯化胆碱基类离子液体为反应介质，进行了烯丙醇的氧化还原异构化反应。在没有碱的情况下，利用初级和次级烯丙基醇可以异构化为相应的羰基化合物。催化剂在很短的反应时间内可以达到很高的活性和选择性，其中类离子液体可连续运行多个循环而不影响催化活性。由于该异构化反应无需另加碱类化合物作为催化剂，并能进行扩大生产，该方法已成为金属催化反应领域的一种新方法。

咪唑广泛存在于天然的分子和药用活性化合物中[18,19]。其中，多取代咪唑由于具有较高的化学和生物活性应用最广，这使得它们成为多数化合物合成的原料。Wang 等[20]采用氯化胆碱和对甲苯磺酸制备了一种类离子液体，并发现在该类离子液体中，用一步法合成 2,4,5-三取代和 1,2,4,5-四取代的咪唑产量很高。通过联苯酰、苯甲醛和乙酸铵在不同的催化体系中的缩合反应合成了多种咪唑，优化反应条件见表 5.1。这可归结为类离子液体在均相反应体系中具有优异的溶解性。

表 5.1 反应条件的优化

$$PhCOCOPh + PhCHO + NH_4OAc \xrightarrow[\text{溶剂}]{\text{催化剂}} \text{2,4,5-三苯基咪唑}$$

序号	反应介质	催化剂比例(摩尔分数)/%	分离产率/%
1	CH_3OH	ChCl/*p*-TsOH(5)	89
2	CH_3CH_2OH	ChCl/*p*-TsOH(5)	95
3	H_2O	ChCl/*p*-TsOH(5)	Trace
4	CH_3CN	ChCl/*p*-TsOH(5)	65
5	EtOAc	ChCl/*p*-TsOH(5)	10
6	Toluene	ChCl/*p*-TsOH(5)	Trace

续表

序号	反应介质	催化剂比例(摩尔分数)/%	分离产率/%
7	CH_3CH_2OH	—	Trace
8	CH_3CH_2OH	ChCl(5)	Trace
9	CH_3CH_2OH	*p*-TsOH(5)	51
10	CH_3CH_2OH	ChCl/urea(5)	15
11	CH_3CH_2OH	ChCl/malonicacid(5)	72
12	CH_3CH_2OH	ChCl/glycerol(5)	25
13	CH_3CH_2OH	ChCl/*p*-TsOH(10)	95
14	CH_3CH_2OH	ChCl/*p*-TsOH(15)	93

注：反应条件：Benzil (1mmol), benzaldehyde (1mmol), ammonium acetate (2mmol), solvent (1mL) 回流 2h。

无论是在实验室还是工业中，酯在不同领域中被广泛用做原料或中间体，所以有机酯的合成在有机合成中起着重要的作用。1,4-二氢吡啶是一个重要的生物活性分子，作为钙离子通道调节剂而被广泛地应用于高血压的治疗。最近，有研究人员在类离子液体尿素-氯化胆碱体系中一步法合成了1,4-二氢吡啶生物活性分子[21]。利用取代醛、环已二酮、乙酸乙酯和乙酸铵的混合物在类离子液体中加热反应，可制备1,4-二氢吡啶生物活性分子。所得到的产品产率很高。在多次循环利用后，类离子液体的活性损失非常小。图5.3为反应式。

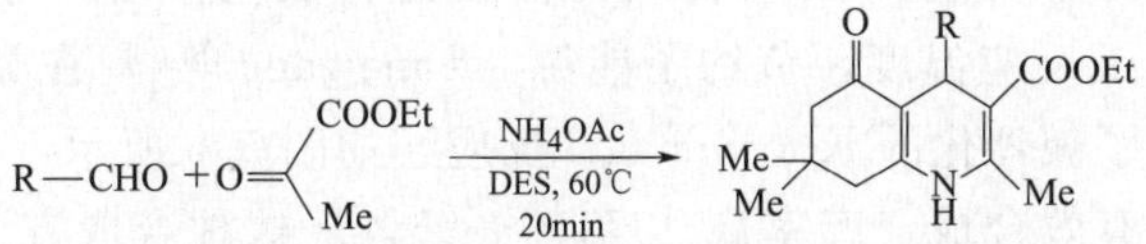

R—CHO + O=C(COOEt)(Me) $\xrightarrow[\text{DES, 60℃, 20min}]{NH_4OAc}$ (产物：含 O、R、COOEt、Me、Me、N-H、Me 的 1,4-二氢吡啶)

图5.3 类离子液体作为溶剂合成1,4-二氢吡啶生物活性分子的反应

Abbott等[22]以甘油-氯化胆碱类离子液体作为溶剂和反应物用于甘油的酯化反应。在甘油-氯化胆碱类离子液体中进行甘油和月桂酸的酯化，可以利用氯化胆碱与甘油之间的氢键作用，使之选择性地形成单酯或二酯产品，向体系中加入氯化胆碱可以促使该反应朝二酯产物发展，而纯甘油溶剂只能形成单酯。这是因为甘油-氯化胆碱类离子液体中甘油的三维结构被打破，有利于酯化反应。甘油-氯化胆碱类离子液体的形成降低了单一甘油溶剂的黏度。

5.2.2 类离子液体作为催化剂在有机合成中的应用

类离子液体作为催化剂用于有机合成，可形成均一的溶液，并在反应中充当相转移催化剂的角色。具有如下优点：产物易分离、溶剂无残留、产率高和选择性好等。以氯化胆碱型类离子液体为例，其能够作为溶剂和催化剂，应用于有机合成，氯化胆碱型类离子液体中氯离子参与反应，是许多有机合成反应的催化剂，可以用于过渡金属催化反应、生物催化反应、碱催化反应和Lewis酸催化反应。

5.2.2.1 类离子液体在有机合成碱催化反应中的应用

Phadtare 等[23]利用尿素-氯化胆碱类离子液体作为 1-氨基蒽醌-9,10-醌溴化取代反应的双功能催化剂和反应介质，避免了使用挥发性有机溶剂和浓酸作为溶剂或催化剂。这种类离子液体在不失去活性的情况下很容易被分离和重复使用，是工业上 1-氨基蒽醌-9,10-醌溴化取代反应的良好催化剂和反应介质。

尿素-氯化胆碱类离子液体可以高效、便捷地使分子溴完成 1-氨基蒽醌-9,10-醌的溴化取代反应。这种方法反应条件简单，有普遍的适用性，分离产物的产率较高，催化剂和基质在反应完成后很容易被分离出去，易于获得高纯度的卤化 1-氨基蒽醌。Pawar 等[24]利用尿素-氯化胆碱类离子液体通过碱催化 Perkin 反应合成了肉桂酸，反应式如图 5.4 所示。

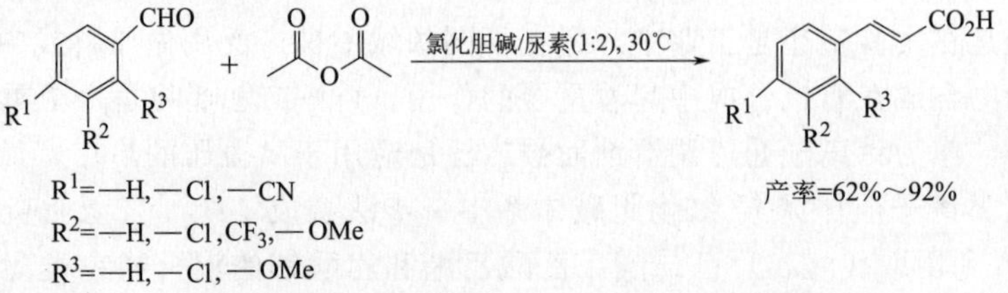

CHO + 氯化胆碱/尿素(1:2), 30℃ → CO_2H

R^1=—H, —Cl, —CN

R^2=—H, —Cl, CF_3, —OMe

R^3=—H, —Cl, —OMe

产率=62%～92%

图 5.4 尿素-氯化胆碱类离子液体中肉桂酸衍生物的碱催化合成

类离子液体对于 Perkin 反应合成肉桂酸具有催化作用，与传统工艺相比，此合成路线降低了反应温度，节约了能源。Sonawane 等[25]在类离子液体尿素-氯化胆碱中进行了碱催化的 Knoevenagel 反应，如图 5.5 所示，大量基于二苯胺的发色团物质被有效合成，产率高达 75%～95%。这种合成方法优于脂肪酶和咪唑离子液体催化合成方法。因为反应产物容易从类离子液体相中分离出来，类离子液体可以多次循环利用。

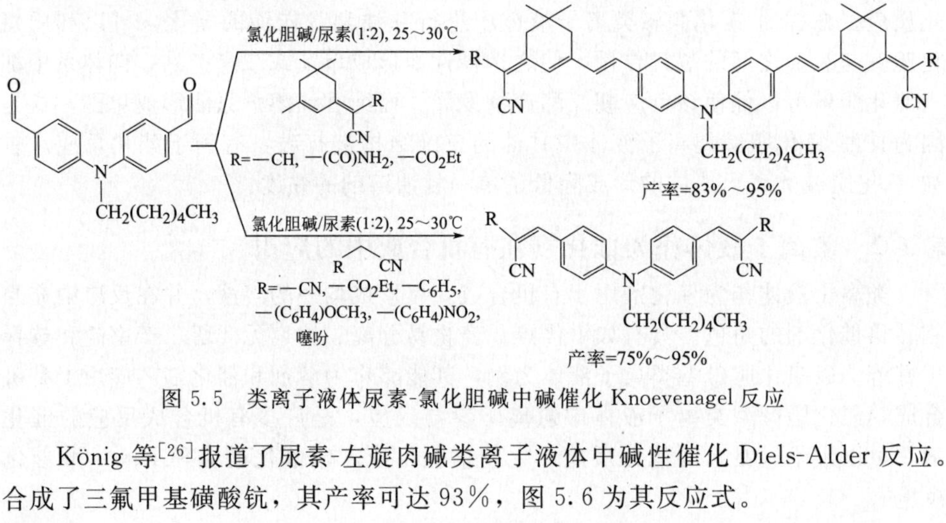

氯化胆碱/尿素(1:2), 25～30℃

R=—CH, —(CO)NH_2, —CO_2Et

$CH_2(CH_2)_4CH_3$

产率=83%～95%

氯化胆碱/尿素(1:2), 25～30℃

R=—CN, —CO_2Et, —C_6H_5, —$(C_6H_4)OCH_3$, —$(C_6H_4)NO_2$, 噻吩

产率=75%～95%

图 5.5 类离子液体尿素-氯化胆碱中碱催化 Knoevenagel 反应

König 等[26]报道了尿素-左旋肉碱类离子液体中碱性催化 Diels-Alder 反应。合成了三氟甲基磺酸钪，其产率可达 93%，图 5.6 为其反应式。

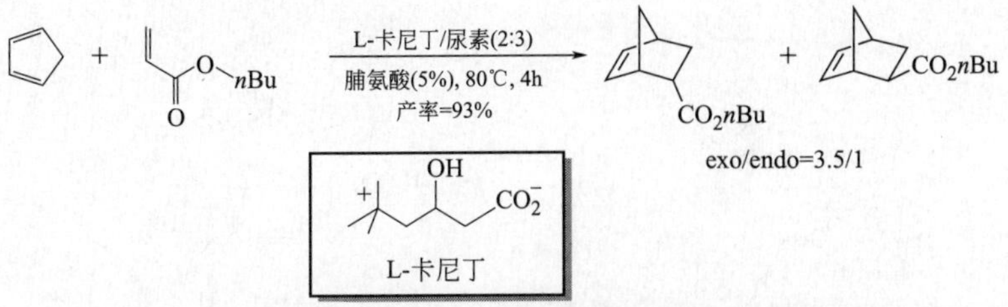

L-卡尼丁/尿素(2∶3)
腈氨酸(5%), 80℃, 4h
产率=93%
CO_2nBu
exo/endo=3.5/1
L-卡尼丁

图 5.6 左旋肉碱-尿素类离子液体中碱性催化 Diels-Alder 反应

Lobo 等[27]在室温条件下，尿素-氯化胆碱类离子液体在水溶液中催化合成甲基-噻唑和氨基噻唑衍生物，以脂肪酶或类离子液体作为催化剂。反应具有产率高和反应时间短等特性，两种催化剂均可生物降解，无毒并可回收利用。此外，在类离子液体中合成甲基-噻唑和氨基噻唑衍生物可以批量放大生产，类离子液体可以回收利用，这增加了其用于工业生产的可能性。

以脂肪酶做催化剂时，脂肪酶的质量为苯甲酰甲基溴的 10%时，合成效果最好。图 5.7 为两种催化剂的催化效率和催化循环次数图，两种催化剂至少可以循环四次，脂肪酶催化剂在循环两次之后，产率降低，然而类离子液体催化剂在循环使用四次之后还有很高产率。

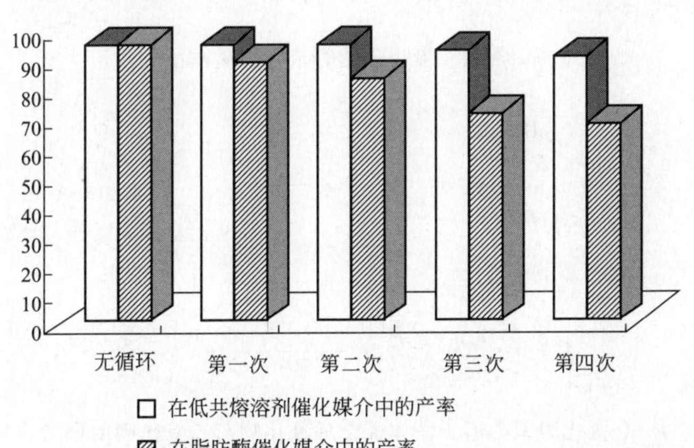

图 5.7 苯甲酰甲基溴和硫脲合成噻唑过程中类离子液体和脂肪酶催化剂的循环

他们同时研究了两种催化剂合成噻唑衍生物的机理，并推测类离子液体在其中的作用，如图 5.8 所示，类离子液体中的尿素可以提高苯甲酰甲基溴中亚甲基的亲电性，同时可以稳定氧离子的形成。

Zhu 等[28]以分子筛负载尿素-氯化胆碱类离子液体来催化各种环氧化合物和二氧化碳合成环状碳酸酯，其反应式见图 5.9。

类离子液体作为催化剂具有较高的活性和选择性，其中的氯化胆碱和尿素在催化过程中表现出协同效应。图 5.10 为其反应机理。

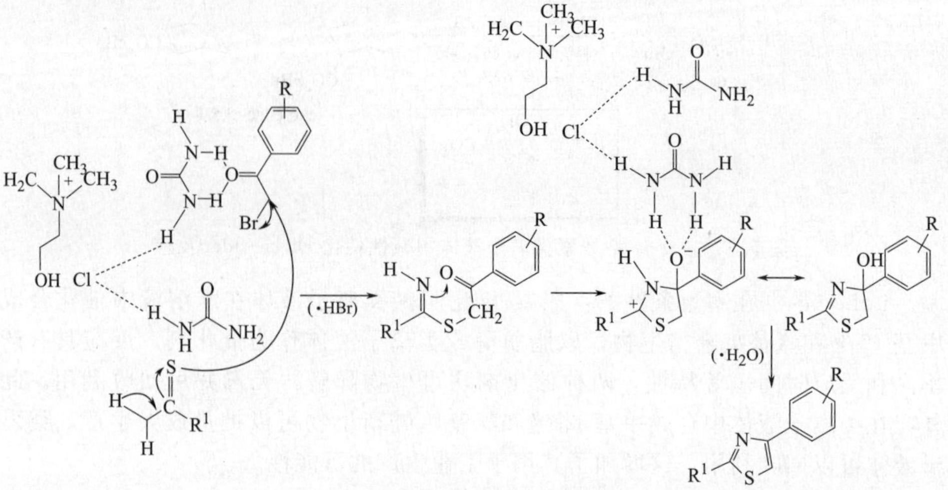

图 5.8 类离子液体催化合成噻唑的机理

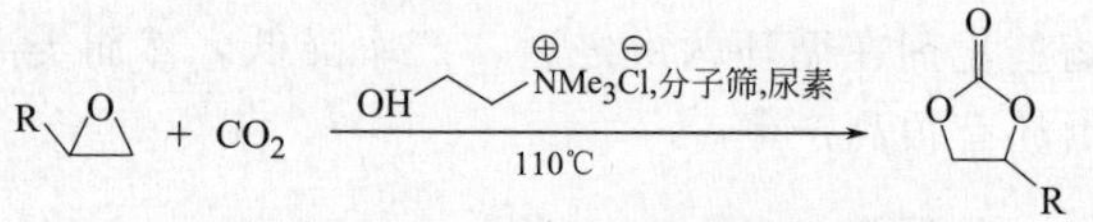

图 5.9 类离子液体催化合成环状碳酸酯的反应

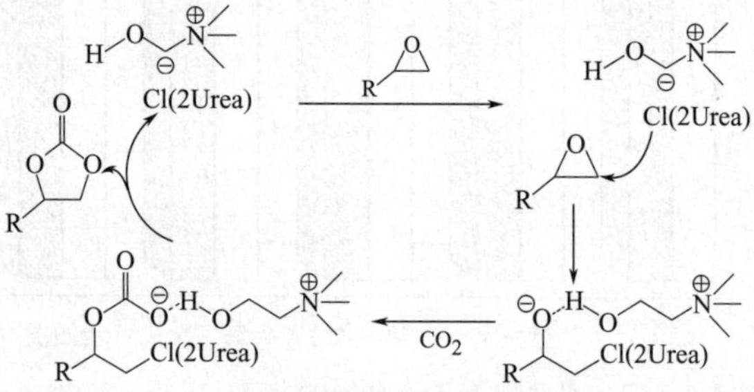

图 5.10 尿素-氯化胆碱类离子液体催化环氧化物与二氧化碳的环加成反应机理

Patil 等[29]以尿素-氯化胆碱类离子液体为催化剂，以苯乙醛为原料，一步法合成了 12 种腈类化合物，在类离子液体中合成腈类化合物产率较高，避免了使用酸和有毒的催化剂。图 5.11 和图 5.12 为其反应方程式和反应机理图。

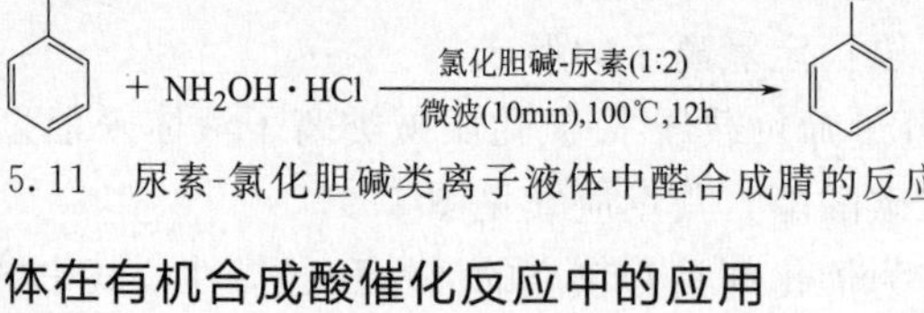

图 5.11 尿素-氯化胆碱类离子液体中醛合成腈的反应

5.2.2.2 类离子液体在有机合成酸催化反应中的应用

Lewis 酸催化反应主要包括 Paal-Knorr 合成、Fisher 吲哚合成和纤维素乙酰

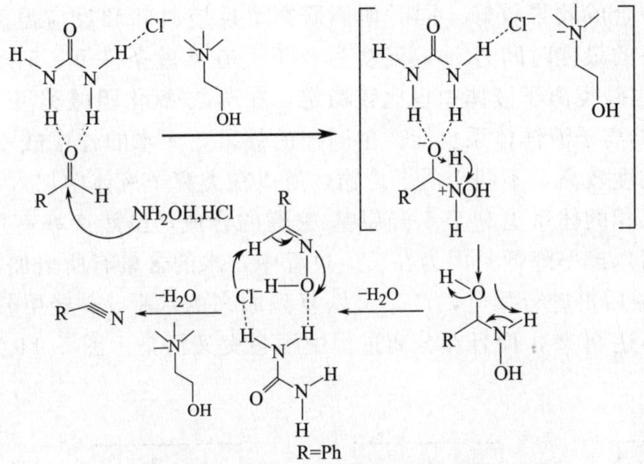

图 5.12 类离子液体做催化剂合成腈的反应机理

化等反应。Handy 等[30]以尿素-氯化胆碱和甘油-氯化胆碱类离子液体为溶剂和催化剂，采用 Paal-Knorr 合成反应制备吡咯和呋喃。反应条件比较温和，不需要添加额外的质子或 Lewis 酸催化剂。吡咯和呋喃 Paal-Knorr 合成反应是合成杂环芳香族化合物比较有效的方法，如图 5.13 所示。

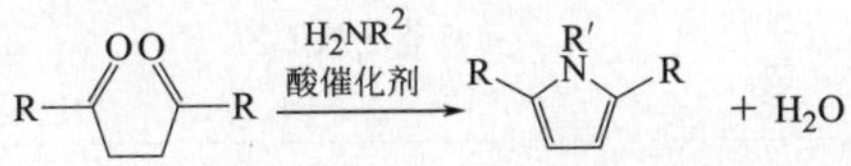

图 5.13 Paal-Knorr 合成反应

类离子液体可以进行多次反应而产率没有明显的降低。与尿素-氯化胆碱相比，在相同条件下甘油-氯化胆碱类离子液体的催化效率只有前者的 67%，甘油-氯化胆碱类离子液体的弱氢键效应导致了对于 Paal-Knorr 合成反应的催化性能弱于尿素-氯化胆碱类离子液体的催化性能。

α-氨基磷酸具有类似 α-氨基酸的结构，被广泛应用于生物化学和药物化学中，是生产抑制剂、抗生素、除草剂和植物生长素等的重要原料。Kabachnik-Fields 反应是制备 α-氨基磷酸衍生物最便捷的方法之一，这个反应包括醛、胺和直接参与的磷酸化合物。常用的催化剂有：Lewis 酸、Brønsted 酸等。Disale 等[31]以氯化锌-氯化胆碱体系作为高效、可循环使用的催化剂，一步法合成 α-氨基磷酸衍生物。此方法避免了使用酸、有毒试剂和具有恶臭味的三磷酸等作为催化剂的弊端。另外，此方法具有操作简便、反应条件温和、时间短、高产率、催化剂价格低廉并能循环使用等优点。

Han 等[32]等报道了在尿素-氯化胆碱、氯化锌/氯化铬-氯化胆碱等体系中果糖脱水合成 5-羟甲基-糠醛，发现这两类体系中果糖转化效率均很低，合成 5-羟甲基-糠醛的产率很低，这和 Zhao 等[33]的研究结果一致。而在柠檬酸-氯化胆碱类离子液体中合成效果较好。同时他们研究了反应时间和反应温度对反应的影响，产率最高的最佳时间为1h，温度为80℃。在实验条件下，5-羟甲基-糠醛在柠檬酸-氯化胆碱类离子液体中也比较稳定，在草酸-氯化胆碱类离子液体和丙二酸-氯化胆碱类离子液体体系也能产生同样的效果。无水的柠檬酸-氯化胆碱类离子液体体系黏度较高，不利于质子传输，所以在类离子液体中加入了适量的乙酸乙酯，这种双相的体系更利于5-羟甲基-糠醛的合成，虽然产率有所降低，但选择性明显提高。产率降低是因为在反应过程中，水的含量有所增加，通过干燥柠檬酸-氯化胆碱后再进行反应，产率又恢复到原来的水平。5-羟甲基-糠醛的产率和选择性都高达90%，而且在分离过程中不会交叉污染。图5.14为双相系统可持续流程图。

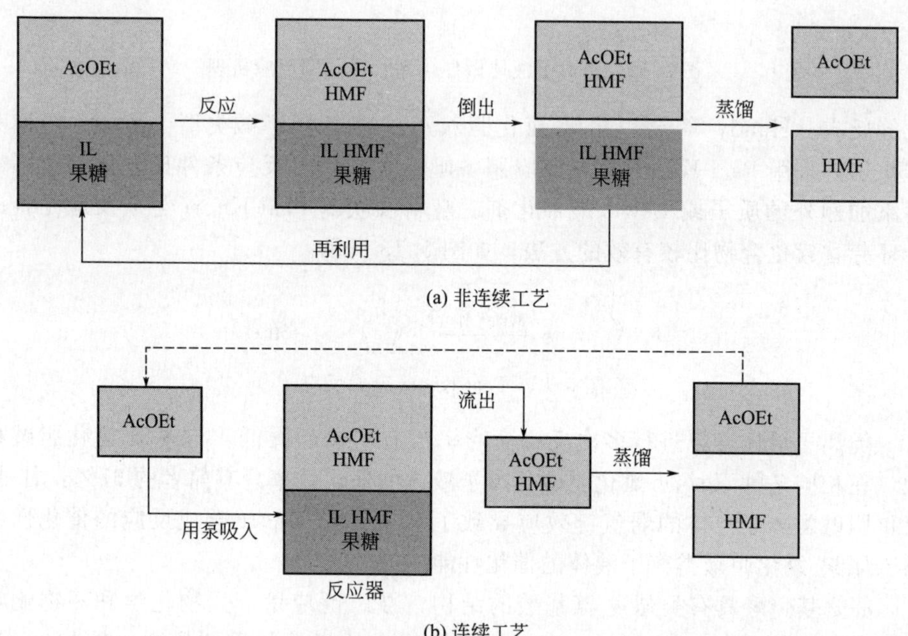

图 5.14　两相体系中以果糖合成5-羟甲基-糠醛流程

Han 等[34]、König 等[35]发现菊淀粉在类离子液体草酸-氯化胆碱和5-羟甲基糠醛中有很好的溶解度，并采用一步法将菊淀粉转化为葡萄糖，之后脱水合成5-羟甲基糠醛，其中类离子液体草酸-氯化胆碱和5-羟甲基糠醛作为催化剂和反应溶剂。他们研究了反应时间、温度和添加水量对反应的影响，用类离子液体作为反应介质和催化剂，反应温度低，而且类离子液体可以重复利用。图5.15为其反应示意图[36]。

将葡萄糖转化成5-羟甲基糠醛最具挑战性，在葡萄糖脱水之前需要一步异构化作用。Zhang 等[36]在催化剂存在的条件下，在氯化胆碱-糖类类离子液体体

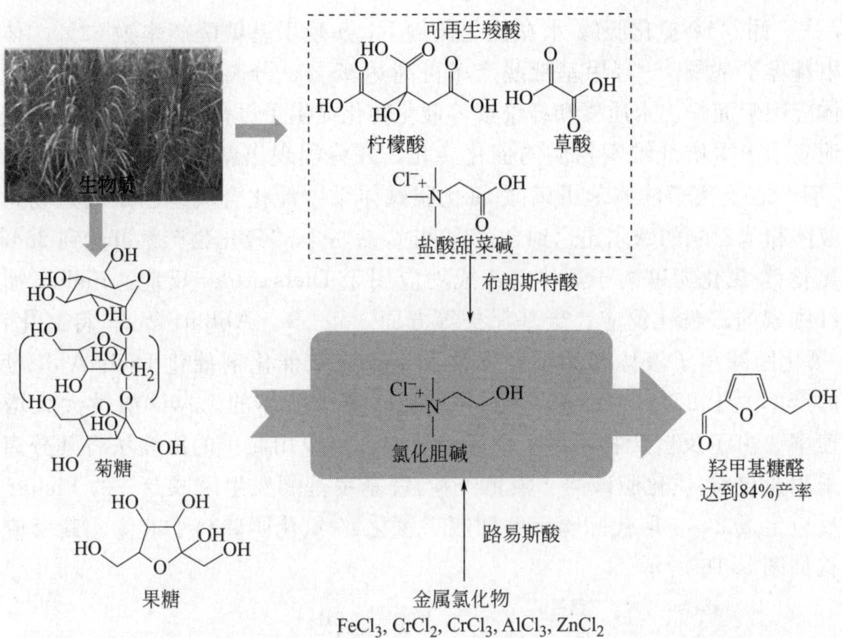

图 5.15 氯仿衍生物的类离子液体中，菊淀粉和果糖的酸催化脱水反应

系中成功地将糖类脱水合成了5-羟甲基糠醛。表5.2为在不同类离子液体中、不同催化剂条件下5-羟甲基糠醛的产率。可以看出最高产率为70%，而氯化锌作为催化剂产率最低，几乎不起作用。从菊淀粉体系中可知，蒙脱土催化效率远低于均相催化。

表 5.2 不同反应条件和催化剂下，不同碳水化合物转化为 HMF 的产率

催化剂	5-羟甲基-糠醛产率/%			
	左旋糖：氯化胆碱(4：6)①	右旋糖：氯化胆碱(4：6)②	蔗糖：氯化胆碱(5：5)③	菊糖：氯化胆碱(5：5)④
Amberlyst 15	40⑤	9⑤	27⑤	54⑤
$FeCl_3$	59	15	27	55
$ZnCl_2$	8	6	6	3
$CrCl_2$	40	45	62	36
$CrCl_3$	60	31	43	46
*p*TsOH	67	15	25	57
三氟甲基磺酸钪	55	9	28	44
蒙脱石	49⑤	7⑤	35⑤	7⑤

① 反应条件：10%的催化剂，400mg左旋糖，600mg氯化胆碱，100℃，0.5h.

② 反应条件：10%的催化剂，400mg右旋糖，600mg氯化胆碱，110℃，0.5h.

③ 反应条件：10%的催化剂，500mg蔗糖，500mg氯化胆碱，100℃，1h.

④ 反应条件：10%的催化剂，500mg菊糖，500mg氯化胆碱，90℃，1h.

⑤ 蒙脱石：50mg，Amberlyst 15：50mg

Vigier等[37]以甜菜碱为原料与氯化胆碱、水形成三相体系，该体系可循环使用7次，甜菜碱-氯化胆碱-水在优化比例下，5-羟甲基糠醛产率为63%。体系中加入甲基异丁基酮，5-羟甲基糠醛产率可高达95%，分离产率为84%。这为类离子液体应用于淀粉、木质素和纤维素等催化转化提供了可行的方法。类离子液体将广泛地应用于木质纤维素物质的催化转化，并将涌现出新的生物化学物质[38,39]。Chen等[40]在类离子液体苯甲磺酸-氯化胆碱体系中催化合成苯乙酮同系物，当类离子液体和苯乙酮的摩尔比达到合适比例时，α,α -二氯化物产率可达到86%。

氯化锌-氯化胆碱离子液体已经成功应用于Diels-Alder反应、Fisher吲哚合成、纤维素的乙酰化反应、羰基保护等方面[38,41,42]。Abbott等[41]将氯化锌/氯化锡-氯化胆碱离子液体作为反应介质和Lewis酸催化剂催化Diels-Alder反应，产物的产率大于88%，且可多次循环使用，离子液体的Lewis酸性大大增加了反应速率。由于反应产物不溶于离子液体中，可以用简单的沉淀法将其分离。他们还采用氯化锌-氯化胆碱离子液体[42]与烷基甲基酮发生区域专一的Fisher吲哚合成反应生成2，3-取代吲哚，并回收了氯化锌-氯化胆碱离子液体。其反应机理和过程如图5.16所示。

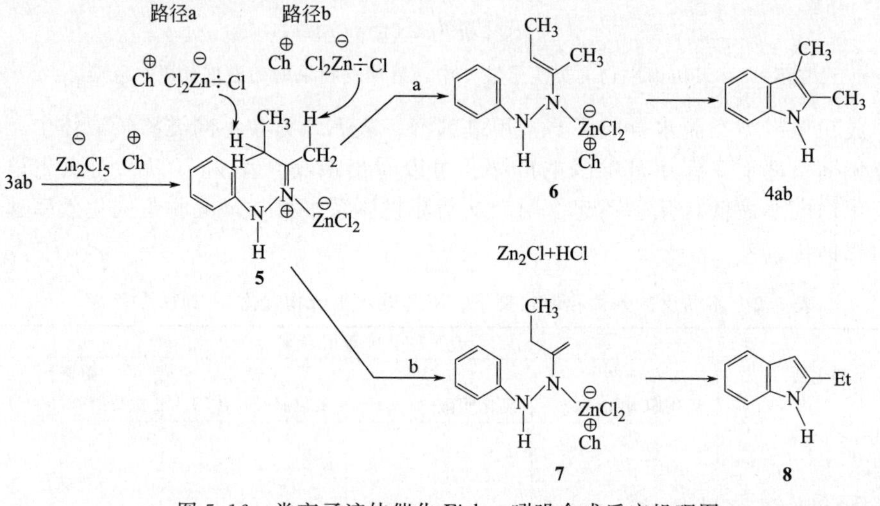

图5.16 类离子液体催化Fisher吲哚合成反应机理图

Hou等[43]在温和条件下将氯化锌-氯化胆碱离子液体用于N-烷基和N-芳基酰亚胺的合成，产物的产率>82%。Azizi等[44]采用氯化锡-氯化胆碱离子液体和一系列吲哚和醛的衍生物制备出双吲哚甲烷，产率达64%～97%。此外，他们在类离子液体中通过串联缩合反应和Michael加成反应选择性合成了氧杂蒽和四酮类化合物[45]。在类离子液体草酸-氯化胆碱中，以乙醛和活性亚甲基化合物为原料合成了氧杂蒽同系物，合成条件温和、产率高。而在类离子液体尿素-氯化胆碱中，以乙醛和活性亚甲基化合物为原料，经缩合反应合成了四酮类化合物，反应条件更加温和。在其他类离子液体中合成了其他类型的氧杂蒽和四酮类化合物。如表 5.3 为不同类离子液体中合成目标产物的产率。图 5.17 为类离子液体中合成氧杂蒽和四酮类化合物的反应过程和机理图。

表 5.3　类离子液体催化的化学选择性有机合成产物和产率表

PhCHO + 2 (2) —DES, 2h→ 3 + 4

序号	类离子液体	用量	产率/%	
			3	4
1	氯化胆碱：尿素(2：1)	1mL	92	00
2	氯化胆碱：丙二酸(1：1)	1mL	00	60
3	氯化胆碱：氯化锡(1：2)	1滴	85	00
4	氯化胆碱：氯化锌(1：2)	1滴	00	88
5	氯化胆碱：氯化锌：氯化锡(1：1：1)	1滴	00	85
6	氯化胆碱：氯化镧(1：2)	1滴	60	30
7	氯化胆碱：对甲苯磺酰胺(1：1)	1mL	20	60
8	氯化胆碱：甘油(1：2)	1mL	75	10

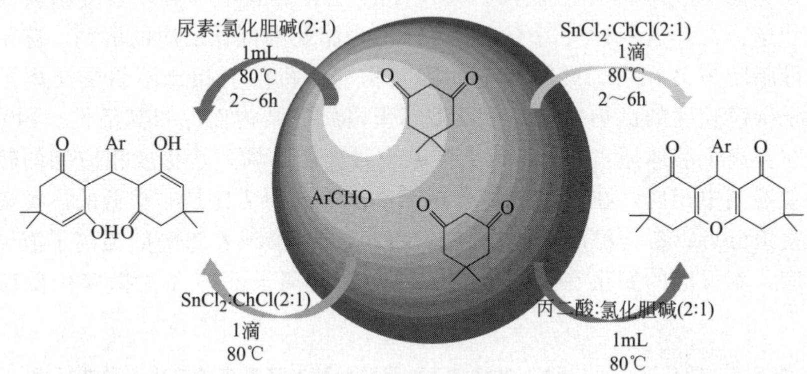

图 5.17　类离子液体中合成氧杂蒽和四酮类化合物的反应过程和机理图

5.2.2.3　类离子液体在生物催化中的应用

Kazlauskas 等[46]研究了以酶为催化剂，戊酸乙酯和丁醇的酯交换反应。尽管酶在水溶液体系中不稳定，但是在尿素-氯化胆碱类离子液体中很稳定，这主要是因为尿素-氯化胆碱类离子液体中强大的氢键网络结构降低了其组分对酵素的化学反应活性。在类离子液体体系中加入冻干南极假丝酵母脂肪酶 B 或者其在丙烯酸树脂上的固载物，可将戊酸乙酯转化戊酸丁酯的转化率提高到 90%。表 5.4 为戊酸己酯不同溶剂中的转化率，酶在所选类离子液体中的活性与在甲苯中的一样。

表 5.4　在 60℃以及各种酶存在条件下，戊酸乙酯酯交换反应转化戊酸丁酯的转化率

OEt　+　OH　DES, 60℃ / 酶 →　O

溶剂	*i*CALB①	CALB②	CALA③	PCL④
氯化胆碱/乙酰胺	23	96	0.5	0.0
氯化胆碱/甘油	96	96	70	22
氯化胆碱/丙二酸	30	58	0.7	0.0
氯化胆碱/尿素	93	99	1.6	0.8
甲苯	92	92	76	5.0

① Novozym 435（固定化在丙烯酸树脂上的南极假丝酵母脂肪酶 B，*i*CALB）.

② Roche chirazyme L-2（冻干南极假丝酵母脂肪酶 B，CALB）.

③ Roche chirazyme L-5（冻干南极假丝酵母脂肪酶 A，CALA）.

④ Amano PS（冻干洋葱伯克霍尔德菌酶，原假单胞菌脂肪酶，PCL）.

Durand 等[47]分析了几种类离子液体作为“绿色溶剂”的优点和局限性，使用固定化南极假丝酵母脂肪酶为催化剂，考察了乙烯基月桂酸酯的酯交换反应。脂肪酶在类离子液体如尿素-氯化胆碱和甘油-氯化胆碱中均可以表现出较高的催化活性和选择性，这两种类离子液体可以作为脂肪酶催化反应的溶剂。冻干南极假丝酵母脂肪酶 B 在丙烯酸树脂上的固载物与有机溶剂相比不易受类离子液体中醇分子碳链长度的影响，它几乎不破坏蛋白质的结构而保留其活性。由表 5.5 可知，在类离子液体尿素/甘油-氯化胆碱中月桂酸乙烯酯转化成相应酯的转化率与在甲苯溶剂中相同，在二羧酸基类离子液体中酶的活性是非常低的。类离子液体中某些组分可以参与醇解竞争反应，在基于二甲酸或乙二醇的类离子液体中存在副反应，副反应的发生在一定程度上限制了类离子液体在生物催化反应中的应用。

表 5.5　60℃下，月桂酸乙烯酯与三种脂肪醇酯交换反应的转化率和选择率

溶剂	正丁醇		正辛醇		1-羟基十八烷脂肪醇	
	转化率/%	选择率/%	转化率/%	选择率/%	转化率/%	选择率/%
甲苯	100	>99	100	>99	100	>99
氯化胆碱-尿素	100	>99	100	>99	100	>99
氯化胆碱-甘油	100	>99	100	>99	100	>99
氯化胆碱-草酸	10	>99	43	>99	41	>99
氯化胆碱-丙二酸	5	>99	36	>99	34	>99
氯化胆碱-乙二醇	33	30.3	8	25	10	30
氯化乙胺-尿素	94	>99	10	>99	9	>99
氯化乙胺-甘油	3	>99	4	>99	4	>99

一些类离子液体如丙二酸-氯化胆碱、草酸-氯化胆碱和乙二醇-氯化胆碱能与醇解反应的底物反应和竞争，从而导致副产物的形成，并破坏类离子液体。此外，二羧酸基的类离子液体黏度很高，而且随副反应的发生显著增加，这会使搅拌和回收更加困难。然而，在甘油和尿素为中性配体的类离子液体中，类离子液体组分之间的强氢键可以大大降低副反应的发生。虽然脂肪酶在尿素水溶液中易于变性，但在尿素或甘油为中性配体的类离子液体中，其变性较慢，这些类离子液体的稳定性足够醇解反应完成[47]。

Lindberg 等[48]报道了类离子液体对环氧化物水解的酶催化有促进作用，发现甘油-氯化胆碱类离子液体是 1s,2s-2-苯乙烯环氧化合物水解的有效介质，区域选择性高。与磷酸盐相比，类离子液体溶解环氧化物的能力是其 1.5 倍，而且不影响转化率。图 5.18 为反应的过程和两种对映体 2-内消旋参与的环氧化物水解酶催化反应中的立体选择性结果。在生物质催化方面，类离子液体为区域选择性提供了一条新的合成路线。

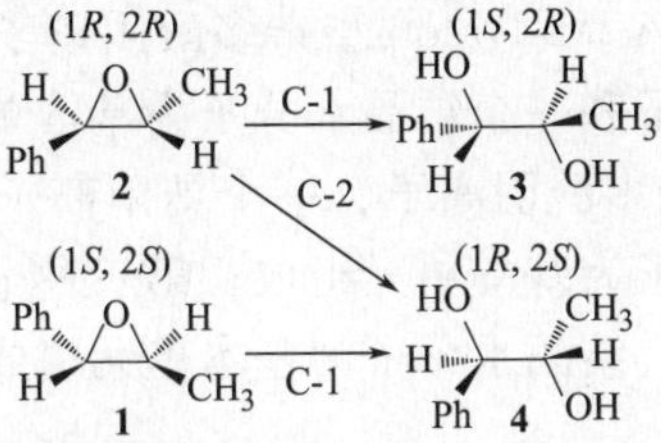

图 5.18 两种对映体 2-内消旋参与的环氧化物水解酶催化反应中的立体选择性结果

Zhao 等[49]以甘油-氯化胆碱类离子液体为溶剂，以交联蛋白枯草杆菌和α-胰凝乳蛋白酶为催化剂，研究了蛋白酶催化转化的酯交换反应。在甘油-氯化胆碱类离子液体中加入体积分数约为 3%的水，交联蛋白枯草杆菌和 α-胰凝乳蛋白酶具有较高的活性，苯丙氨酸乙酯与正丙醇酯交换反应的产率达到 98%。枯草杆菌蛋白酶与类离子液体的相溶性比 α-胰凝乳蛋白酶要好，这与类离子液体的阴离子有关。Gutiérrez 等[50]报道了将类离子液体用于冷冻干燥保存细菌，发现在类离子液体中，细菌能保持完整性和活性。这一发现为微生物在非水溶剂中生物催化过程提供了新的方向，类离子液体在生物催化上的应用将会越来越普遍。

5.3 类离子液体在功能材料合成中的应用

类离子液体因为其优良的溶解性，可作为溶剂和结构导向剂用于合成多种功能材料。近几年，随着类离子液体的快速发展，其在金属骨架及金属氧化物材料、金属无机材料、功能碳材料、分子筛材料等方面得到了广泛的应用。

5.3.1 类离子液体在金属骨架及金属氧化物合成中的应用

在多金属氧酸盐化学领域中，探索多金属氧酸盐新品种的新颖结构和性能是研究的方向之一，类离子液体已成为多金属氧酸盐合成领域的常用溶剂。在类离子液体中，即使是一些“不溶”的金属氧化物也具有较高的溶解度。室温条件下，在类离子液体中可以合成多金属氧酸盐的混合物。研究人员发现聚氧前体在尿素-氯化胆碱类离子液体中表现出良好的溶解性，而且聚氧钼酸盐的末端氧原子与金属原子在这种类离子液体中进行配位时展现出较高的活性[51~53]。Liu等[54]在尿素-氯化胆碱类离子液体中成功合成了具有抗艾滋病病毒活性、含稀土元素的多金属氧酸盐$\{[(CH_3)_3N(CH_2)_2OH]_2(NH_4)_{12}\}[Ce(MO_4)(H_2O)_{16}(Mo_7O_{24})_4]\cdot 8H_2O$，反应不需额外加入有毒有机试剂，从而避免了有机溶剂中反应物溶解性差、产量低等缺点。

Wang等[53]在类离子液体中成功合成了三种金属氧酸盐$\{[(CH_3)_3N(CH_2)_2OH]_2(H_3O)\}[Na_2(H_2O)_6][IMo_6O_{24}]\cdot H_2O$，$\{Na_2[(CH_3)_3N(CH_2)_2OH]_4\}[Al(OH)_6Mo_6O_{18}]_2\cdot 8NH_2CONH_2\cdot 4H_2O$和$\{Na_6(H_2O)_{18}[(CH_3)_3N(CH_2)_2OH]_2(CON_2H_5)_2\}[NaMo_7O_{24}]_2\cdot 4NH_2CONH_2\cdot H_2O$。第一种金属氧酸盐由一个A-Anderson型杂多酸阴离子、一个阳离子、两个胆碱阳离子、一个质子化水分子和一个结晶水分子为基本单元组成；第二种金属氧酸盐由两个B-Anderson型杂多酸阴离子、一个钠阳离子、四个胆碱阳离子、八个尿素分子、四个结晶水分子为基本单元组成；第三种金属氧酸盐由两个杂多酸阴离子、四个中性尿素分子、结晶水分子为基本单元组成，类离子液体在合成过程中起到了模板剂的作用。

以尿素-氯化胆碱类离子液体作为溶剂合成多维金属氧酸盐混合物，可有效避免尿素的分解，所得产物的结晶度好。其他金属氧酸盐基的混合物也可以通过这种途径获得，Wang等[51]用这种方法成功合成两种新的多金属氧酸盐混合物，$[(CH_3)_3N(CH_2)_2OH]_4[\beta\text{-}Mo_8O_{26}]$和$\{(N_2H_5CO)[(CH_3)_3N(CH_2)_2OH]_2\}[Cr\text{-}Mo_6O_{24}H_6]\cdot 4H_2O$，产率高达76%，两种物质是由有机阳离子和多氧酸阴离子通过氢键相互作用形成的三维超分子结构。

Li等[55]采用离子热合成法在类离子液体氯化胆碱-1,3-二甲基脲中合成了两种三维结构的新型手性金属亚磷酸盐，使其形成开放式骨架结构，其中类离子液体起到了模板剂的作用，这为有机分子作为模板的研究提供了新方向。两种三维结构的新型手性金属亚磷酸盐化学式为$[Me_2\text{-DABCO}][M_2(HPO_3)_3]$(M＝Co, Zn)，其中$Me_2$-DABCO为*N*,*N*-二甲基-1,4-二氮杂环-[2,2,2]-辛烷，是在原位点上由1,4-二氮杂二环[2,2,2]-辛烷和二甲基亚磷酸盐进行烷基化反应生成的，两种化合物结构相似。Himeur等[56]同样采用离子热合成法合成金属有机骨架化合物$Ln(C_9O_6H_3)[(CH_3NH)_2CO]_2$，溶剂为二甲基脲-氯化胆碱类离子液体，通过加入适当的稀土盐和苯三甲酸，反应可得到单晶$Ln(TMA)(DMU)_2$(Ln为La,Nd,Eu)，其中DMU为二甲基脲。类离子液体的组分二甲基脲完整地进入了所合成的材料结构中，其中脲衍生物分解提供铵离子。这为离子热合成金属有机骨架提供了新的可能性，$Eu(C_9O_6H_3)[(CH_3NH)_2CO]_2$ 结构中苯三甲酸连接两个铕原子作为基本单元，基本单元可以沿 x 轴无限延伸形成网络结构。

Liao 等[57]在尿素-氯化胆碱类离子液体中，以六水硝酸锌和膦酸基乙酸为原料合成了配位聚合物 $[Zn(O_3PCH_2CO_2)]\cdot NH_4$。在类离子液体中六水硝酸锌和膦酸基乙酸有较高的溶解度，为合成聚合物 $[Zn(O_3PCH_2CO_2)]\cdot NH_4$ 提供了基本条件。聚合物 $[Zn(O_3PCH_2CO_2)]\cdot NH_4$ 的四个 Zn-P-O 链通过四齿配体 $[O_3PCH_2CO_2]_3$ 形成较大的平行隧道，铵离子位于隧道内，尿素分解引起了物质的结构变化，分解产物可作为材料合成的模板剂。

5.3.2 类离子液体在分子筛合成中的应用

多种盐类与不同氢键供应体混合能够得到具有不同酸碱度的类离子液体，盐的种类和作为氢键供应体的有机物种类都十分丰富，人们可以从中选择适用于金属磷酸盐分子筛材料合成的类离子液体。

李西平等[58]在类离子液体季戊四醇-氯化胆碱体系中合成磷酸铝分子筛，热重和元素分析结果表明，季铵盐阳离子作为模板剂诱导了磷酸铝骨架的形成，通过改变季铵盐的种类可合成多种不同的骨架结构。当季铵盐为四甲基氯化铵或四甲基溴化铵时，合成出具有 ZON 拓扑结构的 UiO-7 分子筛，其在平行于 a 轴与 b 轴方向上存在八元环孔道且相互交叉。当季铵盐为氯化胆碱时，同样合成出 UiO-7 分子筛。当季铵盐为四乙基氯化铵或四乙基溴化铵时，合成出具有 AFI 拓扑结构的 $AlPO_{4-5}$ 分子筛，其在平行于 c 轴的方向上具有由 AlO_4 与 PO_4 交替形成的十二元环孔道。当季铵盐为 1,4-二乙基-1,4-二甲基二溴哌嗪时，合成出具有 CHA 拓扑结构的 SIZ-10 分子筛，其中 AlO_4 与 PO_4 交替连接形成的双六元环通过四元环连接产生具有八元环窗口的三维孔道结构。在不同的类离子液体体系中，选择合适的磷铝比，可以合成磷酸铝分子筛。改变类离子液体中季铵盐的种类，并不能改变所合成磷酸铝分子筛的晶体结构。

张红艳等[59]分别研究了苯甲酸-氯化胆碱、尿素-季铵盐（四甲基氯化铵、四乙基溴化铵、四丙基溴化铵和氯化胆碱）、1,3-二甲基尿素-四乙基溴化铵、1,3-二甲基尿素-缩节胺等一系列类离子液体体系，探索了采用离子热法合成具有新结构的磷酸铝和磷酸锌分子筛的可能性及合成规律。在苯甲酸-氯化胆碱类离子液体中，合成出了具有八元环孔道的磷酸锌分子筛，其为外观呈现规则六边形的片状堆积体。苯甲酸-氯化胆碱类离子液体在磷酸锌分子筛的合成中同时起到了溶剂和模板的作用。在尿素-季铵盐类离子液体体系中，他们还研究了合成具有新型结构磷酸铝分子筛的可能性。

亢春喜等[60]以氯化胆碱-丁二酸类离子液体为溶剂和模板剂，在微波辐射加热条件下离子热合成了过渡金属元素取代的杂原子 AST 拓扑结构的 FeAlPO-16 磷酸铝分子筛，并详细考察了反应条件（如反应原料类型、物料配比、晶化时间与晶化温度等）对分子筛合成的影响。

5.3.3 类离子液体在其他功能材料合成中的应用

类离子液体具有较高的溶解性、合成简便、经济环保，是合成铝磷酸盐无机材料的良好溶剂。Morris 等[61]采用类离子液体制备出了一系列铝磷酸盐无机材料，如：采用尿素-氯化胆碱类离子液体制备出了微孔结晶沸石类似物 $Al_2(PO_4)_3 \cdot 3NH_4$(SIZ-2)，采用氯化胆碱-羧酸（琥珀酸、戊二酸、柠檬酸）类离子液体制备出结构材料 $[Al_3CoClP_4O_{16}][C_5H_{13}NOH]_2$(SIZ-3)[62]，合成所得材料为层状结构。Liu 等[63]采用咪唑酮-氯化胆碱类离子液体作为反应介质合成了具有三维骨架的磷酸锌配合物 $[N_2C_6H_{12}]_2[Zn_7H_3(HPO_{4-x})_5(PO_4)_3] \cdot H_2O$，其中类离子液体咪唑酮-氯化胆碱同时起到了模板剂的作用。在合成过程中，磷/锌的摩尔比适用范围大，在 0.55～13.0 之间均可实现目标产物的合成。图 5.19 为不同结晶时间磷酸锌配合物的扫描电镜图，时间越长，形貌越好，纯的磷酸锌配合物为均一的立方体构型。

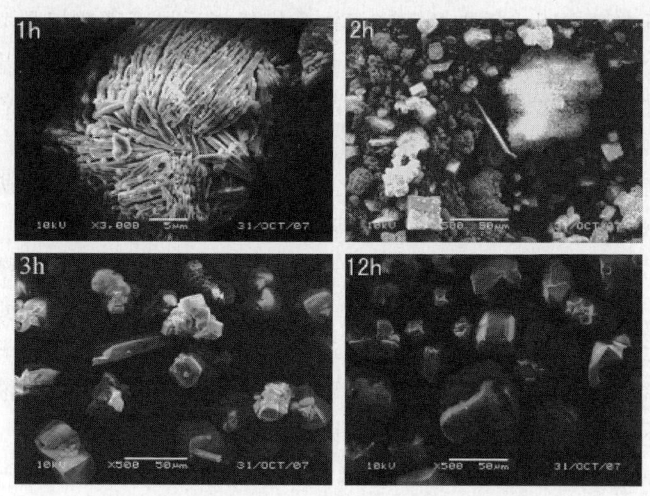

图 5.19 不同结晶时间样品的扫描电镜图

除上述应用领域外，类离子液体还广泛应用于其他领域。Taubert 等[64]采用氯化胆碱-丙二酸类离子液体去除等离子蚀刻后产生的残留物，浸泡清洗在恒温的类离子液体中进行。丙二酸-氯化胆碱类离子液体能有效地清除蚀刻后含氟化铜和氧化铜的残留物。Lawes 等[65]将尿素-氯化胆碱和乙二醇-氯化胆碱两种类离子液体用做润滑剂，为了评估类离子液体的润滑性能，对工具钢和钢针进行了润滑往复滑动磨损试验。通过增加样品的表面粗糙度和表面积，类离子液体润滑剂可以在高速/低负载条件下获得较好的润滑效果。在测试过程中，尿素-氯化胆碱类离子液体在硅酸铁冲头样品上会形成一层残留膜，这层膜可以促进润滑。

Morrison 等[66]研究了尿素-氯化胆碱和丙二酸-氯化胆碱类离子液体溶剂在促进苯甲酸等难溶化合物增溶方面的应用，由于类离子液体对药物具有较高的溶解性，它可作为临床研究中一种增加难溶药物溶解度的溶剂。Maugeri 等[67]将类离子液体用于醇酯的分离，类离子液体可以有效地溶解具有氢键供体的分子，而不溶解酯类。因此可以使用类离子液体作为有机酯类纯化溶剂，相比于繁琐的色谱分离步骤，类离子液体更容易实现醇酯分离，随着几个周期循环，醇在酯中的脱除效率可达到70%～90%。

Josué D. M. 等[68]将丙烯酸、丙烯酰胺和氢键供体形成的类离子液体应用于前端聚合反应，并在相对低温下使前端聚合反应完全进行，发现季铵盐的种类可影响反应活性。在反应过程中，惰性铵盐可以从聚合物产物中释放，这些聚合物可以在生物医学中应用。惰性铵盐在生物制药上有重要作用，可以制备加载有盐酸利多卡因的聚乙烯（丙烯酸）。由惰性铵盐形成的类离子液体具有较高的黏度，可以在没有额外添加原料下抑制浮力，驱动对流，类离子液体可以用做单体、活性填料以及前端聚合的反应介质。Shi 等[69]研究了氯化胆碱基类离子液体对碳纤维填充聚四氟乙烯复合材料的润滑性能，考察了氯化胆碱基类离子液体、水和液压油作为润滑剂的差异。氯化胆碱基类离子液体的润滑性能比水和液压油的好，采用类离子液体做润滑剂的碳纤维填充聚四氟乙烯复合材料的摩擦系数和磨损率分别约为60%和50%，比在干摩擦条件下的低。Josué D. M. 等[68]对三种类离子液体进行了测试，发现在1,2-丙二醇-氯化胆碱类离子液体中，碳纤维填充聚四氟乙烯复合材料的摩擦最小；在类离子液体润滑下，碳纤维填充聚四氟乙烯复合材料的磨损表面和转移膜比无润滑、水润滑、液压油润滑条件下的更光滑。Kareem 等[70]制备了碘化乙基三苯基磷-乙二醇/环丁砜等类离子液体，这些类离子液体作为一种新型的绿色溶剂，可用于分离甲苯/正庚烷混合物。液-液平衡实验结果表明类离子液体具有从混合物中选择性提取甲苯的能力。与以往研究的离子液体相比，在甲苯进料浓度较低的情况下，类离子液体对于甲苯具有较高的选择性。提取甲苯后的萃余液液相色谱分析表明类离子液体的组分乙二醇和环丁砜并未进入被萃体系，类离子液体中的乙二醇或环丁砜形成了稳定的配位络合结构，这阻止了乙二醇和环丁砜进入被萃体系。

5.4 类离子液体在气体捕集中的应用

5.4.1 类离子液体在二氧化碳捕集中的应用

人类活动所释放的二氧化碳是导致全球变暖的主要温室气体之一，二氧化碳的捕集和分离是治理二氧化碳首先需要解决的问题。当二氧化碳的浓度低于30%时，现有的二氧化碳捕集和分离技术普遍面临处理成本高、稳定性差、选择性低、挥发性污染等问题。因此如何高效、高选择性、环境友好地捕集和分离二氧化碳是一个亟待解决的问题。

类离子液体和离子液体均为有效的二氧化碳吸收剂，研究二氧化碳与类离子液体和离子液体之间的相互作用及吸附机理，对于设计合成更有效的二氧化碳捕获剂至关重要。Chen 等[71]采用量化计算及分子动力学从分子水平的角度模拟了离子液体吸收二氧化碳的过程和机理。他们选择 1-氨基-正烷基-3-甲基咪唑四氟硼酸离子液体为研究对象，探索了该离子液体与二氧化碳之间的相互作用，发现氨基-烷基链的长度在控制离子液体吸附性质方面起着关键作用，比如：吸附的自由能、平衡常数、脱附温度、吸附速率常数、扩散系数及二氧化碳在阴阳离子间的排列等。Shim 等[72]采用分子动力学模拟方法研究了二氧化碳在1-丁基-3-甲基咪唑六氟磷酸盐离子液体中平衡态与非平衡态时的溶剂化结构和动力学性质。

由于类离子液体具有较强的溶解能力，有些学者考虑到用类离子液体吸收固定二氧化碳，研究结果也表明类离子液体具有良好的吸收和溶解二氧化碳的能力。目前，类离子液体对二氧化碳的吸收研究主要集中在尿素/乙二醇/甘油/乳酸-氯化胆碱等类离子液体中，进行了不同温度和压力条件下二氧化碳溶解度及亨利常数的测量。

Li 等[73]测定了不同温度和压力条件下二氧化碳在尿素-氯化胆碱类离子液体中的溶解度，测试结果表明二氧化碳在尿素-氯化胆碱类离子液体中具有较高的溶解度，且随温度升高而降低，随压力的增加而增大。根据溶解度数据计算了亨利常数和气体的溶解焓，其熵值为负。在压力较低时，二氧化碳溶解度对压力较敏感。图 5.20 为不同类离子液体组分比例时，二氧化碳溶解度随温度和压力的变化。类离子液体中尿素-氯化胆碱的摩尔比为 1∶2 时，二氧化碳具有最高的溶解度，这与类离子液体在 1∶2 时的熔点最低一致。

Su 等[74]研究了尿素-氯化胆碱类离子液体和水混合物的密度及二氧化碳在其中的溶解度，尿素-氯化胆碱类离子液体和水混合物的密度与体系的温度成线性关系，水分的存在会降低二氧化碳的溶解度。二氧化碳亨利常数随尿素-氯化胆碱类离子液体含量的增加而降低，说明二氧化碳的溶解度随着水含量的增加而降低。在尿素-氯化胆碱类离子液体中，压力低于 1MPa 时，二氧化碳的吸收是放热的[75]，而压力大于 1MPa，二氧化碳的吸收是吸热的。在尿素-氯化胆碱类离子液体和水的混合物中，当尿素-氯化胆碱的含量高，水含量低时，二氧化碳的吸收是放热的；当混合物中水分的摩尔分数较高时，二氧化碳的吸收是吸热的，这些数据为二氧化碳的捕集和溶出提供了可靠的理论依据。Leron 等[76]也研究了二氧化碳在尿素-氯化胆碱类离子液体的溶解度，与 Su 等[74]的研究结果一致，二氧化碳在尿素-氯化胆碱类离子液体的溶解度随温度的升高而降低，随压力的增加而增大。

图 5.21 为二氧化碳在几种类离子液体和离子液体中溶解度的对比图。在相同压力和温度条件下，二氧化碳在尿素-氯化胆碱类离子液体中的溶解度类似于

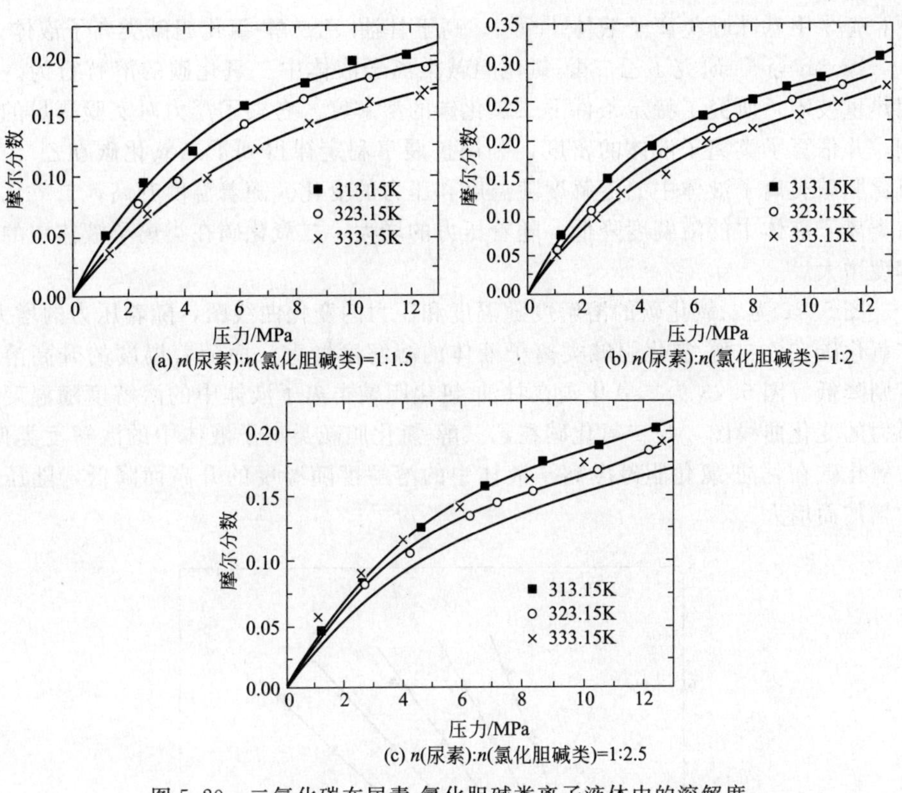

图 5.20　二氧化碳在尿素-氯化胆碱类离子液体中的溶解度

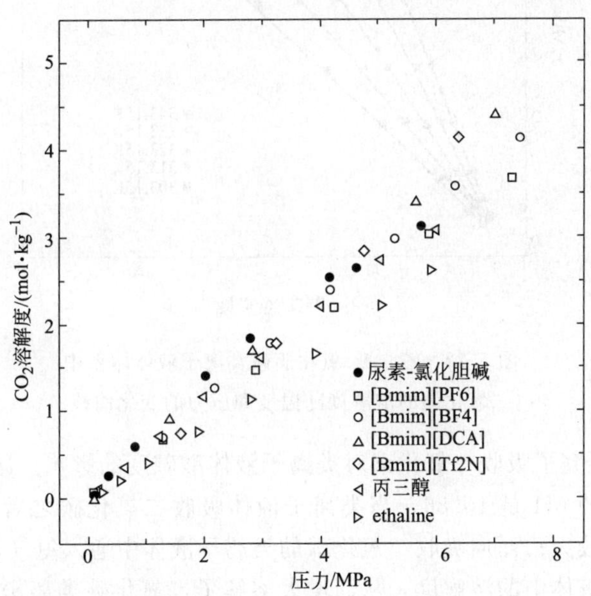

图 5.21　二氧化碳在尿素-氯化胆碱（1：2）类离子液体中的溶解度

1-丁基-3-甲基咪唑类离子液体[77~79]，高于甘油/乙二醇-氯化胆碱类离子液体。

Leron 等[80]研究了乙二醇-氯化胆碱类离子液体中二氧化碳的溶解行为。采用热重技术，研究了特定条件下二氧化碳的溶解度。考察了浮力对实验测量的影响，并估算了类离子液体的密度，利用扩展亨利定律得到了二氧化碳在乙二醇-氯化胆碱类离子液体中的溶解度随温度和压力的变化。随着温度升高，二氧化碳在类离子液体中的溶解度降低，随着压力的增大，二氧化碳在类离子液体中的溶解度增大。

图 5.22 为二氧化碳的溶解度随温度和压力的变化曲线图，随着压力的增大，二氧化碳在乙二醇-氯化胆碱类离子液体的溶解度增大，而随着温度的升高溶解度则降低。图 5.23 为二氧化碳在甘油-氯化胆碱类离子液体中的溶解度随温度和压力的变化曲线图，与二氧化碳在乙二醇-氯化胆碱类离子液体中的溶解度类似，二氧化碳在甘油-氯化胆碱类离子液体中的溶解度随温度的升高而降低，随压力的增加而增大。

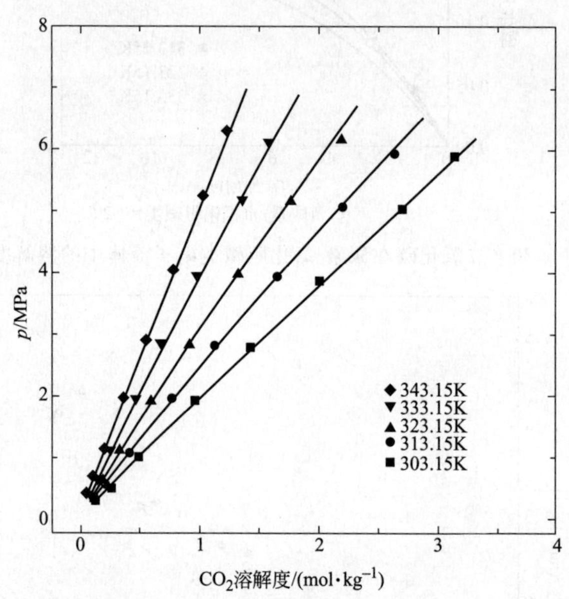

图 5.22 乙二醇-氯化胆碱类离子液体体系中二氧化碳的溶解度随温度和压力的变化曲线

Li 等[81]研究了吸收二氧化碳对类离子液体酸碱度的影响。尿素-氯化胆碱类离子液体体系的 pH 是 10.86，当类离子液体吸收二氧化碳之后，pH 可降低至 6.25，影响比较大；而向吸收二氧化碳的类离子液体中通入氮气，可以降低二氧化碳在类离子液体中的溶解度，从而增大溶解了二氧化碳类离子液体的 pH，根据需要可以任意改变通入气体的量和种类，从而控制类离子液体的酸碱度。

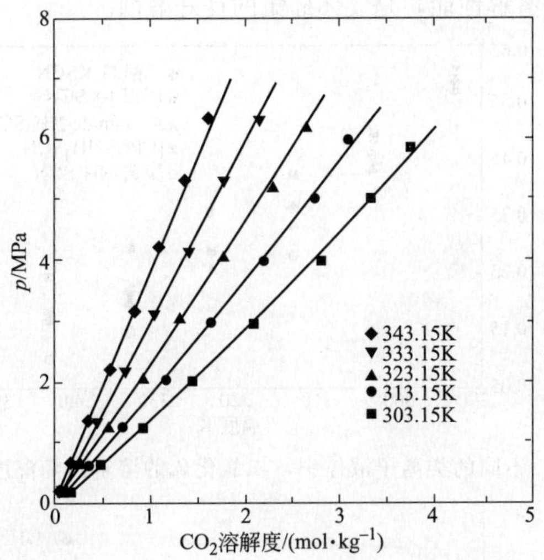

图 5.23 甘油-氯化胆碱体系中，二氧化碳的溶解度随温度和压力的变化

Lin 等[82]研究了二氧化碳在甘油-氯化胆碱、乙二醇-氯化胆碱和丙二酸-氯化胆碱类离子液体中的亨利常数，发现其在 2805.5～4021.6kPa・m^3・$kmol^{-1}$之间变动，亨利常数随温度的升高而增大。采用模型研究了亨利常数的变化，发现亨利常数的计算值和实验值相符，亨利常数的研究为类离子液体中吸收二氧化碳提供了理论依据。

5.4.2 类离子液体在二氧化硫捕集中的应用

类离子液体除了可以吸收二氧化碳外，还可以吸收溶解二氧化硫。Liu 等[83]合成了多种氨基化合物-硫氰化物类离子液体，二氧化硫在这几种类离子液体中的溶解度都非常高，例如乙酰胺-硫氰化钾类离子液体中二氧化硫的溶解度可达 0.588g・g^{-1}。捕集的二氧化硫在真空条件下，通过温和加热能完全解离出来，该类类离子液体可以多次重复利用。核磁共振结果表明类离子液体中二氧化硫的吸收为物理过程。

图 5.24 为二氧化硫在几种类离子液体中的溶解度随温度的变化曲线图，随温度的升高，二氧化硫溶解度变小。吸收二氧化硫达到饱和的类离子液体颜色为淡黄色，这是由于在二氧化硫和亲核物质氨基化合物或硫氰酸根之间存在电荷转移反应，其中，二氧化硫作为电子接受体[84]。Yang 等[85]研究了甘油-氯化胆碱类离子液体中二氧化硫的吸收，考察了不同温度、不同压力、不同摩尔比的类离子液体对吸收二氧化硫的影响，如图 5.25 和图 5.26 所示。在类离子液体中，二氧化硫的溶解度随温度的升高而降低，随压力增大而增大。吸收容量随氯化胆碱含量的增加而增大，向类离子液体中通入氮气，二氧化硫很容易脱附。类离子液体通过改变其组成可实现物化性质

的调节，具有优良的溶解性能，是气体捕集的良好溶剂。

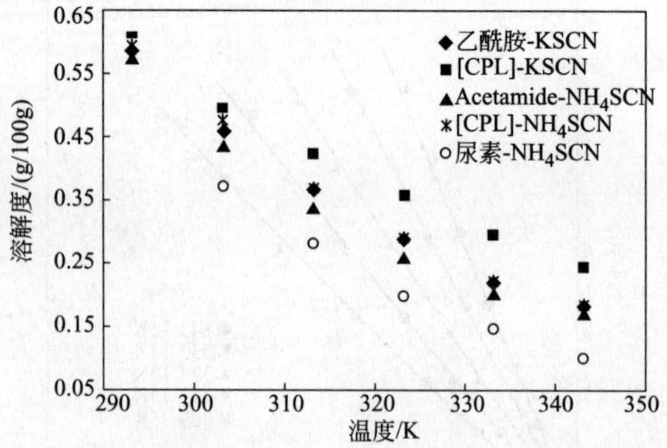

图 5.24　不同的类离子液体中，二氧化硫的溶解度随温度的变化

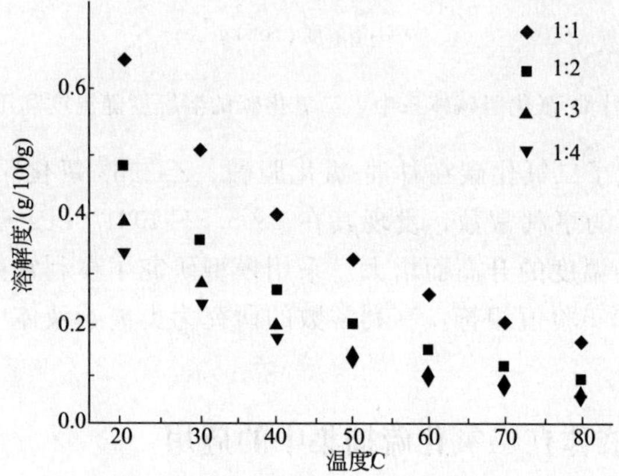

图 5.25　一个大气压下，甘油-氯化胆碱类离子液体中的二氧化硫溶解度随温度的变化

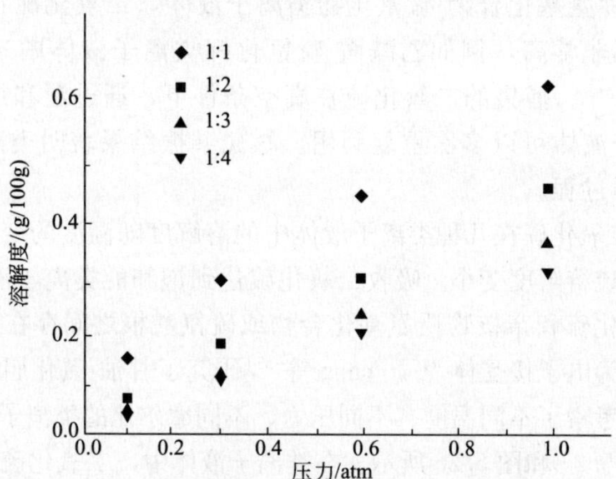

图 5.26　20℃下，甘油-氯化胆碱类离子液体中的二氧化硫溶解度随二氧化硫分压 p（SO_2）的变化趋势图

5.5 类离子液体在室温相变储能材料中的应用

相变材料是相变储能技术的核心和基础，其性质的好坏决定着能源利用效率的高低。理想的相变储能物质应具有以下特点：相变温度合适、相变潜热高、相变可逆性好、相变体积变化小、廉价易得、组成稳定、安全无毒、无腐蚀性等。现有的室温相变储能材料中，由中性配体和盐类组成的具有低共熔点的相变储能材料为类离子液体的一种。

类离子液体相变温度位于室温附近，其不仅比热容高、热稳定性和化学稳定性好、蒸气压极低、无毒无害，而且价格便宜、操作简单、体积蓄能密度大、熔解热大、热导率大，是理想的相变储能材料之一。目前，可用于相变储能材料的类离子液体主要有：无机盐-水合盐类类离子液体、有机盐-氢键供体类类离子液体和水合盐-氢键供体类类离子液体等。

5.5.1 无机盐-水合盐类类离子液体在相变储能材料中的应用

无机盐-水合盐类类离子液体相变储能材料主要包括以结晶水合盐类为原料组分形成的类离子液体。结晶水合盐类用得较多的是碱金属及碱土金属的卤化物、硫酸盐、磷酸盐、硝酸盐、乙酸盐、碳酸盐的水合物，如表5.6所示[86]。该类类离子液体相变储能材料的优点是价格便宜、体积蓄能密度大、熔解热大、热导率大。此类类离子液体材料在相变过程中容易出现过冷、相分离现象，需要添加防过冷剂和防相分离剂以增强其稳定性，延长使用寿命。

表5.6 水合盐类类离子液体相变储能材料性能参数

材料	质量分数/%	熔点/℃	潜热/(J·g^{-1})
$CaCl_2\cdot 6H_2O/CaBr_2\cdot 6H_2O$	45/55	14.7	140
$CaCl_2/MgCl_2\cdot 6H_2O$	50/50	25	95
$CaCl_2\cdot 6H_2O/MgCl_2\cdot 6H_2O$	66.6/33.4	25	127
$Mg(NO_3)_2\cdot 6H_2O/Ca(NO_3)\cdot 4H_2O$	53/47	30	136
$Mg(NO_3)_2\cdot 6H_2O/MgCl_2\cdot 6H_2O$	58.7/41.3	59	132.2
$Mg(NO_3)_2\cdot 6H_2O/MgCl_2\cdot 6H_2O$	50/50	59.1	144
$Mg(NO_3)_2\cdot 6H_2O/Al(NO_3)_2\cdot 9H_2O$	53/47	61	148
$Mg(NO_3)_2\cdot 6H_2O/MgBr_2\cdot 6H_2O$	59/41	66	168
$Mg(NO_3)_3\cdot 6H_2O/NH_4NO_3$	61.5/38.5	52	125.5
$Mg(NO_3)_2\cdot 6H_2O/LiNO_3$	86/14	72	>180
$CaCl_2/NaCl/KCl/H_2O$	48/4.3/0.4/47.3	26.8	188

李卫萍等[87]用步冷曲线法研究并绘制了六水氯化钙-六水氯化镁类离子液体

体系多温截面图，获得了六水氯化钙-六水氯化镁类离子液体用于相变储热的优化组分比例和适用温度。六水氯化钙-六水氯化镁类离子液体体系有两个四相转熔反应，其转熔温度分别为25.0℃和22.0℃。

在22.0℃下会发生如下的四相转熔平衡：

$$L+CaCl_2\cdot 2MgCl_2\cdot 12H_2O \longrightarrow CaCl_2\cdot 6H_2O+MgCl_2\cdot 6H_2O$$

反应结果是液相消失，$CaCl_2\cdot 2MgCl_2\cdot 12H_2O$ 消耗完，最终转化为 $CaCl_2\cdot 6H_2O+MgCl_2\cdot 6H_2O$。

在25.0℃下会发生如下的四相转熔反应：

$$L+CaCl_2\cdot 4H_2O \longrightarrow CaCl_2\cdot 6H_2O+CaCl_2\cdot 2MgCl_2\cdot 12H_2O$$

冷却此熔体有六水氯化钙和十二水钙镁氯化物复盐固相生成，而四水氯化钙被消耗完。高温截面图如图5.27所示，AB线为四水氯化钙的溶解度曲线，DC线处发生了 $CaCl_2\cdot 4H_2O+L \longrightarrow CaCl_2\cdot 6H_2O$ 的反应，当熔体温度降至BC线时，自熔体同时析出十二水钙镁氯化物复盐和四水氯化钙。

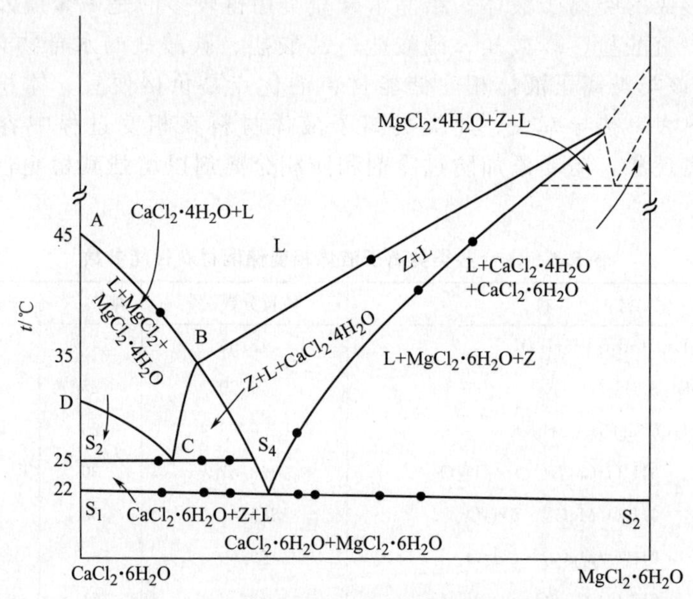

图5.27　六水氯化钙-六水氯化镁高温截面图

李碧海等[88]采用热力学模型对价格低廉、储能密度大的多元盐水体系进行相图计算，寻找相变温度在15～25℃之间的室温相变储能新材料，评述了热力学模型的研究及其应用现状，选择了一种可靠的热力学模型——BET模型用于室温相变材料的理论预测，用BET模型预测了三元体系硝酸锂-硝酸铵-水、硝酸锂-硝酸镁-水、硝酸锂-硝酸钠-水和四元体系硝酸锂-硝酸镁-硝酸钠-水的多温溶解度相图，寻找这些体系中可能存在的相变温度在15～25℃范围内的共晶点。研究发现在三元体系硝酸锂-硝酸铵-水中存在一个相变温度为16℃的共晶点，在此处形成了三水硝酸锂-硝酸铵类离子液体；四元体系硝酸锂-硝酸镁-硝酸钠-水中存在一个相变温度为24.25℃的共晶点，形成了三水硝酸锂-六水硝酸镁-硝酸钠类离子液体。通过对以上两个储能材料的吸放热曲线的比较，具有上述配比的类离子液体符合室温相变储能材料的要求。

5.5.2　有机盐-氢键供体类类离子液体在相变储能材料中的应用

目前有机类相变材料有：高级脂肪烃类、脂肪酸类、醇类、芳香烃类、芳香酮类、酰胺类、氟里昂类、多羟基碳酸类和高分子聚合物类等。有机相变材料的优点是固体成型好、不易发生相分离及过冷现象、腐蚀性较小、毒性小、成本低、性能较稳定，其缺点是热导率小、密度小、易挥发、易老化和相变时体积变化大等。

目前尚未有文献报道有机盐-氢键供体类类离子液体用做相变储能材料的研究，在已有的氢键供体类类离子液体体系中，有机中性配体-季铵盐类离子液体相变温度多处于室温附近（见表5.7），具有应用于相变储能领域的潜在价值。

表5.7　氢键供体-胆碱类类离子液体熔点

R^1	R^2	R^3	R^4	X^-	有机化合物	T_f/℃
CH_3	CH_3	CH_3	C_2H_4OH	Cl	尿素[89]	12
CH_3	CH_3	CH_3	C_2H_4OH	NO_3	尿素[89]	4
CH_3	CH_3	CH_3	C_2H_4OH	F	尿素[89]	1
CH_3	CH_3	CH_3	$PhCH_2$	Cl	尿素[89]	26
CH_3	CH_3	CH_3	C_2H_4OAc	Cl	尿素[89]	−14
CH_3	CH_3	CH_3	C_2H_4Cl	Cl	尿素[89]	15
CH_3	$PhCH_2$	C_2H_4OH	C_2H_4OH	Cl	尿素[89]	−6
CH_3	CH_3	CH_3	C_2H_4F	Br	尿素[89]	55
CH_3	CH_3	CH_3	C_2H_4OH	Cl	甲基脲[89]	29
CH_3	CH_3	CH_3	C_2H_4OH	Cl	烯丙基脲[90]	9
CH_3	CH_3	CH_3	C_2H_4OH	Cl	乙酰胺[89]	51
C_2H_5	C_2H_5	C_2H_4OH	H	Cl	2,2,2-三氟乙酰胺[91]	0
CH_3	CH_3	CH_3	C_2H_4OH	Cl	香草醛[90]	17
C_2H_5	C_2H_5	C_2H_4OH	H	Cl	丙三醇[91]	−2
CH_3	CH_3	CH_3	C_2H_4OH	Cl	苯酚[92]	−20

续表

R^1	R^2	R^3	R^4	X^-	有机化合物	T_f/℃
CH_3	CH_3	CH_3	C_2H_4OH	Cl	2,3-二甲苯酚[92]	17
CH_3	CH_3	CH_3	C_2H_4OH	Cl	D-果糖[90]	5
CH_3	CH_3	CH_3	C_2H_4OH	Cl	香草醛[90]	17
CH_3	CH_3	CH_3	C_2H_4OH	Cl	D-葡萄糖[93]	15
CH_3	CH_3	CH_3	C_2H_4OH	Cl	丙烯酰胺[68]	32
CH_3	CH_3	CH_3	C_2H_4OH	Cl	丙烯酸[68]	−4.5
CH_3	CH_3	CH_3	C_2H_4OH	Cl	甲基丙烯酸[68]	15
CH_3	CH_3	CH_3	C_2H_4OH	Cl	戊酸[90]	22
CH_3	CH_3	CH_3	C_2H_4OH	Cl	苯乙醇酸[90]	33
CH_3	CH_3	CH_3	C_2H_4OH	Cl	亚甲基丁二酸[94]	57
CH_3	CH_3	CH_3	C_2H_4OH	Cl	谷氨酸[90]	13
CH_3	CH_3	CH_3	C_2H_4OH	Cl	丙二酸[95]	10
CH_3	CH_3	CH_3	C_2H_4OH	Cl	草酸[95]	34
CH_3	CH_3	CH_3	C_2H_4OH	Cl	苯乙酸[95]	25
CH_3	CH_3	CH_3	C_2H_4OH	Cl	苯基丙酸[95]	20
CH_3	CH_3	CH_3	C_2H_4OH	Cl	咪唑[96]	56

5.5.3 水合盐-氢键供体类类离子液体在相变储能材料中的应用

水合盐-氢键供体类类离子液体复合相变储能材料既弥补了有机物材料的潜热低的缺点，又可减少无机物材料的过冷度，是相变储能材料发展的重要方向。杨颖等[97]用乙二醇-氯化铵类离子液体制成一种复合低温相变蓄冷材料（其相变过程差示扫描量热曲线如图 5.28 所示），随着体系中有机物含量的增加，材料相变温度降低，相变潜热值减少，如表 5.8 所示。复合体系的相变温度比单一的无机或有机物的相变温度均要低，符合凝固点降低定律。较低的相变温度（−16℃），较高的相变潜热（206～222kJ/kg），满足低温系统蓄冷要求。该体系性能稳定，不需要成核剂和稳定剂。通过蓄冷释冷实验发现体系在相变过程中的温度是相对稳定的，适合于工程应用中作为相变蓄冷材料。

表 5.8 乙二醇-氯化铵类离子液体相变材料性能参数表

材料参数	质量/mg	相变温度/℃	相变潜热/(kJ/kg)
25%乙二醇溶液+25%氯化铵溶液	12.2	−15.9	221.5
25%乙二醇溶液+30%氯化铵溶液	8.1	−16	212.8
25%乙二醇溶液+35%氯化铵溶液	9.3	−16.5	206.6

唐志伟等[98]发现硬脂酸与十二水磷酸氢二钠混合可得到一种类离子液体，应用傅里叶变换红外光谱分析和差示扫描量热分析方法对十二水磷酸氢二钠与硬脂酸混合相变储能材料的相变稳定性和储能性能进行了研究，测定了混合材料的

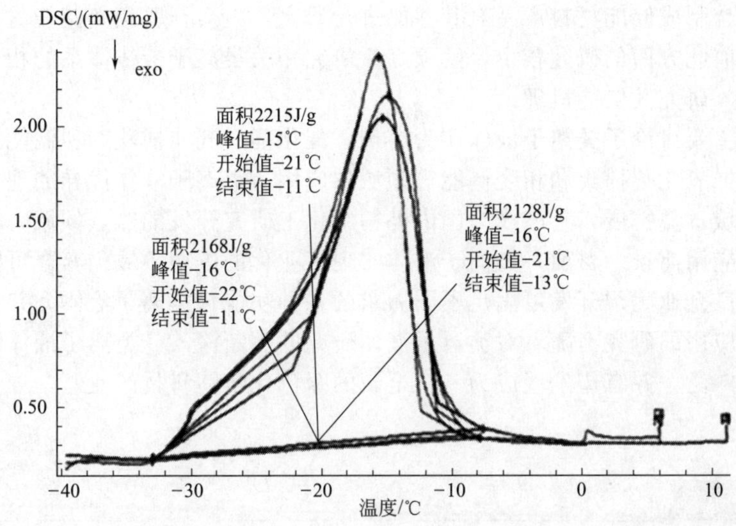

图 5.28 乙二醇-氯化铵类离子液体相变材料相变过程的差示扫描量热曲线

比热容。红外光谱结果表明混合相变材料中硬脂酸的各个基团和化学键的振动吸收峰仍然存在，硬脂酸与十二水磷酸氢二钠具有非常好的化学相容性。该体系既能解决水合盐的过冷问题，又能适当增加脂肪酸族的比热容，具有互补优势。

李夔宁等[99]用丙三醇、乙酸钠和水按 1∶1∶8 的比例混合得到一种新型类离子液体复合相变蓄冷材料（其差示扫描量热曲线如图 5.29 所示），相变温度为 −14℃，相变潜热为 172J/g，相变温度十分适合在低温领域的应用，且相变潜热值足够大，材料价格低廉，制备容易，无毒无腐蚀性，因此这种材料可以在低温物流、冷库冷藏领域大规模应用。

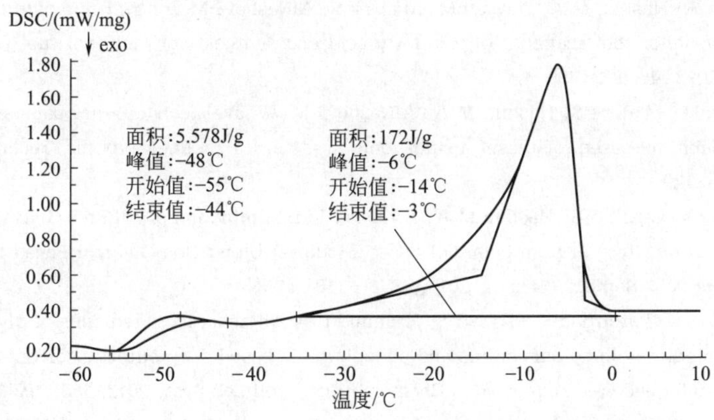

图 5.29 丙三醇-乙酸钠类离子液体差示扫描量热曲线图

氢键供体-水合盐类类离子液体用做相变储能材料具有诸多优点，将其与其他材料复合制成储能材料产品对其性能进行研究，将会开辟相变储能材料的新领域。但目前此方面的研究较少，亟须广泛研究相关类离子液体体系的相变储能性能，并深入研究其储能机理。

本章主要讨论了类离子液体作为溶剂、催化剂、气体捕获剂和储能材料在有机合成、二氧化碳捕集和相变储能等领域的应用。类离子液体优异的理化特性使其应用领域日益扩展，它已成为国内外精细化工研究开发的热点领域，具有广阔的工业化应用前景。目前，类离子液体实现工业化的应用领域仍寥寥可数，科研人员和生产企业亟须开发可满足不同需求的各种功能化类离子液体，并针对性加强工业化应用的研究。随着对类离子液体研究的不断深入，类离子液体的应用前景将更为广泛，并有望发展成为一个全新的绿色化学高科技产业。

参考文献

[1] 龙涛. 生物柴油的绿色制备工艺 [D]. 吉林大学，2010.

[2] Long T, Deng Y F, Gan S C, Chen J. Application of Choline Chloride center dot xZnCl (2) Ionic Liquids for Preparation of Biodiesel [J]. Chin J Chem Eng, 2010, 18 (2): 322-327.

[3] Hayyan A, Hashim M A, Mjalli F S, Hayyan M, AlNashef I M. A novel phosphonium-based deep eutectic catalyst for biodiesel production from industrial low grade crude palm oil [J]. Chem Eng Sci, 2013, 92: 81-88.

[4] Zhao H, Baker G A. Ionic liquids and deep eutectic solvents for biodiesel synthesis: a review [J]. J Chem Technol Biot, 2013, 88 (1): 3-12.

[5] Zhao H, Zhang C, Crittle T D. Choline-based deep eutectic solvents for enzymatic preparation of biodiesel from soybean oil [J]. J Mol Catal B: Enzymatic, 2013, 85-86: 243-247.

[6] 冯锦峰. 离子液体的合成、表征及其对柴油中碱性氮的脱除研究 [D]. 武汉工程大学，2012.

[7] Hayyan A, Hashim M A, Hayyan M, Mjalli F S, AlNashef I M. A novel ammonium based eutectic solvent for the treatment of free fatty acid and synthesis of biodiesel fuel [J]. Ind Crop Prod, 2013, 46: 392- 398.

[8] Hayyan M, Mjalli F S, Hashim M A, AlNashef I M. A novel technique for separating glycerine from palm oil-based biodiesel using ionic liquids [J]. Fuel Process Technol, 2010, 91 (1): 116 -120.

[9] Shahbaz K, Mjalli F S, Hashim M A, AlNashef I M. Elimination of All Free Glycerol and Reduction of Total Glycerol from Palm Oil-Based Biodiesel Using Non-Glycerol Based Deep Eutectic Solvents [J]. Sep Sci Technol, 2013, 48 (8): 1184-1193.

[10] Shahbaz K, Baroutian S, Mjalli F S, Hashim M A, AlNashef I M. Prediction of glycerol removal from biodiesel using ammonium and phosphunium based deep eutectic solvents using arti ficial intelligence techniques [J]. Chemometrics Intell Lab Syst, 2012, 118: 193-199.

[11] Berrios M, Skelton R L. Comparison of purification methods for biodiesel [J]. Chemical Engineering Journal, 2008, 144 (3): 459-465.

[12] Shahbaz K, Mjalli F S, Hashim M A, AlNashef I M. Using Deep Eutectic Solvents Based on Methyl Triphenyl Phosphunium Bromide for the Removal of Glycerol from Palm-Oil-Based

Biodiesel [J] . Energy Fuels, 2011, 25 (6): 2671-2678.

[13] Abrams Christopher, Bertram Bryan.Purification of biodieselI with adsorbent materials, in the dallas group of America, Inc.,2009.

[14] Dub é M A, Tremblay A Y, Liu J. Biodiesel production using a membrane reactor [J] . Bioresour Technol, 2007, 98 (3): 639-647.

[15] Shahbaz K, Mjalli F S, Hashim M A, AlNashef I M. Eutectic solvents for the removal of residual palm oil-based biodiesel catalyst [J] . Sep Purif Technol, 2011, 81 (2): 216-222.

[16] Azizi N, Dezfooli S, Khajeh M, Hashemi M M. Efficient deep eutectic solvents catalyzed synthesis of pyran and benzopyran derivatives [J] . J Mol Liq, 2013, 186: 76-80.

[17] Vidal C, Suárez F J, García-Álvarez J. Deep eutectic solvents (DES) as green reaction media for the redox isomerization of allylic alcohols into carbonyl compounds catalyzed by the ruthenium complex [Ru (η^3: η^3-$C_{10}H_{16}$)Cl_2(benzimidazole)] [J] . Catal Commun, 2014, 44: 76-79.

[18] Ho J Z, Mohareb R M, Ahn J H, Sim T B, Rapoport H. Enantiospecific synthesis of carbapentostatins [J] . Org Chem, 2003, 68: 109-114.

[19] Lombardino J G, Wiseman E H. Preparation and antiinflammatory activity of some nonacidic trisubstituted imidazoles [J] . J Med Chem, 1974, 17 (11): 1182-1188.

[20] Wang L, Zhong X, Zhou M, Zhou W Y, Chen Q, He M Y. One-pot synthesis of polysubstituted imidazoles in a Brønsted acidic deep eutectic solvent [J] . J Chem Res, 2013, 4: 236-238.

[21] Pednekar S, Bhalerao R, Ghadge N. One-pot multi-component synthesis of 1, 4-dihydropyridine derivatives in biocompatible deep eutectic solvents [J] . J Chem Sci, 2013, 125 (3): 615-621.

[22] Abbott A P, Harris R C, Ryder K S, D' Agostino C, Gladden L F, Mantle M D. Glycerol eutectics as sustainable solvent systems [J] . Green Chem., 2011, 13: 82-90.

[23] Phadtare S B, Shankarling G S. Halogenation reactions in biodegradable solvent: Efficient bromination of substituted 1-aminoanthra-9, 10-quinone in deep eutectic solvent (choline chloride : urea) [J] . Green Chem, 2010, 12: 458-462.

[24] Pawar P M, Jarag K J, Shankarling G S. Environmentally benign and energy efficient methodology for condensation: an interesting facet to the classical Perkin reaction [J] .Green Chem, 2011, 13: 2130-2134.

[25] Sonawane Y A, Phadtare S B, Borse B N, Jagtap A R, Shankarling G S. Synthesis of Diphenylamine-Based Novel Fluorescent Styryl Colorants by Knoevenagel Condensation Using a Conventional Method, Biocatalyst, and Deep Eutectic Solvent [J] . Org Lett, 2010, 12 (7): 1456-1459.

[26] Ilgen F, König B. Organic reactions in low melting mixtures based on carbohydrates and L-carnitine—a comparison [J] . Green Chem, 2009, 11: 848-854.

[27] Lobo H R, Singh B S, Shankarling G S. Lipase and Deep Eutectic Mixture Catalyzed Efficient Synthesis of Thiazoles in Water at Room Temperature [J] . Catal Lett, 2012, 142 (11): 1369-1375.

[28] Zhu A L, Jiang T, Han B X, Zhang J C, Xie Y, Ma X M. Supported choline chloride/urea as a heterogeneous catalyst for chemical fixation of carbon dioxide to cyclic carbonates [J] . Green Chem, 2007, 9 (2): 169-172.

[29] Patil U B, Shendage S S, Nagarkar J M. One-Pot Synthesis of Nitriles from Aldehydes Catalyzed by Deep Eutectic Solvent [J] . Synthesis, 2013, 45 (23): 3295-3299.

[30] Handy S, Lavender K. Organic synthesis in deep eutectic solvents: Paal-Knorr reactions [J]. Tetrahedron Lett, 2013, 54 (33): 4377-4379.

[31] Disale S T, Kale S R, Kahandal S S, Srinivasan T G, Jayaram R V. Choline chloride center dot 2ZnCl (2) ionic liquid: an efficient and reusable catalyst for the solvent free Kabachnik-Fields reaction [J]. Tetrahedron Lett, 2012, 53 (18): 2277-2279.

[32] Hu S Q, Zhang Z F, Zhou Y X, Han B X, Fan H L, Li W J, Song J L, Xie Y. Conversion of fructose to 5-hydroxymethylfurfural using ionic liquids prepared from renewable materials [J]. Green Chem, 2008, 10: 1280-1283.

[33] Zhao H, Holladay J E, Brown H, Zhang Z C, Metal Chlorides in Ionic Liquid Solvents Convert Sugars to 5-Hydroxymethylfurfural. Science, 2007, 316: 1597-1600.

[34] Hu S Q, Zhang Z F, Zhou Y X, Song J L, Fan H L, Han B X. Direct conversion of inulin to 5-hydroxymethylfurfural in biorenewable ionic liquids [J]. Green Chem, 2009, 11 (6): 873-877.

[35] Ilgen F, Ott D, Kralisch D, Reil C, Palmberger A, König B. Conversion of carbohydrates into 5-hydroxymethylfurfural in highly concentrated low melting mixtures [J]. Green Chem, 2009, 11: 1948-1954.

[36] Zhang Q H, Vigier K D O, Royer S, Jérôme F. Deep eutectic solvents: syntheses, properties and applications [J]. Chem Soc Rev, 2012, 21: 7108-7146.

[37] Vigier K D O, Benguerba A, Barrault J, Jérôme F. Conversion of fructose and inulin to 5-hydroxymethylfurfural in sustainable betaine hydrochloride-based media [J]. Green Chem, 2012, 14: 285-289.

[38] Abbott A P, Bell T J, Handa S, Stoddart B. O-Acetylation of cellulose and monosaccharides using a zinc based ionic liquid [J]. Green Chem, 2005, 7 (10): 705-707.

[39] Abbott A P, Ballantyne A D, Conde J P, Ryder K S, Wise W R. Salt modified starch: sustainable, recyclable plastics [J]. Green Chem, 2012, 14: 1302-1307.

[40] Chen Z Z, Zhou B, Cai H H, Zhu W, Zou X Z. Simple and efficient methods for selective preparation of α-mono or α, α-dichloroketones and β-ketoesters by using DCDMH [J]. Green Chem, 2009, 11: 275-278.

[41] Abbott A P, Capper G, Davies D L, Rasheed R K, Tambyrajah V. Quaternary ammonium zinc-or tin-containing ionic liquids: water insensitive, recyclable catalysts for Diels-Alder reactions [J]. Green Chem, 2002, 4: 24-26.

[42] Morales R C, Tambyrajah V, Jenkins P R, Davies D L, Abbott A P. The regiospecific Fischer indole reaction in choline chloride · $2ZnCl_2$ with product isolation by direct sublimation from the ionic liquid [J]. Chem Commun, 2004, 158-159.

[43] Xie Y T, Hou R S, Wang H M, Kang I J, Chen L C. An Efficient Protocol for the Synthesis of N-Alkyl- and N-Arylimides Using the Lewis Acidic Ionic Liquid Choline Chloride. $ZnCl_2$(2) [J]. J Chin Chem Soc, 2009, 56 (4): 839-842.

[44] Azizi N, Manocheri Z. Eutectic salts promote green synthesis of bis (indolyl) methanes [J]. Res Chem Intermed, 2012, 38 (7): 1495-1500.

[45] Azizi N, Dezfooli S, Hashemi M M. Chemoselective synthesis of xanthenes and tetraketones in a choline chloride-based deep eutectic solvent [J]. C R Chim, 2013, 16 (11): 997-1001.

[46] Gorke J T, Srienc F, Kazlauskas R J. Hydrolase-catalyzed biotransformations in deep eutectic solvents [J]. Chem Commun, 2008: 1235-1237.

[47] Durand E, Lecomte J, Baréa B, Piombo G, Dubreucq E, Villeneuve P. Evaluation of deep eu-

tectic solvents as new media for *Candida Antarctica* B lipase catalyzed reactions [J]. Process Biochem, 2012, 47 (12): 2081-2089.

[48] Lindberg D, Revenga M D L F, Widersten M. Deep eutectic solvents (DESs) are viable cosolvents for enzyme-catalyzed epoxide hydrolysis [J]. J Biotechnol, 2010, 147 (3-4): 169-171.

[49] Zhao Hua, Baker G A, Holmes S. Protease activation in glycerol-based deep eutectic solvents [J]. J Mol Catal B: Enzymatic, 2011, 72 (3-4): 163-167.

[50] Gutiérrez M C, Ferrer M L, Yuste L, Prof F R, Monte F D. Bacteria incorporation in deep-eutectic solvents through freeze-drying [J]. Angew Chem Int Ed, 2010, 49 (12): 2158-2162.

[51] Wang S M, Li Y W, Feng X J, Li Y G, Wang E B. New synthetic route of polyoxometalate-based hybrids in choline chloride/urea eutectic media [J]. Inorg Chim. Acta, 2010, 363 (7): 1556-1560.

[52] Wang S M, Chen W L, Wang E B. Two chain like B-type-anderson-based hybrids synthesized in choline chloride/urea eutectic mixture [J]. J Clust Sci, 2010, 21 (2): 133-145.

[53] Wang S M, Chen W L, Wang E B, Li Y G, Jia F X, Liu L, Three new polyoxometalate- based hybrids prepared from choline chloride/urea deep eutectic mixture at room temperature [J]. Inorg Chem Commun, 2010, 13 (8): 972-975.

[54] Liu L, Wang S M, Chen W L, Lu Y, Li Y G, Wang E B. A high nuclear lanthanide-containing polyoxometalate aggregate synthesized in choline chloride/urea eutectic mixture [J]. Inorg Chem Commun, 2012, 23: 14-16.

[55] Li L M, Cheng K, Wang F, Zhang J. Ionothermal synthesis of chiral metal phosphite open frameworks with in situ generated organic templates [J]. Inorg Chem, 2013, 52 (10): 5654-5656.

[56] Himeur F, Stein I, Wragg D S, Slawin A M Z, Lightfoot P, Morris R E. The ionothermal synthesis of metal organic frameworks, Ln $(C_9O_6H_3)((CH_3NH)_2CO)_2$ using deep eutectic solvents [J]. Solid State Sci, 2010, 12 (4): 418-421.

[57] Liao J H, Wu P C, Bai Y H. Eutectic mixture of choline chloride urea as a green solvent in synthesis of a coordination polymer: $[Zn(O_3PCH_2CO_2)]\cdot NH_4)$ [J]. Inorg Chem Commun, 2005, 8 (4): 390-392.

[58] 李西平. 醇/季铵盐组成的低共熔混合物中磷酸铝分子筛的合成规律研究. 太原理工大学 [D]. 2010.

[59] 张红艳，离子液体体系中磷酸盐分子筛的合成及其特性 [D]. 太原理工大学硕士学位论文，2007.

[60] 亢春喜. 杂原子磷酸铝分子筛的离子热合成、表征及催化作用 [D]. 兰州理工大学，2011.

[61] Cooper E R, Andrews C D, Wheatley P S, Webb P B, Wormald P, Morris R E. Ionic liquids and eutectic mixtures as solvent and template in synthesis of zeolite analogues [J]. Nature, 2004, 430: 1012-1016.

[62] Drylie E A, Wragg D S, Parnham E R, Wheatley P S, Slawin A M Z, Warren J E, Morris R E. Ionothermal Synthesis of Unusual Choline-Templated Cobalt Aluminophosphates [J]. Angew Chem Int Ed, 2007, 46 (41): 7839-7843.

[63] Liu L, Kong Y, Xu H, Li J P, Dong J X, Lin Z. Ionothermal synthesis of a three-dimensional zinc phosphate with DFT topology using unstable deep-eutectic solvent as template-delivery agent [J]. Microporous Mesoporous Mat, 2008, 115 (3): 624-628.

[64] Taubert J, Keswani M, Raghavan S. Post-etch residue removal using choline chloride-malonic acid deep eutectic solvent (DES) [J]. Microelectron Eng, 2013, 102: 81-86.

[65] Lawes S D A, Hainsworth S V, Blake P, Ryder K S, Abbott A P. Lubrication of Steel/Steel Con-

tacts by Choline Chloride Ionic Liquids [J]. Tribol Lett, 2010, 37 (2): 103-110.

[66] Morrison H G, Sun C Q C, Neervannan S. Characterization of thermal behavior of deep eutectic solvents and their potential as drug solubilization vehicles [J]. In J Pharm, 2009, 378 (1-2): 136-139.

[67] Maugeri Z, Leitner W, Mar ía P D D. Practical separation of alcohol-ester mixtures using Deep-Eutectic-Solvents [J]. Tetrahedron Lett, 2012, 53 (51): 6968-6971.

[68] JosuéDM-M, Gutiérrez M C, Ferrer M Luisa, Sanchez I C, Eduardo A E P, Pojman J A, Monte F Del, Gabriel L B. Deep Eutectic Solvents as Both Active Fillers and Monomers for Frontal Polymerization [J]. J Polymer Sci, Part A: Polymer Chem, 2013, 51 (8): 1767-1773.

[69] Shi Y J, Mu L W, Feng X, Lu X H. Friction and Wear Behavior of CF/PTFE Composites Lubricated by Choline Chloride Ionic Liquids [J]. Tribol Lett, 2013, 49 (2): 413-420.

[70] Kareem M A, Mjalli F S, Hashim M A, Hadj-Kali M K O. Phase equilibria of toluene/heptane with deep eutectic solvents based on ethyltriphenylphosphonium iodide for the potential use in the separation of aromatics from naphtha [J]. J Chem Thermodynamics, 2013, 65: 138-149.

[71] Chen J J, Li W W, Li X L, Yu H. Carbon dioxide capture by aminoalkyl imidazole-based ionic liquid: a com-putational investigation [J]. Phys Chem Chem Phys, 2012, 14 (13): 4589-4596.

[72] Shim Y, Kim H J. MD Study of Solvation in the mixture of a room-temperature ionic liquid and CO_2 [J]. J Phys Chem B, 2010, 114: 10160-10170.

[73] Li X Y, Hou M Q, Han B X, Wang X L, Zou L Z. Solubility of CO (2) in a Choline Chloride + Urea Eutectic Mixture [J]. J Chem Eng Data, 2008, 53 (2): 548-550.

[74] Su W C, Wong D S H, Li M H. Effect of water on solubility of carbon dioxide in (aminomethanamide+ 2-hydroxy-N, N, N-trimethylethanaminium chloride). J Chem Eng Data, 2009, 54 (6): 1951-1955.

[75] Prausnitz J M, Lichtenthaler R N, Azevedo D, E G. Molecular Thermodynamics of Fluid-Phase Equilibria, Prentice-Hall: Englewood Cliffs, NJ, 1986.

[76] Rhoda B, Leron, Caparanga A R, Li M H. Carbon dioxide solubility in a deep eutectic solvent based on choline chloride and urea at T= 303.15-343.15 K and moderate pressures [J]. J Taiwan Inst Chem Eng, 2013, 44 (6): 879-885.

[77] Kamps Á P S, Tuma D, Xia J Z, Maurer G. Solubility of CO_2 in the ionic liquid [bmim] [PF_6] [J]. J Chem Eng Data, 2003, 48 (3): 746-749.

[78] Zhang S J, Yuan X L, Chen Y H, Zhang X P. Solubilities of CO_2 in 1-butyl-3-methylimidazolium hexafluorophosphate and 1, 1, 3, 3-tetramethylguanidium lactate at elevated pressures [J]. J Chem Eng Data, 2005, 50 (5): 1582-1585.

[79] Aki S N V K, Mellein B R, Saurer E M, Brennecke J F. High-pressure phase behavior of carbon dioxide with imidazolium-based ionic liquids [J]. J Phys Chem B, 2004, 108 (52): 20355-20365.

[80] Rhoda B, Leron, Li M H. Solubility of carbon dioxide in a choline chloride-ethylene glycol based deep eutectic solvent [J]. Thermochim Acta, 2013, 551: 14-19.

[81] Li W J, Zhang Z F, Han B X, Hu S Q, Song J L, Xie Y, Zhou X S. Switching the basicity of ionic liquids by CO_2 [J]. Green Chem, 2008, 10: 1142-1145.

[82] Lin C M, Leron R B, Caparanga A R, Li M H. Henry' s constant of carbon dioxide-aqueous deep eutectic solvent (choline chloride/ethylene glycol, choline chloride/glycerol, choline chloride/malonic acid) systems [J]. J Chem Thermodyn, 2014, 68: 216-220.

[83] Liu B Y, Wei F X, Zhao J J, Wang Y Y. Characterization of amide-thiocyanates eutectic ionic

liquids and their application in SO_2 absorption [J]. RSC Adv, 2013, 3 (7): 2470-2476.

[84] Markusson H, Belieres J P, Johansson P, Angell C A, Jacobsson P. Prediction of macroscopic properties of protic ionic liquids by ab initio calculations [J]. J Phys Chem A, 2007, 111 (35): 8717-8723.

[85] Yang D Z, Hou M Q, Ning H, Zhang J L, Ma J, Yang G Y, Han B X. Efficient SO_2 absorption by renewable choline chloride-glycerol deep eutectic solvents [J]. Green Chem., 2013, 15: 2261-2265.

[86] 于永生，井强山，孙雅倩，低温相变储能材料研究进展，化工进展，2010,29 (5)：896-901.

[87] 李卫萍，阮德水，胡起柱，张太平．$CaCl_2 \cdot 6H_2O$-$MgCl_2 \cdot 6H_2O$ 多温截面的研究．华中师范大学学报:自然科学版，1998，32 (1)：74-76.

[88] 李碧海，室温熔盐水合物相变储能材料的理论和实验研究 [D]. 湖南大学，2008.

[89] Andrew P Abbott, Glen Capper, David L. Davies, Raymond K. Rasheed and Vasuki Tambyrajah. Novel solvent properties of choline chloride/urea mixtures. CHEM. COMMUN. 2003: 70-71.

[90] Abbott A P, Davies D L, Capper G, Rasheed R K, Tambyrajah V. WO02 /26701A2, 2002.

[91] K.Shahbaz, F. S. Mjalli, M. A. Hashim, I. M. AlNashef, Prediction of deep eutectic solvents densities at different temperatures, Thermochim. 2011, 515: 67-72.

[92] Wujie Guo, Yucui Hou, Shuhang Ren, Shidong Tian, Weize Wu. Formation of Deep Eutectic Solvents by Phenols and Choline Chloride and Their Physical Properties. J. Chem. Eng. Data. 2013, 58: 866-872.

[93] Adeeb Hayyan, Farouq S. Mjalli, Inas M. AlNashef, Yahya M. Al-Wahaibi, Talal Al-Wahaibi, Mohd Ali Hashim. Glucose-based deep eutectic solvents: Physical properties. Journal of Molecular Liquids. 2013, 178: 137-141.

[94] Z. Maugeri, P. D. de Maria, Novel choline-chloride-based deep-eutectic- solvents with renewable hydrogen bond donors: levulinic acid and sugar-based polyols RSC Adv. 2012, 2: 421-425.

[95] Andrew P. Abbott, David Boothby, Glen Capper, David L. Davies, Raymond K. Rasheed, Deep Eutectic Solvents Formed between Choline Chloride and Carboxylic Acids: Versatile Alternatives to Ionic Liquids. J. AM. CHEM. SOC. 2004, 126: 9142-9147.

[96] Yawei Hou, Yingying Gu, Sumei Zhang, Fan Yang, Hanming Ding, Yongkui Shan. Novel binary eutectic mixtures based on imidazole. Journal of Molecular Liquids. 2008, 143: 154-159.

[97] 杨颖，沈海英. 复合低温相变蓄冷材料的实验研究. 低温物理学报，2009，31 (2)：144-147.

[98] 唐志伟，赵化涛，陈志锋. 硬脂酸与 $Na_2HPO_4 \cdot 12H_2O$ 混合相变材料储能性能. 北京工业大学学报，2009，35 (6)：809-814.

[99] 李夔宁，郭宁宁，王贺. 有机相变蓄冷复合材料的研究. 化工新型材料，2009，37 (4)：87-88.

第6章

理论计算在类离子液体结构与性质研究中的应用

用于研究类离子液体体系的理论计算方法主要有量子化学方法和分子动力学模拟方法等。量子化学方法是通过近似地求解薛定谔方程得到分子的势能面及电子运动波函数，进而通过计算得到分子的键能、几何构型、标准生成焓、偶极矩及电荷分布等性质。此方法可以从微观角度描述原子核和电子的运动规律，所计算的体系为平衡态单分子体系或由几个小分子构成的简单体系，主要有从头计算和密度泛函方法。量子化学计算在分子、电子水平上对类离子液体的结构、性质等进行理论研究，分子动力学模拟方法可以从分子间相互作用出发，研究类离子液体的微观结构、热力学和动力学性质。它是一种建立在经典力学基础上的模拟方法，该法通过采用原子间的相互作用势来模拟分子间的运动，之后通过解运动方程得到分子在不同时刻的动量、位置及周期边界条件，进而来模拟实际的运动体系[1]。

量子化学计算和分子动力学模拟方法能够获得类离子液体结构、性质、光谱信息等，为研究类离子液体结构与性质的关系、离子对的作用形式、振动模式和频率以及设计功能性类离子液体提供理论依据。

6.1 密度泛函理论在类离子液体结构和性质研究中的应用

现有常规分析技术，如核磁共振、红外光谱、质谱和拉曼光谱等，是类离子液体结构解析使用的常规手段，单从实验分析角度很难对类离子液体中离子及配合物的结构和电沉积机理做精细测定和深入的研究。上述的常规分析技术，在一定程度上促进了人们对类离子液体结构的认知，但有一些自身的局限性，要想深入地对类离子液体结构进行研究还需要借助其他新的方法和手段。

氯化胆碱能与尿素、甘油、乙二醇、六水氯化镁、六水氯化铬等能够形成典型的类离子液体，然而关于类离子液体中物种的存在形式、中性配体的配位形式等，报道较少。物种的存在形式对类离子液体中电沉积过程具有重要的影响，对类离子液体结构的研究，有利于解释类离子液体的形成机理、电化学机理等。

密度泛函理论（density functional theory，DFT）是一种研究多电子体系结构的量子化学方法，利用本方法可以从原子和分子水平上研究反应粒子的几何结构。密度泛函理论本身对电子相关性做了考虑，故该方法对处理含有金属（尤其是过渡金属）元素的体系具有一定的优势，目前已成为研究金属化学反应途径和电化学过程的有力手段[2,3]。利用此方法，可从原子和分子水平上对类离子液体的微观结构做精细研究，为类离子液体的性质及电化学机理等研究，提供一些可能的帮助。

6.1.1 计算方法基础

6.1.1.1 密度泛函理论基础

在统计物理平均场近似的理论框架下，Hartree 和 Fock 提出了较广泛应用于固体物理化学的 Hartree-Fock 方法。利用自洽的理论方法，Hartree-Fock 方法在经过大量的迭代后可以得到收敛的结果，这是处理固体物理学中多电子体系比较实用而且成功的数值方法。但是这种迭代算法随着电子数的增加，其计算量也在逐渐增加，相应的难度也会加大。另外，Hartree-Fock 方法忽略掉了电子之间的关联作用，这使得它的应用受到较大的限制。鉴于此，1964 年 Hohenberg、Kohn 和 Sham[4,5]提出了关于非均匀电子气的密度泛函理论，证明了电子的能量由电子的密度决定。因此，可以通过电子密度的计算得到所有的电子结构信息而无需处理复杂的多体电子波函数，用三个空间变量就可以描述电子结构，该方法称为密度泛函理论。

DFT 是求解单电子体系比较严格和精确的理论，它不仅为多电子问题转化为单电子问题奠定基础，而且通过这一转化在很大程度上减少了计算量，使得利用该方法进行多电子系统的研究成为可能。DFT 适用于大量不同类型的多电子系统，利用电子基态能量与原子核位置的关系可以预测分子或晶体的结构，而当原子不处于它的平衡位置时，DFT 计算可以给出在原子核位置上的力。因此，DFT 可以用来解决固体物理中的许多问题，如电离势的计算、振动光谱的解析、化学反应的模拟、催化活性位点的预测及固体中的相变等。DFT 提供了第一性原理计算的基本框架，为了精确描述计算框架，Hohenberg-Kohn 定理和 Kohn-Sham 方程得以提出，在这一框架下又可以发展各式各样的能量计算方法，如 LDA、GGA、Hybrid 等。

(1) Hohenberg-Kohn 定理　Hohenberg 和 Kohn 于 1964 年提出了关于非均匀电子气理论，在此基础上建立了严格的密度泛函理论。密度泛函理论的关键之处是将电子密度分布作为试探函数，而不再是将电子波函数作为分布试探函数，以总能量表示为电子密度的泛函。密度泛函理论的基本思想是将原子、分子和固体的基本物理性质用电子的密度函数来描述。为了从理论上获得电子密度对总能量分布的泛函数，Hohenberg 和 Kohn 提出了以下两个基本定理：

定理 1：不计自旋的全同费米子系统的基态能量是粒子密度函数 $n(r)$ 的唯一泛函。

定理 2：能量泛函 $E(\rho)$ 在粒子数不变的条件下对正确的粒子数密度函数 $\rho(r)$取极小值，并等于基态能量。

在 Hohenberg-Kohn 理论中，任何一个多粒子体系在外势 V_{ext}中的哈密顿量可以写做如下表达式：

$$H=-\frac{\hbar^2}{2m_{\mathrm{e}}}\sum_i\nabla_i^2+V_{\mathrm{ext}}+\frac{1}{2}\sum_{i\neq i'}\frac{e^2}{|r_i-r_{i'}|}\tag{6.1}$$

对应能量泛函的表达式为：

$$E_{\mathrm{HK}}[\rho]=T[\rho]+U[\rho]+\int\mathrm{d}^3rV_{\mathrm{ext}}(r)\rho(r)+E_{\mathrm{II}}\tag{6.2}$$

式中，$T[\rho]$ 和 $U[\rho]$ 包含了相互作用体系的动能和势能，$V_{\mathrm{ext}}(r)$ 包含了核的作用及外场的作用势，E_{II} 为核与核之间的相互作用能。依据定理 2，我们知道对于给定的外势，真实电子密度使能量泛函 $E(\rho)$ 取得极小值。但上述方程中的 T 和 U 的具体形式和求解方法，在此并没有明确地给出，要想进行计算，这一问题亟须解决。

(2) Kohn-Sham 方程　通过分析可知，Hohenberg-Kohn 理论证实了以电子密度为基本变量来计算基态性质的可行性。式(6.2) 中并没有给出 T 和 U 的详细求解形式。1965 年，Kohn 和 Sham 由变分原理提出了一种 T 和 U 可行的求解方法，他们引进了一个与相互作用多电子体系有相同电子密度假想的非相互作用的多电子体系，即 S 体系[5]。

这一假想体系的电子密度定义为单电子波函数的平方和：

$$\rho(r)=\sum_{i=1}|\varphi_i(r)|^2\tag{6.3}$$

假想的无相互作用体系的动能 T_{s} 可以简单地写成各电子的动能之和：

$$T_{\mathrm{s}}=-\frac{\hbar^2}{2m}\sum_{i=1}^{N}\int\mathrm{d}^3r\varphi_i^*(r)\nabla^2\varphi_i(r)\tag{6.4}$$

假想的无相互作用体系的势能只考虑经典的库仑相互作用，这一相互作用在这里定义为电子密度 $\rho(r)$ 与其自身相互作用（Hartree 相）：

$$U_{\mathrm{s}}=U_{\mathrm{H}}=\frac{e^2}{2}\int\mathrm{d}^3r\mathrm{d}^3r'\frac{\rho(r)\rho(r')}{|r-r'|}\tag{6.5}$$

由定理 1 可知，无相互作用体系的基态能量 E_{s} 等于相互作用体系的真实能量 E_{HK}：

$$E_{\mathrm{HK}}=T+U+V_{\mathrm{ext}}=E_{\mathrm{S}}=T_{\mathrm{S}}+U_{\mathrm{H}}+V_{\mathrm{ext}}+E_{\mathrm{xc}}\tag{6.6}$$

由此可以得到：

$$E_{\mathrm{xc}}=T-T_{\mathrm{S}}+U-U_{\mathrm{H}}\tag{6.7}$$

通过上述公式的推导过程可知，交换相关作用能 E_{xc} 是真实的多体相互作用体系与假想的非相互作用体系的动能以及内部相互作用势能之差。这样就可以把所有复杂的相互作用部分放在交换相关作用相中，故可找到合适的交换相关泛函成为密度泛函计算中的关键部分。将能量泛函 $\varphi_i(r)$ 进行变分可以得到 Kohn-Sham 方程：

$$\left[-\frac{\hbar^2}{2m_e}\nabla^2+V_{ext}(r)+V_H(r)V_{xc}(r)\right]\varphi_i(r)=\varepsilon_i\varphi_i(r) \tag{6.8}$$

式中，$V_{ext}(r)$、$V_H(r)$ 和 $V_{xc}(r)$ 分别代表外势，Hartree 势和交换相关势。在 Hohenberg-KohnSham 框架体系下，密度泛函理论将多电子体系转化为有效的单电子体系。其中，Kohn-Sham 方程中的势函数由密度决定，而密度则来自方程本征函数——Kohn-Sham 轨道。故通过迭代求解这一方程，就可得到相互作用体系的电子密度和能量，相应的计算精度取决于交换相关泛函的精确程度。至此，利用密度泛函理论计算多电子体系总能量和电荷密度空间分布可以实现了。

(3) 局域密度近似　在均匀电子气的假设下，交换相关作用是局域的。在此基础上 Kohn 和 Sham 提出了一种简单可行的近似方法——局域密度近似（Local Density Approximation，LDA）。LDA 近似的基本思想是：假定非均匀电子气系统的电荷密度是缓慢变化的，故可以将整个系统分成许多足够小的体积元 dr；近似地认为在每个这样小的体积元中的电荷密度是一个常数 $\rho(r)$，即在该小体积元 dr 中分布的是均匀的无相互作用的电子气体，对于整个非均匀电子气系统而言，各个小体积元的电荷密度则依赖于小体积元在空间所处的位置 r。因此，局域密度近似下的交换关联能可表示为：

$$E_{xc}^{LDA}[\rho]=\int d^3r\rho(r)\varepsilon_{xc}[\rho] \tag{6.9}$$

式中，$\varepsilon_{xc}[\rho]$ 是均匀无相互作用电子气的交换关联能密度。相应的局域交换关联势可以表示为：

$$E_{xc}^{LDA}=\frac{\delta E_{xc}^{LDA}[\rho]}{\delta\rho}=\varepsilon_{xc}[\rho]+\rho(r)\frac{\delta\varepsilon_{xc}[\rho]}{\delta\rho} \tag{6.10}$$

因此，在局域密度近似下，只要知道 $\varepsilon_{xc}[\rho]$ 的具体形式，即可以知道交换关联能 $E_{xc}[\rho]$ 与交换关联势 $V_{xc}[\rho]$。如果需要考虑到电子的自旋极化，则交换关联势也依赖于电子的自旋密度：

$$E_{xc}^{LDA}[\rho^{\uparrow},\rho^{\downarrow}]=\int d^3r[\rho^{\uparrow}(r)+\rho^{\downarrow}(r)]\varepsilon_{xc}[\rho^{\uparrow},\rho^{\downarrow}] \tag{6.11}$$

上述方程称为局域自旋密度近似（LSDA）。

局域密度近似在大多数材料计算中显示了极大的成功。这主要是由于交换关联能在总能量中占的比重较小，另外也是因为在电子密度变化不大的体系中，基于均匀电子气模型的 LDA 计算是很好的近似方法。但是，对于与均匀电子气或空间缓慢变化的电子气相差太远的系统，LDA 会出现较大的误差。

6.1.1.2 广义梯度近似

局域密度近似（LDA）是基于均匀电子气理论，它对非局域的 E_{xc} 进行局域密度近似。因此，对于真实体系如果用梯度展开 E_{xc}，则可以更好地考虑了其电子密度的不均匀性。在广义梯度近似下（Generalized Gradient Approximation, GGA），交换关联能不只是电子密度 $\rho(r)$ 的泛函，也是其密度梯度 $|\nabla\rho|$ 的泛函，其基本表达式为：

$$E_{xc}^{GGA}=\int d^3 r\rho(r)\varepsilon_{xc}[\rho(r), |\nabla\rho(r)|] \tag{6.12}$$

与 L(S)DA 相比，GGA 改进了原子的交换相关能的计算结果，在凝聚态物理及化学领域得到了广泛的应用。到目前为止，人们已经发展了多种 GGA 的形式，其中 Perdew-Wang[6]，Perdew-Burke-Ernzerhof(PBE) 的计算方法[7]较为常用。

6.1.1.3 轨道泛函

LDA 和 GGA 的发展使得密度泛函理论得到了广泛的应用。但对于一些特殊体系，如过渡金属氧化物以及稀土金属元素和它们的化合物等一些强关联体系，LDA 和 GGA 并不能给出正确的计算结果。这主要是源于在通常的密度泛函计算的平均场近似中，认为能带的自旋分裂是交换分裂能 I 决定的，且其大小通常为 1eV，能带采用交换分裂后，对于某些含有 d 电子的氧化物，计算显示其为金属性质，但是实验测得它们实际上属于绝缘体。这种大的能带计算误差，主要原因在于氧化物中 d 电子轨道的能级位置不是由 I 决定，而是由 Hubbard 参数 U 决定。U 也称为在位库仑（On-site Coulomb）作用能，其数值相当于将两个电子放到空间同一位置所需要的能量，一般在 10eV 左右或更小。因此，选用如此大的分裂能足以将连续分布的 d 能级分开，从而得到正确的基态。

目前逐渐被人们采用的 LDA(GGA)＋U 方法就是针对在某些（如过渡金属）占据态上存在着强烈的在位库仑排斥的定域轨道（如 d 或 f）而引入的。LDA(GGA)＋U 方法的核心思想是：将所研究体系的轨道分成两个子体系，其中一个子体系用一般的密度泛函方法就可以描述，另一个体系包括原子周围的定域轨道（如 d 或 f 轨道），对于此类轨道，能带的分裂选用 Hubbard 模型，电子间的关联能用有效 U 值表示。整体计算时，先扣除原来密度泛函计算中包含的部分关联能，并用一个新的 U 来表示。

采用 LDA(GGA)＋U 方法进行计算，可以有效地解决目前常规 DFT 算法对材料能带结构计算偏小的问题，尤其是针对禁带宽度计算时偏小的问题。

6.1.1.4 计算基组

量子化学中的基组是用于描述体系波函数的若干具有一定性质的函数。基组是量子化学从头计算的基础，在量子化学中有着非常重要的意义。基组的概念最早脱胎于原子轨道，随着量子化学的发展，基组的概念已经大大扩展，现已不局限于原子轨道的原始概念。在量子化学计算中，根据体系的不同，需要选择不同的基组，构成基组的函数越多，基组便越大，计算的精度也越高，计算量也随之增大。

(1) 斯莱特型基组　斯莱特型基组组织形式为：

$$\phi_{1s}^{SF}=\left(\frac{\zeta^3}{\pi}\right)^{\frac{1}{2}}\exp(-\zeta|\vec{r}|-\vec{R}_A) \tag{6.13}$$

斯莱特型基组是比较原始的基组，函数形式满足接近原子核的 cusp 条件，但难以计算多中心双电子积分。随着高斯型基组的引进，斯莱特型基组在以波函数为基础的计算方法（HF 及 Post-HF）中很少使用。在密度泛函理论中，因为计算方式的不同，仍然有一定的用途，如 ADF 程序包支持斯莱特型基组。

(2) 高斯型基组　高斯型基组用高斯函数替代了原来的斯莱特函数，其形式如下：

$$\phi_{1s}^{SF}(\partial,\vec{r}-\vec{R}_A)=\left(\frac{2\partial}{\pi}\right)^{\frac{3}{4}}\exp(-\partial|\vec{r}-\vec{R}_A|^2) \tag{6.14}$$

高斯型函数可以将三中心和四中心的双电子积分转化为二中心的双电子积分，因而可以相对程度上简化计算，但是高斯型函数并不满足原子核处波函数的 cusp 条件，直接使用高斯型函数构成基组的精度不及斯莱特型基组。

(3) 压缩高斯型基组　压缩高斯基组是用压缩高斯型函数构成的量子化学基组。为了弥补高斯型函数在 $\vec{r}=0$ 处行为的巨大差异，量子化学家使用多个高斯型函数进行线性组合，以组合获得的新函数作为基函数参与量子化学计算，这样获得的基组一方面可以较好地模拟原子轨道波函数的形态，另一方面可以利用高斯型函数较好的计算性质，将三中心和四中心的双电子积分轻易转化为二中心的双电子积分，因而可以在相当程度上简化计算。压缩高斯型基组是目前应用最多的基组，根据研究体系的不同性质，量子化学家会选择不同形式的压缩高斯型基组进行计算。

① 最小基组。最小基组又叫 STO-*N*G 基组，STO 是斯莱特型原子轨道的缩写，*N*G 表示每个斯莱特型原子轨道是由 *N* 个高斯型函数线性组合获得。STO-2G 基组是规模最小的压缩高斯型基组。其中高斯型函数的指数和线性组合系数通过对原子进行 HF 方程进行自洽场计算，得到最低能量。

② 劈裂价键基组。要提高量子化学计算精度，必须加大基组的规模，即增加基组中基函数的数量，增大基组规模的一个方法是劈裂原子轨道，也就是使用多个基函数来表示一个原子轨道。

劈裂价键基组就是应用上述方法构造的较大型基组，所谓劈裂价键就是将价层电子的原子轨道用两个或两个以上基函数来表示。常见的劈裂价键基组有 3-21G、4-21G、4-31G、6-31G、6-311G 等，在这些表示中前一组数字用来表示构成内层电子原子轨道的高斯型函数数目，“-”以后的数字表示构成价层电子原子轨道的高斯型函数数目。如 6-31G 所代表的基组，每个内层电子轨道是由 6 个高斯型函数线性组合而成，每个价层电子轨道则会被劈裂成两个基函数，分别由 3 个和 1 个高斯型函数线性组合而成。

劈裂价键基组能够比 STO-*NG* 基组更好地描述体系波函数，同时计算量也比最小基组有显著的上升，需要根据研究的体系不同而选择相应的基组进行计算。

③ 极化基组。劈裂价键基组不能较好地描述电子云的变形等性质，为了解决这一问题，方便强共轭体系的计算，量子化学家在劈裂价键基组的基础上引入高角动量函数，构成了极化基组。

所谓极化基组就是在劈裂价键基组的基础上添加更高角动量所对应的基函数，如在第一周期的氢原子上添加 p 轨道波函数，在第二周期的 C 原子上添加 d 轨道波函数，在过渡金属原子上添加 f 轨道波函数等等。这些新引入的基函数虽然经过计算没有电子分布，但是实际上会对内层电子构成影响，因而考虑了极化基函数的极化基组能够比劈裂价键基组更好地描述体系。

极化基组的表示方法基本沿用劈裂价键基组，所不同的是需要在劈裂价键基组符号的后面添加 * 号以示区别，如 6-31G** 就是在 6-31G 基组基础上扩大而形成的极化基组，两个 * 符号表示基组中不仅对重原子添加了极化基函数，而且对氢等轻原子也添加了极化基函数。

也可以用（ho，lo）的形式来表示基组的极化函数，其中 ho 表示重原子的极化函数选取，lo 表示轻原子极化函数选取。如（3df，3pd）表示对重原子添加 3 个 d 型和 1 个 f 型的基函数，而对轻原子添加 3 个 p 型和 1 个 d 型的基函数。

④ 弥散基组。弥散基组是对劈裂价键基组的另一种扩大。在高斯函数［式(6.14)］中，变量 α 对函数形态有极大的作用，当 α 的取值很大时，函数图像会向原点附近聚集，而当 α 取值很小的时候，函数的图像会向着远离原点的方向弥散，这种 α 很小的高斯函数被称为弥散函数。所谓弥散基组就是在劈裂价键基组的基础上添加了弥散函数的基组，这样的基组可以用于非键相互作用体系的计算。

⑤ 高角动量基组。高角动量基组是对极化基组的进一步扩展，它在极化基组的基础上进一步添加高能级原子轨道所对应的基函数，这一基组通常用于在电子相关方法中描述电子间相互作用。

6.1.1.5 密度泛函理论在类离子液体结构及电沉积研究中的应用

采用 DFT 理论，并通过选用合适的基组，对类离子液体体系中的小分子配位存在形式及物种进行研究，获得小分子及物种稳定存在的形式。在此基础上，Jia 等[8]通过模拟计算获得了谱图，再结合实验过程获得的谱图，二者对比分析进一步确定了物种的存在形式。结合电化学过程实验，最终能够对电化学机理进行有效的研究分析。

6.1.2 六水氯化镁-氯化胆碱类离子液体结构的量化研究

6.1.2.1 计算方法

Jia 等[8] 采用 Gaussian09[9] 量子化学软件包，混合密度泛函采用 B3LYP[10~12]，计算基组采用 6-311＋＋g(＊)[13]，对初始结构进行无限制几何结构全局优化，计算获得了胆碱类离子液体体系中可能存在的二价镁配合物的稳定结构、振动光谱及自然布居分析（NBO）等电子结构信息。同时对振动频谱进行约化因子校正，校正因子为 0.9769[14] 通过获得光谱信息与实验测定的二价镁类离子液体红外光谱数据进行比对，确定了胆碱类离子液体体系中二价镁离子和水分子的主要存在形态。同时对胆碱类离子液体中的电化学过程进行了探讨和解释。

6.1.2.2 相关配合物优化构型

六水氯化镁-氯化胆碱体系中二价镁离子可能以配位离子的形态存在。近年来的研究显示，二价镁离子以六配位的配合物形式存在。贾永忠等研究了六水氯化镁-氯化胆碱体系中，由于六水氯化镁的存在且氯化胆碱与六水氯化镁的摩尔比为 1 ∶ 2，将 $Mg(H_2O)_6^{2+}$、$MgCl_1(H_2O)_5^{+}$、$MgCl_2(H_2O)_4$、$MgCl_3(H_2O)_3^{-}$、$MgCl_4(H_2O)_2^{2-}$、$MgCl_5(H_2O)_1^{3-}$ 等六种配合物及胆碱阳离子（Ch^+）作为初始构型。进行几何结构全优化和频率计算，把得到的能量最低且最低振动频率为正值的结构确认为目标配合物的稳定构型。各优化结构图如图 6.1 所示，相关的构型参数列于表 6.1。

表 6.1 中所示为优化后各配合物的键长，$MgCl_4(H_2O)_2^{2-}$ 和 $MgCl_5(H_2O)_1^{3-}$ 的 Mg—O 键长在 6.23786～6.23804Å 之间，可知这两种配合物中心镁原子与水分子之间基本没有相互作用。为了进一步研究 Mg—O、Mg—Cl 形成的共价键键长随着配位 Cl 原子数目的不同而引起的变化，平均键长随 Cl 原子数目的变化如图 6.2 所示。

$[MgCl_n(H_2O)_{6-n}]^{2-n}$（$n=0\sim3$）配合物中镁与氧均形成共价键，且 $MgCl_n(H_2O)_{6-n}$（$n=0\sim3$）配合物中的 Mg—O 随着氯配位数的增加而伸长，如图 6.2 所示。当 Cl 原子的配位数达到 3 时，Mg—O 不能形成，Mg—O 之间的相互作用随着 Cl 原子配位数的增加而逐渐减小，当 Cl 原子的配位数目增加到某个值时，Mg—O 就会断裂消失。这一相互作用趋势在 Mg—Cl 键的相互作用中也有所体现，Mg—Cl 键随着氯配位数的增加而伸长，当 Cl 原子配位数增加到 4 时，Mg—Cl 就会断裂。这主要是源于镁与 4 个氯形成了四面体结构，空间位阻效应阻止了二价镁离子与水分子的配位，这也体现了类离子液体中水分子及中性配体的存在对物种的配位结构有较大的影响。

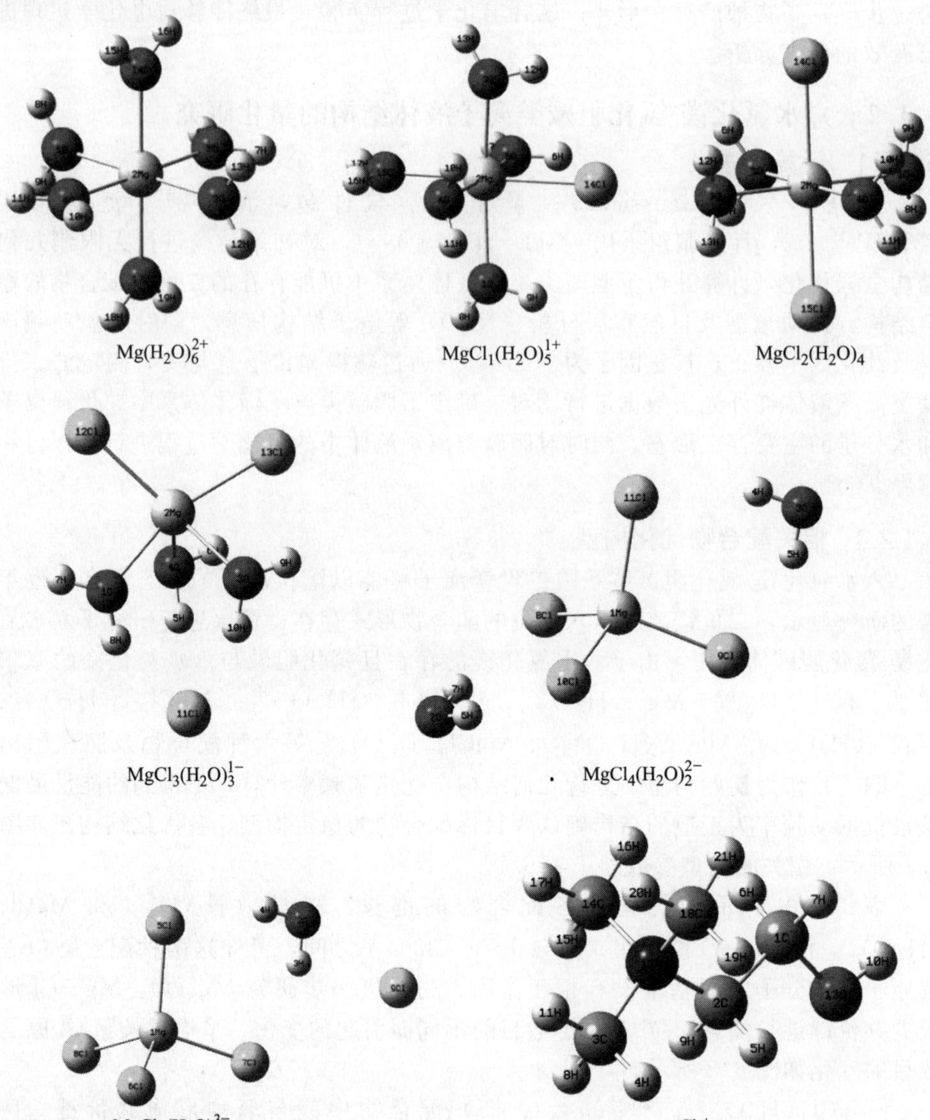

图 6.1 $MgCl_n(H_2O)_{6-n}$ （n=0～5）配合物和氯化胆碱阳离子优化结构

表 6.1 $MgCl_n(H_2O)_{6-n}$ （n=0～5）配合物和氯化胆碱阳离子的主要结构参数

键长(Å)与键角(°)	$Mg(H_2O)_6^{2+}$	$MgCl_1(H_2O)_5^{+}$	$MgCl_2(H_2O)_4$
$r(Mg—OH_2)$	2.10175～2.10255	2.10138～2.13724	2.12894～2.12963
$r(Mg—Cl)$	—	2.35446	2.39493～2.39518
$r(O—H)$	0.96644～0.96647	0.96278～0.97000	0.96488～0.96522
$r(N—C)$	—	—	—

续表

键长(Å)与键角(°)	$Mg(H_2O)_6^{2+}$	$MgCl_1(H_2O)_5^+$	$MgCl_2(H_2O)_4$
r(C—O)	—	—	—
θ(O—Mg—O)	89.96549～179.99126	80.02092～171.89304	89.96674～179.91923
θ(O—Mg—Cl)	—	86.18294～178.05526	89.8132～90.21356
θ(Cl—Mg—Cl)	—	—	179.95753
θ(H—O—H)	107.39940～107.41074	107.7716～109.36951	109.53558～109.57328
θ(C—N—C)	—	—	—

键长(Å)与键角(°)	$MgCl_3(H_2O)_3^-$	$MgCl_4(H_2O)_2^{2-}$	$MgCl_5(H_2O)_1^{3-}$	Ch^+
$r(Mg—OH_2)$	2.10882～2.12337	6.23786～6.23804	6.23786	—
r(Mg—Cl)	2.34248～3.89278	2.41056～2.41100	2.41056～5.84266	—
r(O—H)	0.96213～0.98537	0.97196～0.97204	0.97204～0.97197	0.96502
r(N—C)	—	—	—	1.50722～1.52191
r(C—O)	—	—	—	1.41293
θ(O—Mg—O)	80.60528～95.44821	179.97685	—	—
θ(O—Mg—Cl)	51.88668～161.97499	53.06416～126.94219	26.43738～126.94218	—
θ(Cl—Mg—Cl)	110.44469	106.15924～111.15296	26.80381～126.48999	—
θ(H—O—H)	108.62204～111.68417	102.43812～102.43337	102.43337	—
θ(C—N—C)	—	—	—	107.61449～111.10057

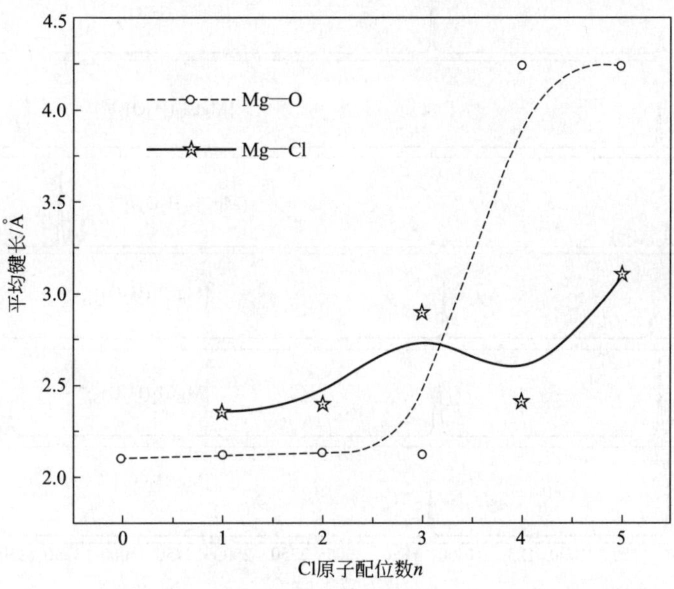

图 6.2 平均键长随 Cl 原子数目的变化趋势

6.1.2.3 配合物振动频率分析

Wang 等[14]将实验合成的六水氯化镁-氯化胆碱体系类离子液体在室温下进行红外测试，波数范围为 400～4000cm^{-1}。将得到的红外谱图与理论计算得到的各个构型的频率进行对比，结果如图 6.3 和表 6.2 所示。实验测定的谱图中，在 400～600cm^{-1}波数之间有较宽且很强的吸收峰出现，这一区域的峰被认为是由多个峰叠加而成。对比理论计算的红外谱图，发现理论计算获得 Ch^+ 在这一区域没有峰值出现，而 $Mg(H_2O)_6^{2+}$、$MgCl_1(H_2O)_5^+$ 和 $MgCl_2(H_2O)_4$ 等三种配合物在本区域有较强的吸收峰值。这些峰主要是配合物中 H_2O 分子的伸缩振动和弯曲振动，以及 Mg—Cl 伸缩振动引起的。实验图谱中 750～1375cm^{-1}波数之间有多个峰出现，从理论计算结果看，Ch^+ 在这一波数范围内有特征峰与之对应，本波数范围内的峰为 Ch^+ 的特征峰，这主要由 C—N 伸缩振动、C—O 伸缩振动和 C—H 的伸缩及弯曲振动引起的。在实验所获得图谱中，1514cm^{-1}波数左右处出现一个较强的特征峰，理论计算 Ch^+ 在这一波数范围内没有特征峰值出现，而理论计算所得的 $MgCl_2(H_2O)_4$、$MgCl_1(H_2O)_5^+$ 在这一区域里有对应的峰值出现，对应的峰值分别在 1566cm^{-1}和 1588cm^{-1}处，这主要由配体水分子中 C—H 的弯曲振动造成的。在实验获得红外谱图中 3000cm^{-1}处出现很宽的吸收

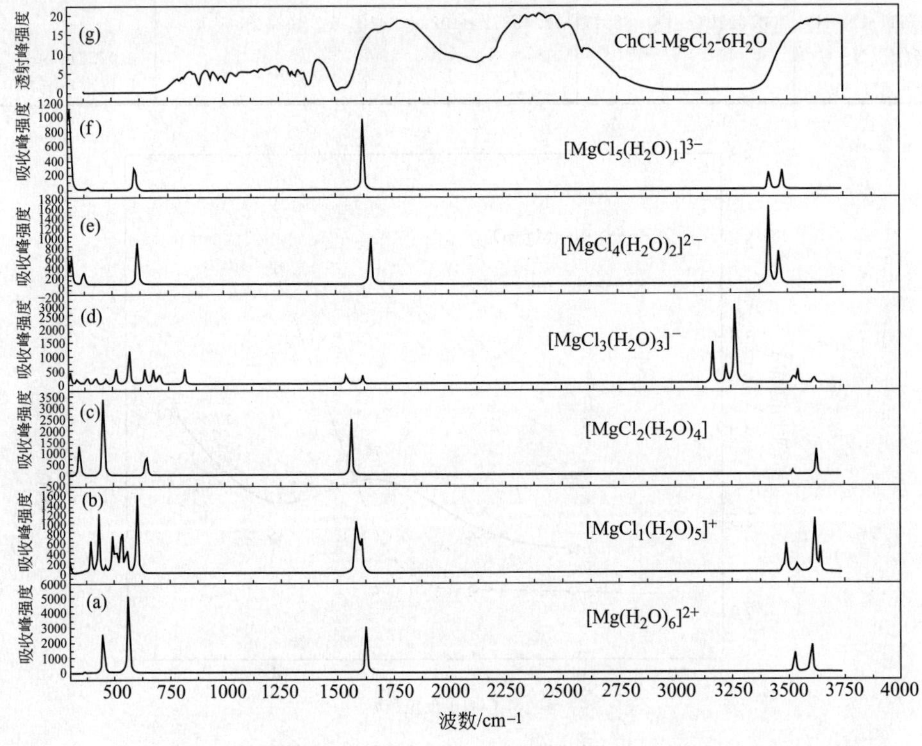

图 6.3 六水氯化镁-氯化胆碱体系的实验及理论计算红外光谱

表 6.2　$MgCl_n(H_2O)_{6-n}$（n=0～5）配合物和氯化胆碱阳离子特征峰实验值与计算值（cm^{-1}）

$MgCl_2\cdot6H_2O$-ChCl	Ch^+	$[Mg(H_2O)_6]^{2+}$	$[MgCl_1(H_2O)_5]^+$	$[MgCl_2(H_2O)_4]$	$[MgCl_3(H_2O)_3]^-$	$[MgCl_4(H_2O)_2]^{2-}$	$[MgCl_4(H_2O)_2]^{3-}$	峰归属
实验值	计算值	计算值	计算值	计算值	计算值	计算值	计算值	
	3553	3530/3604		3627				
			3492/3619			3418	3417/3477	ν(OH)
3000～3300					3170/3267			
	2820/2854							
		1626				1656	1619	
1514			1588	1566				ν(C—C)+ν(C—O)
750～1386	760-1428							ν(OH)+δ(OH)

峰，这是水分子的振动特征峰，同时也体现了类离子液体中存在中性分子这一典型特点。

吸收峰的位置及强度不同，反映出六水氯化镁-氯化胆碱体系中除了存在 Ch^+ 之外，主要还存在 $MgCl(H_2O)_5^+$ 和 $MgCl_2(H_2O)_4$。

6.1.2.4　配合物自然布居分析

化合物的反应活性与分子中原子所带的净电荷的多少有关系，电荷集中的原子就是分子反应的活性中心。原子所带的正电荷越多，受亲核试剂进攻的可能性就越大；反之，原子所带的负电荷越多，其受亲电子试剂进攻的可能性就越大[15]。

Mg(Ⅱ) 与水和 Cl 配位后，Mg(Ⅱ) 与配体之间发生了电子转移。表 6.3 为优化后得到的各构型中 Mg(Ⅱ)、Cl 和 O（与之配位的水中的 O）所带的 NBO 电荷分布。Mg(Ⅱ)NBO 电荷随着配位 Cl 原子数目的变化趋势如图 6.4 所示。

表 6.3　所得的各优化构型中 Mg(Ⅱ)、Cl 和 $O(H_2O)$ 的 NBO 电荷

配合物	Q(Mg)	Q(Cl)	Q(O)
$Mg(H_2O)_6^{2+}$	1.436	—	−0.945，−0.945，−0.945，−0.945，−0.945，−0.945
$MgCl_1(H_2O)_5^+$	1.268	−0.709	−0.926，−0.926，−0.936，−0.936，−0.940
$MgCl_2(H_2O)_4$	1.125	−0.736，−0.736	−0.911，−0.911，−0.911，−0.911
$MgCl_3(H_2O)_3^-$	1.264	−0.711，−0.744，−0.857	−0.961，−0.962，−0.968
$MgCl_4(H_2O)_2^{2-}$	1.143	−0.744，−0.744，−0.744	−0.979，−0.979
$MgCl_5(H_2O)_1^{3-}$	1.135	−0.747，−0.786，−0.795，−0.795，−0.985	−0.965

在形成配合物的过程中，Cl^- 均给出了部分电子与 Mg 成键，随着氯配位数

的增多，镁原子得到电子越多，相应的所带正电荷逐渐减少，结果列于表 6.3 和图 6.4 中。因此随着配位氯原子的增多，中心镁原子受到亲核试剂进攻的可能性减小，镁的还原活性降低。

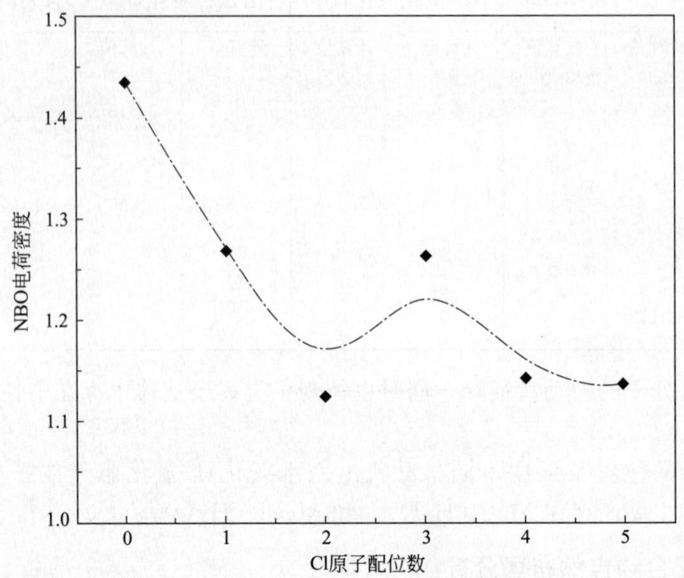

图 6.4　Mg(Ⅱ) NBO 电荷随着配位 Cl 原子数目的变化趋势

6.1.2.5　配合物键离能分析

键离能的大小能够反映出镁的配合物在阴极还原过程中，镁与配体形成的配位键断裂时所需要的能量的多少。对 $MgCl_n(H_2O)_{6-n}$ ($n=0\sim5$) 的各配合物的键离能（BDE）进行了计算，公式如下式所示，相关计算结果列于表 6.4 中。

$$BDE=E_{Mg^{2+}}+\sum E_{H_2O}+\sum E_{Cl^-}-\sum E_{complex} \tag{6.15}$$

表 6.4　$MgCl_n(H_2O)_{6-n}$ ($n=0\sim5$) 各配合物的键离能

配合物	$E_{配合物}$ /E_h	E_{Mg2+} /E_h	$\sum E_{H_2O}$ /E_h	E_{Cl^-} /E_h	BDE /(kcal·mol^{-1})
$Mg(H_2O)_6^{2+}$	−658.452	−199.241	−458.663	—	343.875
$MgCl_1(H_2O)_5^{1+}$	−1042.592	−199.241	−382.219	−460.304	518.323
$MgCl_2(H_2O)_4$	−1426.617	−199.241	−305.776	−920.608	622.489
$MgCl_3(H_2O)_3^{1-}$	−1810.525	−199.241	−229.332	−1380.912	658.886
$MgCl_4(H_2O)_2^{2-}$	−2196.305	−199.241	−152.888	−1841.216	602.409
$MgCl_5(H_2O)_1^{3-}$	−2577.942	−199.241	−76.444	−2301.52	462.475

注：E_h 为哈特里能量，$1E_h=4.359\times10^{-18}$J。

$MgCl_n(H_2O)_{6-n}$ ($n=0\sim5$) 的各配合物的键离能变化趋势与自然键布居数变化，与中心镁原子所带的电荷变化规律基本一致，结果见表 6.4。电荷主要受与之配位的 Cl^- 的影响，由于 Mg—OH_2 比 Mg—Cl 弱，故 H_2O 的配位数变化对各配合物的键离能影响不大。得到的各优化后配合物键离能大小顺序为：$Mg(H_2O)_6^{2+} < MgCl_5(H_2O)^{3-} < MgCl(H_2O)_5^+ < MgCl_4(H_2O)_2^{2-} < MgCl_2(H_2O)_4 < MgCl_3(H_2O)_3^-$。

根据 $MgCl_n(H_2O)_{6-n}(n=0\sim5)$ 的各配合物自然布居分析和键离能计算结果，再结合红外光谱分析，贾永忠等得出了最可能存在的配合物离子为 $MgCl(H_2O)_5^+$ 和 $MgCl_2(H_2O)_4$，$MgCl(H_2O)_5^+$ 的键离能最小，故在电化学过程中只需要较小的活化能，Mg—Cl 键和 $Mg—OH_2$ 键就可能断裂。因此，$MgCl(H_2O)_5^+$ 是阴极附近的活性离子。

6.1.2.6　电沉积过程分析

Wang 等[14]发现，在六水氯化镁-氯化胆碱体系类离子液体电沉积实验过程中，在恒电位条件下，阳极有气体产生，阴极上产生了一定的沉积物。经过 EDS 半定量分析，能谱图上不仅发现了 Mg，而且同时也出现了大量的 O，并且 $n(Mg):n(O)\approx1:2$。经过 X 射线衍射分析，最终产物定性为 $Mg(OH)_2$。相关 EDS 谱图和 X 射线衍射谱图如表 6.5、图 6.5 和图 6.6 所示。

表 6.5　EDS 分析各个元素的有效值

元素	质量百分比/%	原子百分比/%
O	51.50	66.28
Mg	36.99	28.73
Cl	11.05	6.22
Cu	1.58	0.50
Zn	0.87	0.27
总量	100.00	100.00

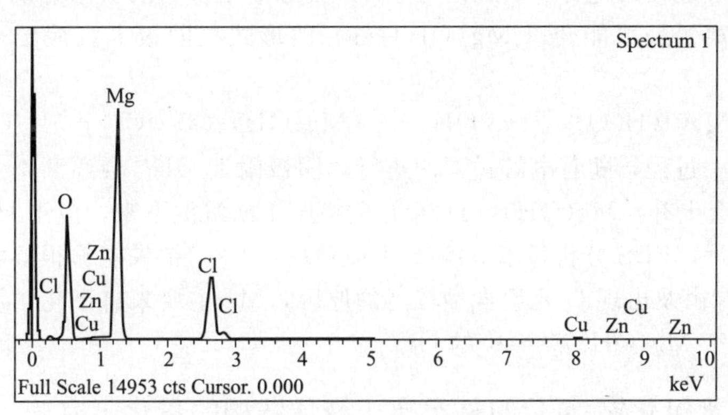

图 6.5　EDS 产物分析图

单纯从实验本身很难解释电极上大量 O 的来源，结合上述的理论计算分析，就可以对这一实验结果进行合理地解释。通过理论计算，贾永忠等认为在六水氯化镁-氯化胆碱体系类离子液体中主要存在 Ch^+、$MgCl(H_2O)_5^+$、

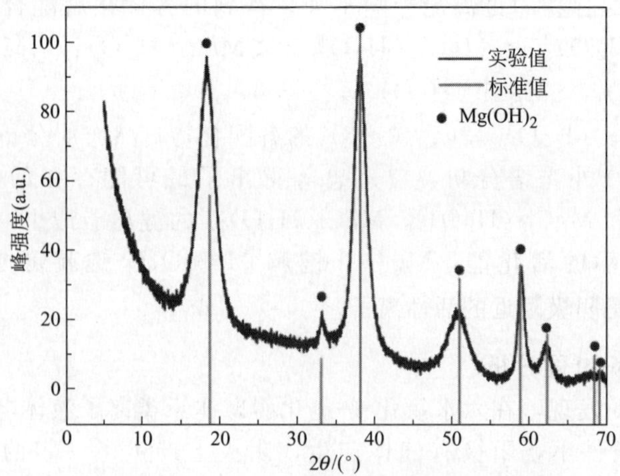

图 6.6 产物的 X 射线衍射分析图

Cl^-、$MgCl_2(H_2O)_4$ 等物种，在电沉积的过程中，相关物质电极电势如下式所示：

$$Mg^{2+}+2e^- \longrightarrow Mg(s) \qquad \varphi^{\ominus}=-2.37V\ (vs\ SHE) \tag{6.16}$$

$$2H_2O+2e^- \longrightarrow H_2(g)+2OH^- \qquad \varphi^{\ominus}=-0.83V\ (vs\ SHE) \tag{6.17}$$

$$2Cl^- -2e^- \longrightarrow Cl_2(g) \qquad \varphi^{\ominus}=1.36V\ (vs\ SHE) \tag{6.18}$$

由于 H_2O 和 Cl^- 的存在，在通电的条件下，H_2O 在阴极进行放电，产生 H_2 和 OH^-，Cl^- 在阳极放电产生 Cl_2。同时 $MgCl(H_2O)_5^{1+}$ 会在阴极附近集聚，随着电解过程的进行，阴极附近 OH^- 会逐渐增多，阴极附近的 pH 值会上升，最终镁离子最可能会以 $Mg(OH)_2(s)$ 的形式在阴极上沉淀出来。如下式所示：

$$[MgCl(H_2O)_5]^+ +2OH^- \longrightarrow Mg(OH)_2(s)+Cl^- +5H_2O \tag{6.19}$$

按照这一过程，随着电解过程的进行，阴极附近 OH^- 会逐渐增多，阴极附近的 pH 值会上升，$Mg(OH)_2(s)$ 会在阴极上不断沉淀下来，由于 H 在 EDS 分析中不会显示，EDS 分析显示 $n(Mg):n(O)\approx1:2$，结果能够很好解释实验中 Mg 的析出缘由及出现 O 元素含量较高的原因，Mg 主要来自于化学沉积，其中 O 元素源自于 $Mg(OH)_2(s)$ 中的 OH^-。

6.1.3 六水氯化铬-氯化胆碱类离子液体结构的量化研究

6.1.3.1 计算方法

崔焱[16]对六水氯化铬-氯化胆碱类离子液体体系中电沉积铬进行了相关的研究工作，计算采用 Gaussian 03W 量子化学软件包中 B3LYP 方法，对 Cr 原子采用 SDDALL 基组，对 C、Cl、H 和 O 采用 6-31+g** 基组，进行了几何结构全优化，计算获得了六水氯化铬-氯化胆碱体系中可能存在的三价铬配合物的稳定结构、振动光谱及自然布居分析（NBO）等电子结构信息。同时对振动频谱进行约化因子校正，通过理论与实验测定的三价铬电解液红外光谱数据进行比对，确定了研究体系中三价铬配合物的结构与其氧化还原反应活性的关系，初步对三价铬电沉积过程中的电活性物质进行了判断。

6.1.3.2　相关配合物优化构型

根据 Abbott 等关于六水氯化铬-氯化胆碱体系中三价铬配合物的研究结果，在该类离子液体中三价铬主要以六配位的配合物形式存在。崔焱在实验中，将 ChCl 与 $CrCl_3 \cdot 6H_2O$ 按照摩尔比值为 1∶2 的条件下合成了六水氯化铬-氯化胆碱类离子液体，并将 $CrCl(H_2O)_5^{2+}$、$CrCl_2(H_2O)_4^{+}$、$CrCl_3(H_2O)_3$、$CrCl_4(H_2O)_2^{-}$、$CrCl_5(H_2O)^{2-}$ 等五种配合物及 Ch^+ 作为初始构型。进行了几何结构全优化和频率计算，把能量最低且振动频率最低为正值的结构确定为目标配合物的稳定构型。各优化结构如图 6.7 所示，构型参数列于表 6.6。

崔焱认为 $CrCl_4(H_2O)_2^{-}$ 构型中的 Cr—O 键长在 3.9387～6.3236Å 之间，铬原子与水分子之间基本没有相互作用，主要是因为 Cr 与 4 个 Cl 形成了四面体结构，空间位阻效应阻止三价铬离子与水分子形成配位。其他 $CrCl_n(H_2O)_{6-n}$（n＝1～5）配合物的铬与氧原子均有成键作用，并且认为除 $CrCl_3(H_2O)_2^{-}$ 外，$CrCl_n(H_2O)_{6-n}$（n＝1～5）配合物 Cr—Cl 键长均随着氯配位数的增加而伸长，Cr—Cl 强度被削弱。

6.1.3.3　配合物振动频率分析

崔焱将实验合成的六水氯化铬-氯化胆碱体系类离子液体在室温下进行红外测试，波数范围为 400～4000cm^{-1}，并将得到的红外谱图与理论计算得到的各个构型的谱图进行对比，如图 6.8 所示。实验测定的谱图中，在 500～750cm^{-1} 波数之间有较宽且很强的吸收峰出现，这一区域的峰认为是由多个峰叠加而成。与理论计算的红外谱图对比后，发现理论计算的 Ch^+ 在这一区域并没有峰出现，而获得的稳定构型中 $CrCl(H_2O)_5^{2+}$、$CrCl_2(H_2O)_4^{+}$ 和 $CrCl_3(H_2O)_3$ 等，这三种配合物在本区域有较强的吸收峰值与之对应，这主要是由配合物中 H_2O 分子的伸缩振动和弯曲振动引起的。在实验图谱中 750～1500cm^{-1} 波数之间有多个峰出现，理论计算结果中 Ch^+ 在这一波数范围内有特征峰与之对应，本波数范围内的峰认为是 Ch^+ 的特征峰，这主要由 C—N 伸缩振动、C—O 伸缩振动、C—H 伸缩及弯曲振动引起的。在实验所获得图谱中 1635cm^{-1} 波数左右处出现一个较强的特征峰，理论计算 Ch^+ 在这一波数范围内没有特征峰值出现，而 $CrCl(H_2O)_5^{2+}$、$CrCl_3(H_2O)_3$、$MgCl_4(H_2O)_2^{-}$ 在这一区域里有对应的峰值出现，对应的峰值分别在 1634m^{-1}、1638cm^{-1} 和 1646cm^{-1} 处，这主要由配体水分子中 C—H 的弯曲振动造成的。在实验获得红外谱

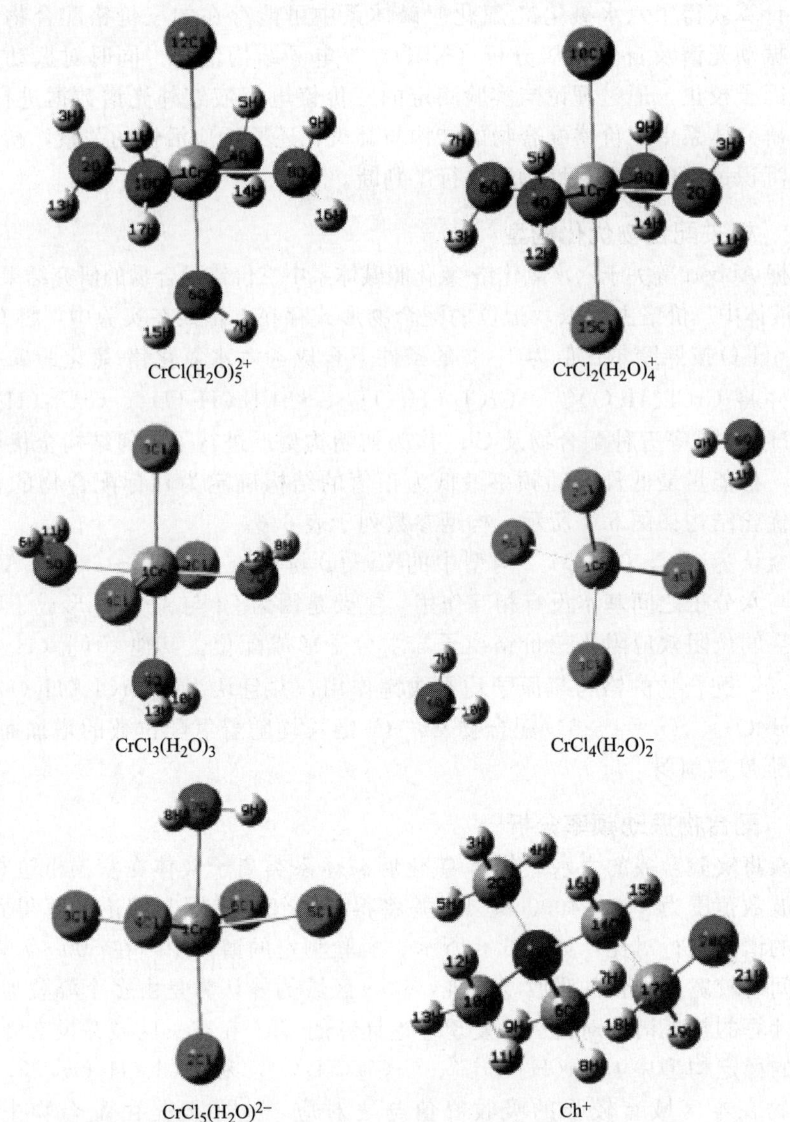

图 6.7　$CrCl_n(H_2O)_{6-n}$（$n=1\sim5$）配合物和氯化胆碱阳离子优化结构

图中 3000cm^{-1}波数处出现了很宽的吸收峰，这是水分子的特征峰，同时也体现了类离子液体中存在中性分子这一典型特点。

吸收峰的位置及强度不同，反映出六水氯化铬-氯化胆碱体系中除了存在 Ch^{+}之外，还存在 $CrCl(H_2O)_5^{2+}$ 和 $CrCl_3(H_2O)_3$。

6.1.3.4　配合物自然布居分析

在前述分析的基础上，崔焱[16]也对铬配合物的自然布居数进行了分析。通

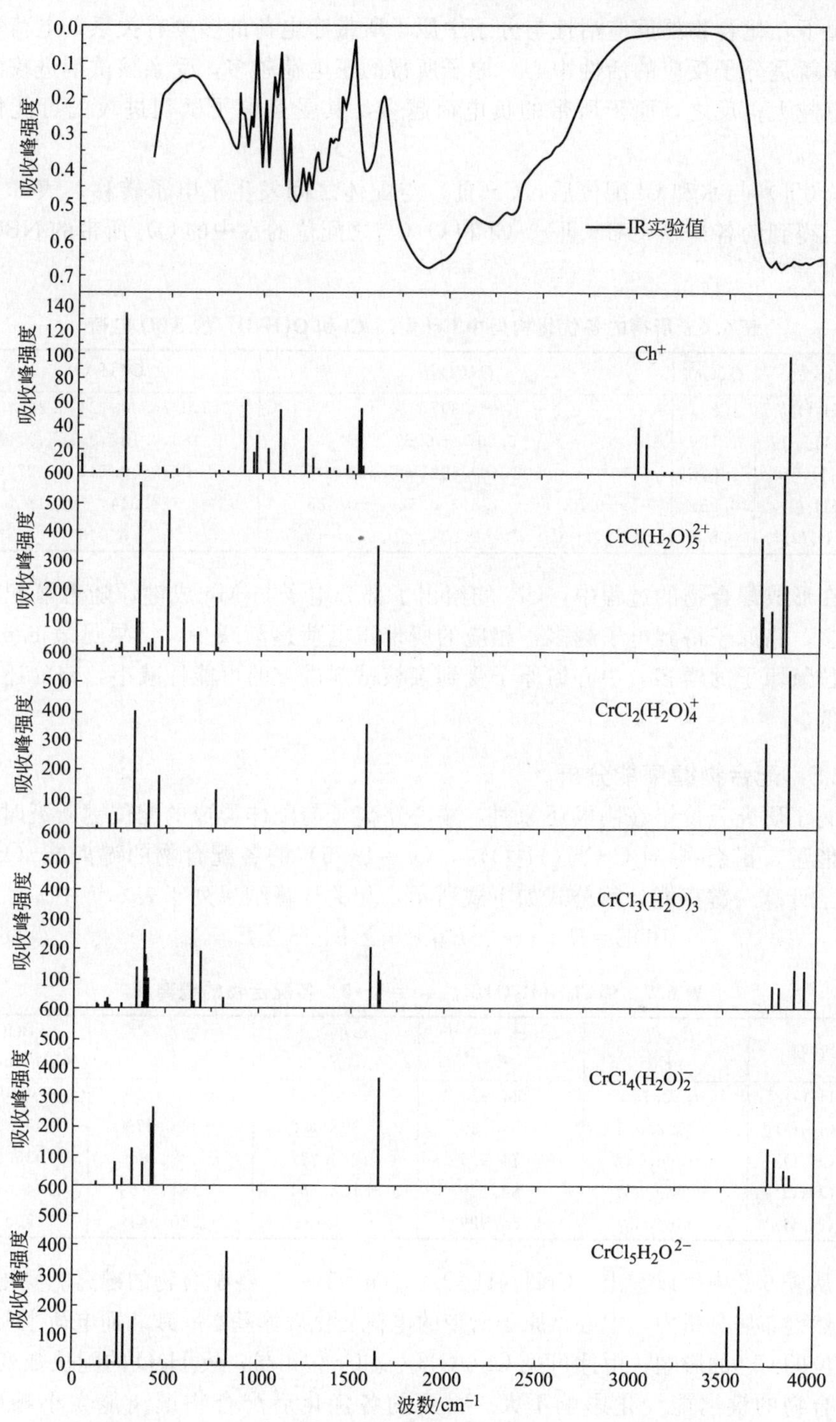

图 6.8 六水氯化铬-氯化胆碱体系的实验及理论计算红外光谱

常情况下，化合物的反应活性与分子中原子所带净电荷的多少有关系，电荷集中的原子就是分子反应的活性中心。原子所带的正电荷越多，受亲核试剂进攻的可能性就越大；反之，原子所带的负电荷越多，其受亲电子试剂进攻的可能性就越大[12]。

Cr(Ⅲ）与水和 Cl 配位后，Cr(Ⅲ）与配体之间发生了电子转移。表 6.6 为优化后得到的各构型中 Cr(Ⅲ)、Cl 和 O（与之配位的水中的 O）所带的 NBO 电荷分布。

表 6.6　所得的各优化构型中 Cr(Ⅲ)、Cl 和 O(H_2O) 的 NBO 电荷

配合物	Q(Cr)	Q(Cl)	Q(H_2O)
$CrCl(H_2O)_5^{2+}$	1.291	−0.397	0.245,0.245,0.124,0.245,0.245
$CrCl_2(H_2O)_4^+$	1.186	−0.467,−0.67	0.188,0.187,0.188,0.187
$CrCl_3(H_2O)_3$	1.035	−0.502,−0.462,−0.502	0.155,0.147,0.127
$CrCl_4(H_2O)_2^-$	0.958	−0.521,−0.438,−0.529,−0.438	−0.014,−0.018
$CrCl_5(H_2O)^{2-}$	0.836	−0.510,−0.557,−0.631,−0.634,−0.552	0.049

在形成配合物的过程中，Cl^- 均给出了部分电子与 Mg 成键，随着氯配位数的增多，铬原子得到电子越多，相应的所带正电荷逐渐减少，结果见表 6.6。随着配位氯原子的增多，中心铬原子受到亲核试剂进攻的可能性减小，铬的还原活性降低。

6.1.3.5　配合物键离能分析

为了研究三价铬在阴极还原时，中心铬离子与配体形成的配位键断裂时所需要的能量，崔焱[16]对 $CrCl_n(H_2O)_{6-n}$（n=1～5）的各配合物的键离能（BDE）进行了计算。键离能计算公式如下式所示，相关计算结果列于表 6.7 中。

$$BDE=E_{Cr^{3+}}+\sum E_{H_2O}+\sum E_{Cl}+\sum E_{complex} \tag{6.20}$$

表 6.7　$CrCl_n$（H_2O)$_{6-n}$（n=1～5）各配合物的键离能

配合物	$E_{配合物}$ /E_h	$E_{Cr^{3+}}$ /E_h	$\sum E_{H_2O}$ /E_h	$\sum E_{C}^{1-}$ /E_h	BDE /(kal·mol^{-1})
$CrCl(H_2O)_5^{2+}$	−928.755	−84.929	−382.153	−460.290	868.008
$CrCl_2(H_2O)_4^+$	−1312.951	−84.929	−305.722	−920.579	1079.150
$CrCl_3(H_2O)_3$	−1696.742	−84.929	−229.292	−1380.869	1036.280
$CrCl_4(H_2O)_2^-$	−2080.937	−84.929	−152.861	−1841.159	1247.470
$CrCl_5(H_2O)^{2-}$	−2464.684	−84.929	−76.431	−2301.449	1177.110

从表 6.7 中可以看出，$CrCl_n(H_2O)_{6-n}$（n=1～5）各配合物的键离能变化趋势与自然键布居分析中，中心铬原子所带的电荷变化规律基本一致。而电荷主要受与之配位的 Cl^- 的影响，由此可见 Cr—OH_2 比 Cr—Cl 弱，故 H_2O 的配位数变化对各配合物的键离能变化影响不大。得到的各优化后配合物键离能大小顺序为：$CrCl(H_2O)_5^{2+}<CrCl_3(H_2O)_3<CrCl_2(H_2O)_4^+<CrCl_5(H_2O)^{2-}<CrCl_4(H_2O)_2^-$。

根据 $CrCl_n(H_2O)_{6-n}$（$n=1\sim5$）各配合物自然布居分析和键离能的计算结果，再结合红外光谱分析，所得配合物离子 $CrCl(H_2O)_5^{2+}$ 的键离能最小。故在电化学过程中只需要较小的活化能，Cr—Cl 和 $Cr—OH_2$ 就可能断裂。因此，$CrCl(H_2O)_5^{2+}$ 中的三价铬最容易在阴极上还原，它是阴极附近的活性离子。

6.2 分子动力学模拟在类离子液体结构和性质研究中的应用

分子动力学模拟[17]是在评估和预测材料结构和性质方面模拟原子和分子的一种物质微观领域的重要模拟方法，通过计算机对原子核和电子所构成的多体体系中的微观粒子之间相互作用和运动进行模拟，在此期间把每一原子核视为在全部其他的原子核和电子所构成的经验势场的作用下按照牛顿定律进行运动，进而得到体系中粒子的运动轨迹，再按照统计物理的方法计算得出物质的结构和性质等宏观性能。简而言之，分子动力学模拟即是应用力场及根据牛顿运动力学原理所发展的一种计算机模拟方法[18]。

6.2.1 计算方法基础

通过前面的简单介绍，可知要想进行分子动力学模拟，首先需要清楚地理解力场、牛顿运动方程及其数值解法等基本概念。同时，在分子动力学模拟领域中，系综、周期性边界条件、积分、步长等也是经常提及的术语名词，对它们的正确理解也影响着对分子动力学的深入理解和应用。因此，在这里对相关的方法和术语做简要的介绍。

(1) 力场　力场就是势能面的表达式，它是分子动力学模拟的基础，是分子的势能与原子间距的函数，针对特定的目的，力场分为许多不同形式，具有不同的适用范围和局限性，计算结果的可靠性与选用的力场有密切关系。

在各种形式的力场中，Lennard-Jone(LJ) 势能即 12-6 势能是目前较为常用的势能。其势能表达式为：

$$U(r)=4\epsilon\left[(\sigma/r)^{12}-(\sigma/r)^{6}\right] \tag{6.21}$$

式中，$U(r)$ 为对应于 r 值下的分子的势能；r 为原子间距；ϵ、σ 为势能参数。

众多科学家的努力之下，力场已由最初的单元子分子系统发展到多原子分子、聚合物分子甚至生物分子系统。力场的复杂性、精确性、适用范围都有了很大的进步。在诸多力场中，每个力场都有着各自的优缺点及其适用条件。因此，在模拟时应该对当时模拟的条件、系统的特征等诸多因素加以分析选取适合的力场，才能保证模拟的速度和准确性。

(2) 牛顿运动方程及其数值解法　在分子动力计算中，首先需要了解以下牛顿运动方程及其相关的数值解法。

$$\frac{d^2}{dt^2}\vec{r}_i=\frac{d}{dt}=\vec{v}_i=\vec{a}_i \tag{6.22}$$

$$\vec{v}_i=\vec{v}_i^0+\vec{v}_i t \tag{6.23}$$

$$\vec{r}_i=\vec{r}_i^0+\vec{r}_i^0 t+\frac{1}{2}\vec{a}_i^0 t^2 \tag{6.24}$$

根据计算结果再算出粒子的速度与位置，从而确定粒子运动的轨迹。这是分子动力学模拟计算的基本思路。

关于牛顿运动方程的解法有很多，一般采用 Verlet 所发展的数值解法，其中最早的 Verlet 方法是将粒子的位置以泰勒式展开，经过计算得出结果，由于该法容易导致误差本文不再详细介绍。之后 Verlet 为解决这个问题发展出了跳蛙方法（leap frog method），此方法计算速度与位置的数学式如下：

$$\vec{v}_i\left(t+\frac{1}{2}\delta t\right)=\vec{v}_i\left(t-\frac{1}{2}\delta t\right)+\vec{a}_i(t) \tag{6.25}$$

$$\vec{v}_i(t+\delta t)=\vec{r}_i(t)+\vec{v}_i\left(t+\frac{1}{2}\delta t\right)\delta t \tag{6.26}$$

计算假设 $\vec{v}_i\left(t-\frac{1}{2}\delta t\right)$与 $\vec{r}_i(t)$ 已知，则有 t 时间的位置 $\vec{r}_i(t)$ 计算质点所受的力与加速度 $\vec{a}_i(t)$。再根据上式计算时间为 $t+\frac{1}{2}\delta t$ 时的加速度 $\vec{v}_i\left(t+\frac{1}{2}\delta t\right)$，以此类推，时间为 t 的速度公式可由下式算出：

$$\vec{v}_i(t)=\frac{1}{2}\left[\vec{v}_i\left(t-\frac{1}{2}\delta t\right)+\vec{v}_i\left(t+\frac{1}{2}\delta t\right)\right] \tag{6.27}$$

可以看出，该算法只需要 $\vec{v}_i\left(t-\frac{1}{2}\delta t\right)$与 $\vec{r}_i(t)$ 两个已知条件，节省了计算机的存储空间，具有较高的准确性和稳定性。现今，该方法已广泛地应用于分子动力学模拟中。

(3) 系综　系综（ensemble）是指具有相同条件系统（system）的集合。如正则系综（canonical ensemble）是指具有相同分子数目 N 相同体积 V 与相同温度 T 的系统的集合，符号为（N，V，T），其他还有等粒子等温定压系综（N，T，p），等粒子等容系统的能量系统（N，V，E）等多种系综。

系综是统计力学中非常重要的概念，系统的一切统计特性基本都是以系综为起点推导得到的。实际应用时，要注意选择适当的系综，如（N，T，p）常用于研究材质的相变化等。

(4) 周期性边界条件　分子动力学计算通常是选取一定数目的分子，将其置于一个立方的盒子中，该盒子即为模拟系统，周围是与它具有相同的粒子排列和运动的盒子。在粒子的运动过程中，计算系统中若有一个或几个粒子跑出盒子，则必有一个或几个粒子由其他盒子跑进该计算系统以维持模拟系统中的粒子数为定值，从而保证该模拟系统的密度恒定，才能符合实际状况。这种为保证体系密度恒定而设定的条件称为周期性边界条件。

（5）积分步长　积分步长即为分子动力学计算公式中的 δt（integration time step），它的选取决定了模拟的时间和准确性。积分步长越小准确性越高但越费时，相反积分步长越长计算速度越快但会降低计算的准确性，所以节省计算时间又不失去其精准性是选取适当的积分步长的原则。一般取系统最快运动周期的十分之一。

6.2.2 分子动力学模拟在类离子液体结构与性质研究中的应用

分子动力学模拟方法能够获得实验条件下无法测定的类离子液体的微观结构信息以及极端条件下类离子液体的行为，为理解类离子液体中原子之间的相互作用，进一步获得体系的原子-原子和质心径向分布函数提供依据。本部分主要介绍了分子动力学模拟在类离子液体结构与性质研究中应用的一些实例，来阐述其具体的应用方向。

6.2.2.1 分子动力学模拟在尿素-氯化胆碱类离子液体形成过程研究中应用

Sun 等[19]采用分子动力学模拟研究了尿素-氯化胆碱的结构和性质，解释了在摩尔比为 1∶2 具有低共熔点的原因。

首先对径向分布函数进行了计算，以此来研究阳离子、阴离子或尿素分子在给定离子的特定距离范围的分布情况。通过计算分析发现，纯氯化胆碱的阴阳离子呈现有序的结构分布。随着尿素分子的不断加入，尿素分子改变了阳离子在给定离子周围的分布，减少了存在的各种离子之间的相互作用。当尿素分子的加入量达到一定的程度之后，氯化胆碱的长程有序结构被破坏，径向分布函数如图 6.9 所示（彩图见封底）。

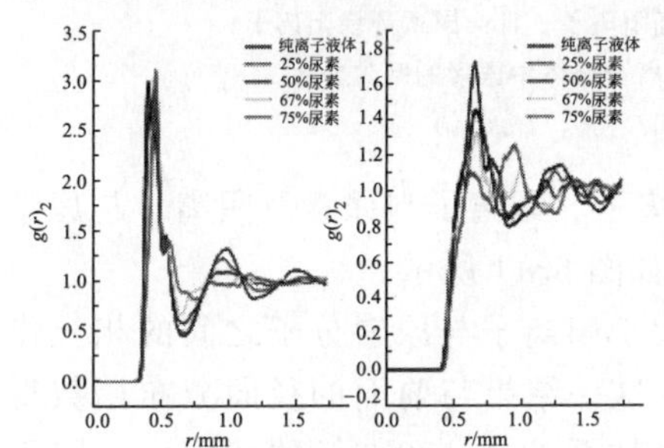

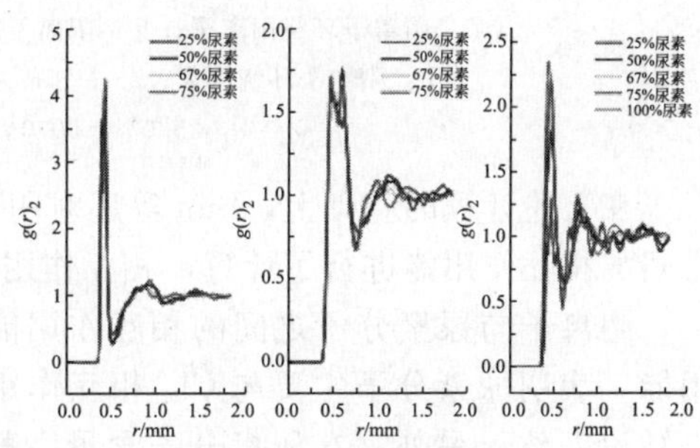

图 6.9　类离子液体尿素-氯化胆碱分子动力学模型径向分布函数

为了能更清晰地看出阳离子、阴离子或尿素分子在给定离子的周围的分布情况，作者计算了对应的空间分布函数。通过空间分布函数，可以看出阴离子倾向于和中心阳离子上的 H 成键，当尿素分子不断地加入后，与中心阳离子键合的阴离子不断减少，取而代之的是尿素分子与之形成的氢键，最终在阴阳离子之间形成氢键网络，空间分布如图 6.10 所示。

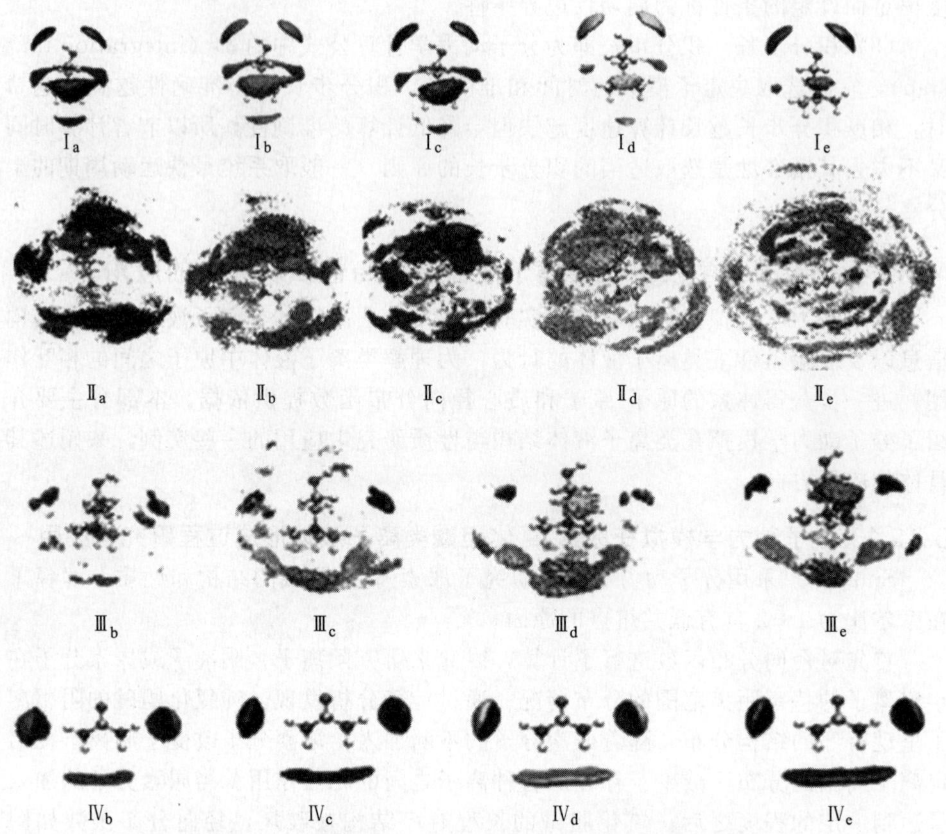

图 6.10　类离子液体尿素-氯化胆碱分子动力学模型空间分布图
（Ⅰ：阴离子环绕阳离子；Ⅱ：阳离子环绕阳离子；Ⅲ：尿素环绕阳离子；
Ⅳ：阳离子环绕尿素；a～e 分布为类离子液体中尿素的摩尔分数
0.0%，25.0%，50.0%，67.7%，75.0%）

在上述计算的基础上，Sun 等还对阴阳离子、阳离子与尿素及阴离子与尿素之间的相互作用能进行了计算，相互作用能如图 6.11 所示。

阴离子与尿素分子之间的相互作用能大于阳离子与尿素分子之间的相互作用能，表明尿素分子主要与 Cl^- 相互作用，这一结果与前面的径向分布函数得出结论一致。另外，在尿素分子含量占整个体系的 0～50.0%的范围内，阴阳离子之间的相互作用能大于阳离子或阴离子与尿素分子之间的相互作用能。但是，当尿素含量达到 67.7%时，阳离子或阴离子与尿素分子之间的相互作用能反而大于阴阳离子之间的相互作用能。而且，随着尿素含量的进一步增加，这一趋势越发明显。在尿素含量达到 67.7%时，阴阳离子、阳离子或阴离子与尿

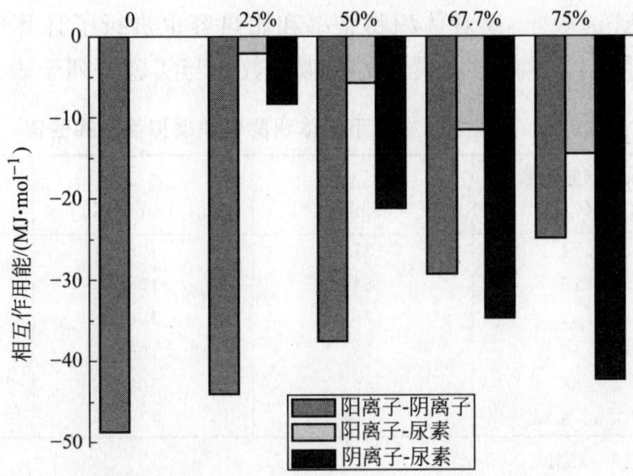

图 6.11 阴阳离子、阳离子与尿素及阴离子与尿素之间的相互作用能图

素分子之间的相互作用能适中，使得体系在这一组成条件下具有最低的共熔点。

上述结果有助于探讨类离子液体的形成最低共熔温度的机理，对其他类离子液体的合成研究具有一定的借鉴意义。

6.2.2.2 分子动力学模拟在尿素-氯化胆碱类离子液体性质研究中应用

Perkins 等[20]采用分子模拟通过预测热力学和传输性质，对体系的密度、热容、体积扩散系数及自扩散系数等进行了模拟计算并与实验数值进行了比较。

在 5 种不同的计算模型下，Perkins 等对氯化胆碱与尿素在 1∶2 的比例下形成的类离子液体的密度进行了模拟研究，实验结果如图 6.12 所示。比较模拟计算值与实验值，可以发现在具体的数值上有一定的差距，但是相关的变化趋势基本一致。

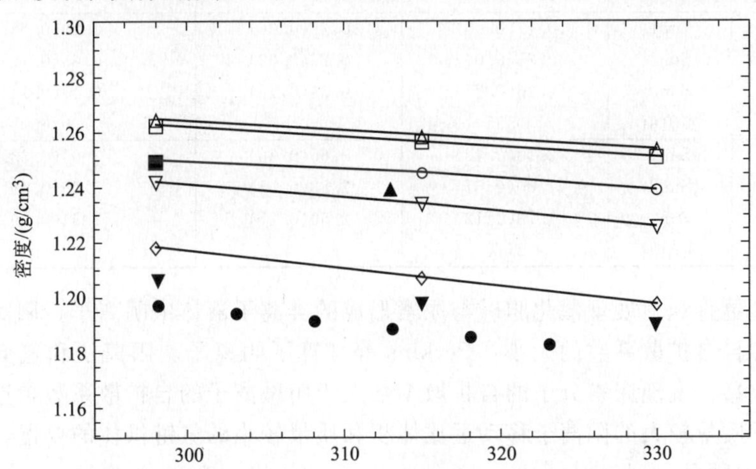

图 6.12 氯化胆碱与尿素在比例为 1∶2、压力为 0.98bar 下形成的类离子液体的密度曲线
实验值分别用●，▼，▲，■表示。不同模型下的计算值表示为：
△，1Amb；▽，0.9Amb；◇，0.8Amb；○，Mod1；□，Mod2

此外，Perkins 等[20]还对体积膨胀率和比热容也进行了计算研究。在 298～330K 的温度范围内，5 种不同模型下模拟的数值与实验值列于表 6.8 中。

表 6.8　不同力场模型下的体积膨胀率模拟值与实验值

力场	体积膨胀系数 $\alpha_p \times 10^4/K^{-1}$	c_{res} /[J/(mol·K)]	c_{ideal} /[J/(mol·K)]	c_p [J/(mol·K)]
1Amb	2.74	37	108	145
0.9Amb	4.16	64	108	172
0.8Amb	5.32	76	108	184
Mod1	2.69	33	108	141
Mod2	2.88	46	108	154
实验值	5.0～6.0			181.4～186.4

注：温度范围 298～330K。

模拟值与实验值之间具有很好的一致性，具体数据见表 6.8。由此，我们可以对有特定比热容需求的类离子液体可以事先做类似的模拟来进行筛选，然后再进行实验研究来提高研究效率。

另外，对类离子液体中阴阳离子及氢键供体的自扩散系数进行了研究。通过自扩散系数的大小，可以知道类离子液体中起输运作用的主要物种，5 种不同模型下模拟的数值与实验值列于表 6.9 中。

表 6.9 为 298K 和 330K 温度下，不同力场模型下自扩散系数模拟值与实验值，在 330K 时模拟值与实验值之间有很好的匹配性。

表 6.9　不同模型下模拟的数值与实验值

温度/K	模型	$D^+/(10^{11} m^2/s)$	$D^-/(10^{11} m^2/s)$	$D^{HBD}/(10^{11} m^2/s)$
298K	Sim1	0.17(0.05)	0.25(0.06)	0.39(0.06)
	Sim2	0.21(0.06)	0.26(0.09)	0.43(0.15)
	Sim3	0.26(0.25)	0.34(0.16)	0.47(0.14)
	实验值	0.35		0.66
330K	Sim1	2.18(0.42)	2.65(0.36)	3.67(0.33)
	Sim2	1.80(0.67)	2.88(0.55)	3.26(0.46)
	Sim3	1.73(0.12)	2.59(0.27)	3.31(0.39)
	实验值	2.10		

为了更直观地展现氯化胆碱与尿素形成的类离子液体中阴离子、阳离子和氢键供体各自自扩散系数的大小，Perkins 等计算了阴离子、阳离子和氢键供体的均方跟位移，发现尿素分子的自扩散系数大于胆碱离子的自扩散系数，这说明体积较大且质量较大的阳离子移动远比体积和质量较小的氢键供体的要慢，结果如图 6.13 中所示。

本章主要介绍了量子化学计算和分子动力学模拟等方法在典型类离子液体体系研究中的具体应用，通过具体实例研究中获得的类离子液体结构、性质、光谱

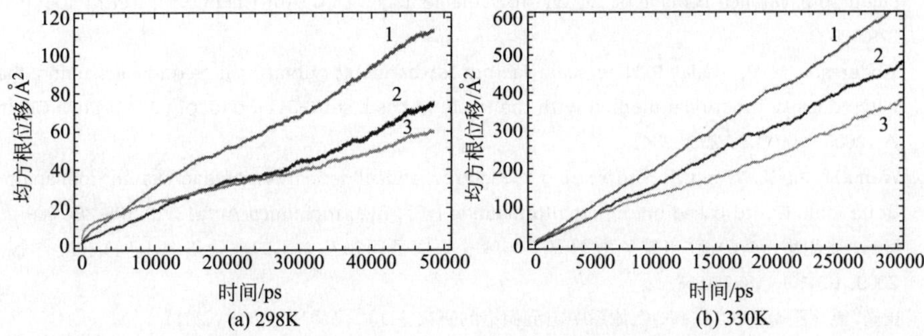

图 6.13 在 0.8Amb 模拟盒子中，均方跟位移随时间的变化

1—尿素的均方跟位移；2—氯离子的均方跟位移；

3—胆碱离子的均方跟位移

等信息，来说明理论计算在研究类离子液体结构与性质中的重要作用，同时为设计功能性类离子液体提供理论依据。

参考文献

[1] 郑燕升，卓志昊，莫倩，李军生. 离子液体的分子模拟与量化计算［J］. 化学进展，2011，9: 1862-1870.

[2] 陈飞武. 量子化学中的计算方法［M］. 北京：科学出版社，2008.

[3] 徐光宪，黎乐民，王德民，等. 量子化学：基本原理和从头计算法［M］. 北京：科学出版社，1999.

[4] Hohenberg P, Kohn W. Inhomogeneous electron gas [J]. Phys Rev B, 1964, 136(3B): 864-866.

[5] Kohn W, Sham L J. Self-consistent equations including exchange and correlation effects [J]. Phys Rev, 1965, 140(4A): 1133-1338.

[6] Perdew J P, Chevary J A, Vosko S H, Jackon K A, Pederson M R, Singh D J, Fiolhais C. Atoms, molecules, solids, and surfaces: applications of the generalized gradient approximation for exchange and correlation [J]. Phys Rev B, 1992, 46(11): 6671-6687.

[7] Perdew J P, Burke K, Ernzerhof M. Generalized gradient approximation made simple [J]. Phys Rev Lett, 1996, 77(18): 3865-3868.

[8] Zhang C, Jia Y Z, Jing Y, Wang H Y. Main chemical species and electrochemical mechanism of ionic liquid analogue studied by experiments with DFT calculation: a case of choline chloride and magnesium chloride hexahydrate [J]. J Physical Chem C, (under review).

[9] Frisch M J, Trucks G W, Schlegel H B, et al.Gaussian 09, Revision C.01, Gaussian, Inc, allingford CT, 2010.

[10] Becke A D. Density-functional thermochemistry.Ⅲ. the role of exact exchange [J]. J Chem Phys, 1993, 98(7): 5648-5652.

[11] Lee C, Yang W, Parr R G. Development of the colle-salvetti correlation-energy formula into a functional of the electron-density [J]. Phys Rev B, 1988, 37(2): 785-789.

[12] Gordon M S, Binkley J S, Pietro W J, Hehre W J. Self-consistent molecular-orbital methods .22.

small split-valence basis-sets for 2nd-row elements [J] . J Am Chem Soc, 1982, 104(10): 2797-2083.

[13] Andersson M P, Uvdal P. New scale factors for harmonic vibrational frequencies using the b3lyp density functional method with the triple-xi basis set 6-311+ g (d, p) [J] . J Phys Chem A, 2005, 109 (12): 2937-2941.

[14] Wang H, Jia Y, Wang X, Yao Y, Jing Y. Electrochemical deposition of magnesium from analogous ionic liquid based on dimethylformamide [J] . Electrochimica Acta, 2013, 108: 384-389.

[15] 吴阳，张甜甜，李静蕊. 半胱氨酸阴离子与咪唑阳离子间相互作用的理论研究 [J] . 化学学报，2009, 67 (16): 1851-1858.

[16] 崔焱. 氯化胆碱-$CrCl_3$・$6H_2O$ 体系中电沉积铬的研究 [D] . 昆明理工大学，2011.

[17] Anderson H C. Molecular dynamics simulations at constant pressure and/or temperature [J] . J Chem Phys, 1980 ,72 : 2384 - 2391 .

[18] 曹莉霞，王崇愚. α - Fe 裂纹的分子动力学研究 [J] .物理学报，2007, 56 (1): 413-422.

[19] Sun H, Li Y, Wu X, Li G H. Theoretical study on the structures and properties of mixtures of urea and choline chloride [J] . J Mol Model, 2013, 19: 2433-2441.

[20] Perkins S L, Painter P, Colina C M. Molecular dynamic simulations and vibrational analysis of an ionic liquid analogue [J] . J Phys Chem B, 2013, 117: 10250-10260.

第7章

展　望

类离子液体在电化学、有机合成、分离以及功能材料制备等领域的应用日益受到关注，并已取得了较多的研究成果，成为绿色化学化工领域的研究热点。

随着研究的不断深入，类离子液体作为一种新型的绿色溶剂，需在基础理论研究，新型类离子液体的设计、开发，类离子液体应用领域的拓展等方面开展进一步的研究工作。

7.1 完善类离子液体基础数据与理论

类离子液体可通过设计其组成来改变它的性能，其合成设计要以理论为指导。目前有关类离子液体理论研究方面报道相对较少，类离子液体的研究还处于发展阶段。类离子液体制备和物化性质的实验数据较为缺乏，对其形成机理、合成规律等方面有待深入研究。

现有的类离子液体一些性质、结构预测和计算研究主要包括两方面。一是利用理论计算对类离子液体结构的解析；二是对类离子液体物理化学性质的预测。在类离子液体结构解析方面，Jia 等[1]利用密度泛函理论计算获得了六水氯化镁-氯化胆碱体系中的二价镁配合物可能存在的稳定结构、振动光谱及自然布居等结构信息。通过获得光谱信息与实验测定的二价镁离子液体的红外光谱数据进行比对，确定了六水氯化镁-氯化胆碱体系中二价镁离子和水分子的主要存在形态，对其电沉积过程进行了解释。图 7.1 为利用分子动力学模拟和实验数据的对比图。

Sun 等[2]采用分子动力学模拟研究了尿素-氯化胆碱的结构和性质，解释了在尿素-氯化胆碱摩尔比为 1∶2 时具有低共熔点的原因。认为尿素分子的嵌入改变了阳离子和阴离子的密度分布，随着尿素浓度的增加，胆碱阳离子和 Cl^- 阴离子之间的氢键作用力降低。Perkins 等[3]同样采用分子模拟，预测类离子液体尿素-氯化胆碱热力学和传输过程，研究了体系中原子之间的相互作用及与体系性质的关系。静电引力和氢键相互作用力是分子动力学模拟中重点计算的参数，可以反映阳离子和阴离子之间的相互作用关系。

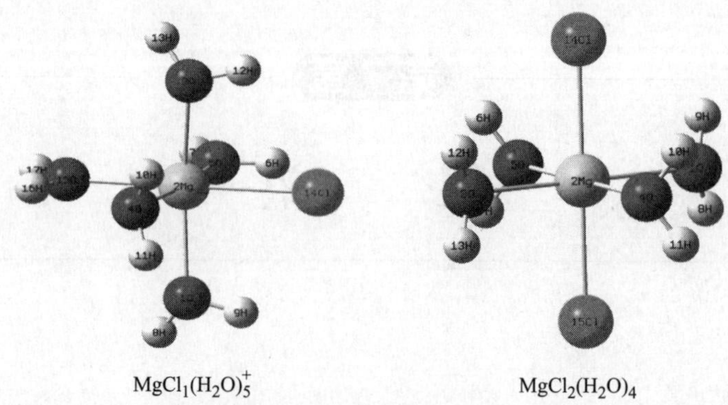

图 7.1　六水氯化镁-氯化胆碱类离子液体体系中存在的主要物种

Shahbaza 等[4~8]利用原子贡献法、基团贡献法、人工智能法预测了几种类离子液体的折射率、密度、表面张力、电导率等物理化学性质，图 7.2 为其预测电导率的模型图。

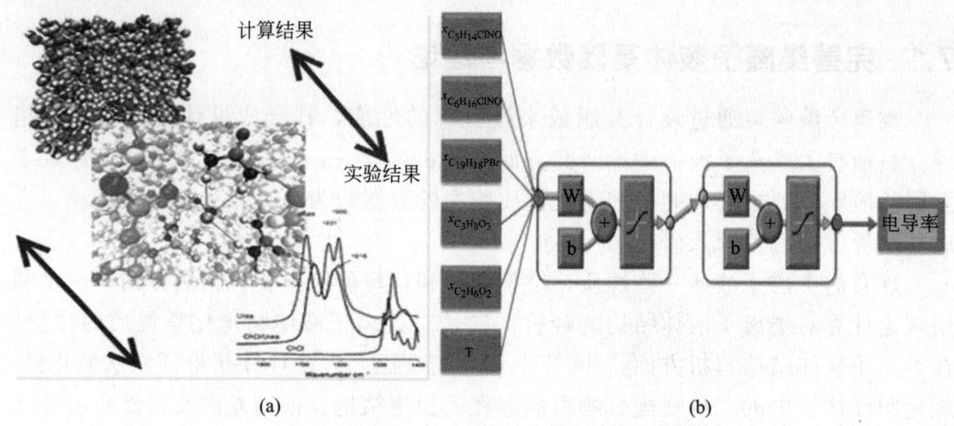

图 7.2　(a) 预测和实验结果 (b) 预测电导率的模型图

Rimsza 等[9]基于密度泛函理论计算，在分子水平上模拟了金属氧化物颗粒在 urea-ChCl 类离子液体中的溶解行为，对中性配体、阴离子与 CuO、元素 Cu 结合能等做了相关的计算分析。Rimsza 等通过计算分析得出，尿素和 Cl^- 的氢键作用维持了开放的团簇结构，金属络合物的形成促进了类离子液体的溶剂化作用。

崔焱[10]采用量子化学从头计算法，对六水氯化铬-氯化胆碱类离子液体体系进行了几何结构全优化，计算获得了六水氯化铬-氯化胆碱体系中可能存在的三价铬配合物的稳定结构、振动光谱、前线轨道及自然布居（NBO）等结构信息。通过理论光谱信息与实验测定的三价铬电解液红外光谱数据比对，确定了所研究体系中三价铬的主要存在形态。探讨了三价铬配合物结构与其氧化还原反应活性的关系，初步判断三价铬电沉积过程。

崔焱等通过将理论光谱信息与实验测定的三价铬电解液红外光谱数据比对，确定了所研究体系中三价铬的主要存在形态为 $CrCl(H_2O)_5^{2+}$ 和 $CrCl_3(H_2O)_3$（如图 7.3）。探讨了三价铬配合物结构与其氧化还原反应活性的关系，从微观结构讨论了反应可能发生的途径，在几种铬配合物中，$CrCl(H_2O)_5^{2+}$ 的反应活性最大，前线轨道中铬所占的比重最大，最有可能在阴极上还原。

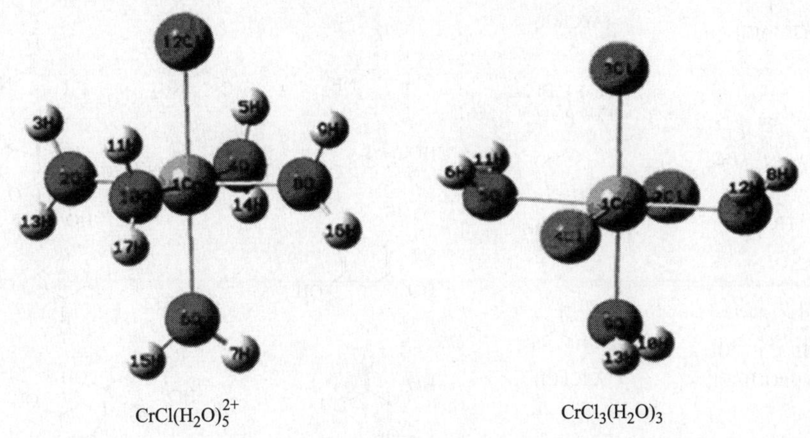

图 7.3 $CrCl_3 \cdot 6H_2O$-ChCl 类离子液体体系中稳定存在的结构类型

目前，还没有出现一种适用于对类离子液体性质、结构研究的具有普适性的模型。同时类离子液体制备和性质的实验数据较为缺乏、分散，且来源不一，很难对其形成机理、合成规律进行归纳总结。因此需加强对类离子液体以下几方面的深入研究：

① 探讨类离子液体体系中中性配体、阴阳离子之间的相互作用关系；

② 完善类离子液体物理化学基础数据；

③ 探索类离子液体性质和结构之间的关系，探索新的预测模型；

④ 研究类离子液体的合成规律及合成机理。

7.2 设计、开发新类型类离子液体

类离子液体因为具有熔点范围宽、溶解性能好、毒性小等优点，设计、开发新型类离子液体很有意义。目前类离子液体有两类，第一类为氢键供体类类离子液体；第二类为水合盐类类离子液体。应用最广的是 Abbott 等[11,12]合成的氯化胆碱与尿素、乙二醇和甘油形成的氢键供体类类离子液体。研究较多的还有季铵盐和水合无机盐[13~17]的类离子液体，其中较为典型的为六水氯化铬-氯化胆碱[18]形成的类离子液体。能够形成类离子液体的季铵盐和季鏻盐为图 7.4 中所示几种。能够形成类离子液体的配体主要有作为氢键供体的有机物和水合无机

盐，列于图 7.4[19] 中。

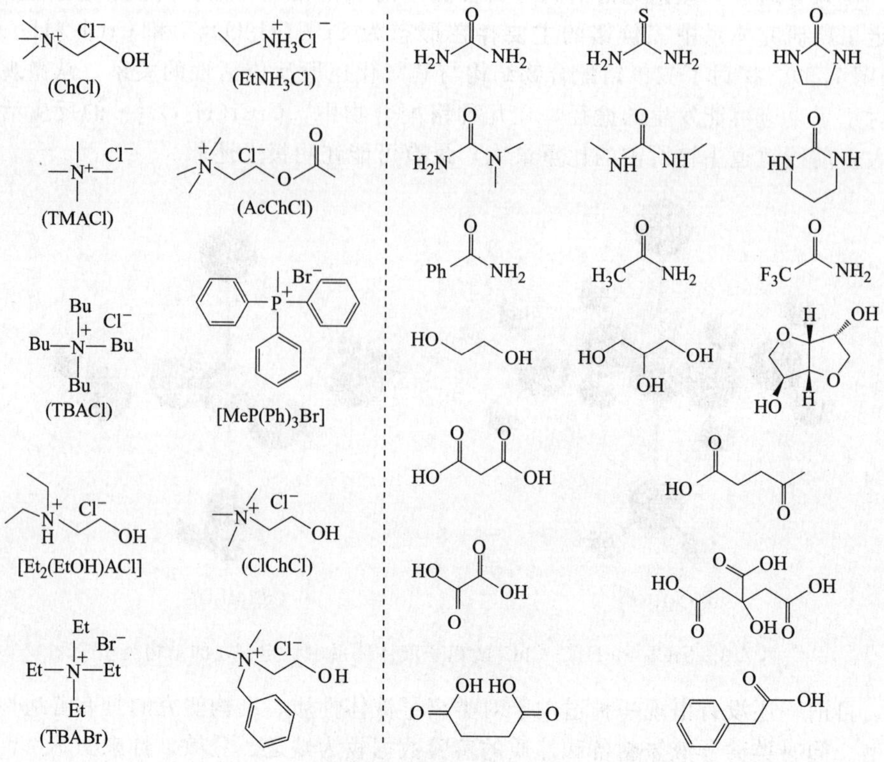

图 7.4 典型的能够形成类离子液体的有机物

能够形成类离子液体的水合无机盐主要有：六水氯化镁、六水氯化铬、六水氯化钙、六水氯化钴、六水氯化镧、二水氯化铜、四水硝酸锂、四水硝酸锌和六水氯化镍等。

类离子液体虽然具有优良的溶解性能，但其黏度相对于有机溶剂较高，其热稳定性有待提高。另外，活性较强，具有特殊功能的类离子液体较少。所以应从以下几方面开发新型的类离子液体：

① 合成黏度低、传质阻力小的类离子液体；

② 改变类离子液体组分、官能团或结构，拓宽其使用温度范围，提高其稳定性；

③ 寻找合适的中性配体或水合盐，制备多功能类离子液体。

7.3 开拓类离子液体应用领域

7.3.1 有机合成催化领域

由于类离子液体中有中性配体，类离子液体在有机合成中表现出很好的协同催化作用，主要有以下的优点：

① 反应产物易从类离子液体中分离出来；

② 类离子液体的 pH 值可以调节；

③ 类离子液体既能溶解有机物，又能溶解无机物；

④ 类离子液体能有效回收和循环利用。

类离子液体在生物物质的催化、木质纤维素糖化及其参与催化的机理有待深入研究，使其发挥更大的应用价值。

7.3.2 材料合成领域

在材料化学领域，应用类离子液体可降低反应温度，减少污染排放，实现材料的选择性合成这使得类离子液体在材料合成领域有广阔的发展空间，正是这一特性可以使类离子液体应用于沸石、碳材料、微孔聚合物和储氢等功能材料的制备。最近研究成果表明，类离子液体在合成新型功能材料上独具特色，在这些合成中，类离子液体发挥着不同的作用，可作为溶剂、模板剂、水抑制剂、反应物等。

有关类离子液体在碳材料合成方面，文献报道较少。类离子液体原料来源广泛，可以合成多种具有特殊功能的类离子液体，从而合成不同的功能碳材料。如合成氮、磷或硫掺杂的碳或碳-碳纳米材料，可以通过选择不同类型的类离子液体来合成。

类离子液体作为溶剂-模板-反应物可以成功应用于缩聚反应和合成丙烯酸树脂，所以类离子液体可以扩展到其他聚合物的合成。同时类离子液体在制备高分子聚合物、金属-有机框架、储氢等功能材料方面也具有明显的优势。

在类离子液体领域，基础研究还有很大的发展空间，由于其组成的灵活性使其容易制备具有独特性能的类离子液体。根据这些性质，可以合成形貌和组成可调的新型材料。因此，类离子液体在材料合成等领域具有较好的应用前景。

7.3.3 分离和纯化领域

在分离纯化领域，由于类离子液体的组成多样且有较大的调节空间，使得类离子液体能够很好地溶解一些气体、无机物、有机物和金属氧化物等多种物质。现有的研究只是简单对 CO_2 在类离子液体中的溶解性能进行了研究，而对气体分离纯化、固定与催化等方面尚未开展研究工作。在油品分离、烟道气中脱除 SO_2、脱除 H_2S 等领域需要开展全面的工作，在分离技术领域仍需进行全面完整的探索。

7.3.4 电化学领域

在电沉积方面，类离子液体中能沉积多种金属和合金。目前能够在类离子液体中电沉积的金属大多是过渡金属元素。在电化学过程中，类离子液体对金属氧化物有一定的溶解能力，这会产生对钢、铜等设备的腐蚀问题，且腐蚀机理不明确。所以亟须开展以下研究工作：

① 探索较难电沉积的金属如锗、钛、镁等的电沉积；

② 提高类离子液体的稳定性；

③ 研究类离子液体腐蚀性，探讨其腐蚀机理。

扩大类离子液体在电沉积中的应用范围，将其应用到工业化生产中是今后的一个发展方向。将类离子液体大规模应用于金属表面处理、电催化、半导体材料、电池材料、电容器和有机电合成等电化学领域，拓展类离子液体在电化学中的应用。

欧洲一些公司、科研机构以及商业团体已开始涉足基于这种新型类离子液体在电镀、电抛光过程中的研究及应用推广[20]。类离子液体可以替代无机酸和高毒性反应物应用在电化学的各个领域。Abbott 等[20]成功地利用五种类离子液体建立了金属表面处理示范技术，包括不锈钢等合金的电镀、浸涂、印刷电路板上银的沉积、硬铬、铝电镀、滚镀等方法制备锌-锡合金等。

图 7.5 为类离子液体中电镀不锈钢和电镀镍合金的扩试生产线，其规模一次可电镀 300 件不锈钢。图 7.6 为一种新的铬电镀池，电解体系为氯化胆碱和毒性小的六水氯化铬电解液，电解池中不含有酸或氧化铬电解液，合成简单，对水不敏感。在电镀过程中没有气体析出，消除了电镀过程中可能产生的氢脆。

图 7.5　电镀镍中试车间

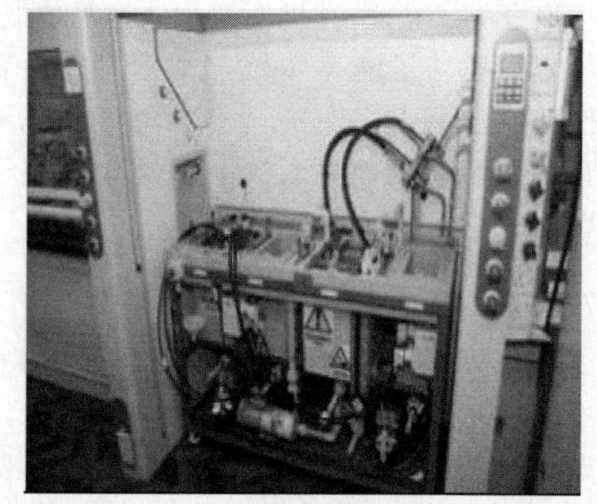

图 7.6　电镀硬铬电镀池

图 7.7 为印刷电路板在类离子液体中银浸涂后的产品图片，现有成熟工艺进行银的浸涂是在水溶液中，所用溶质为含有毒性和腐蚀性的物质。在乙二醇-氯化胆碱类离子液体中可以进行银的连续电沉积，且不需要提前进行金属的表面处理。

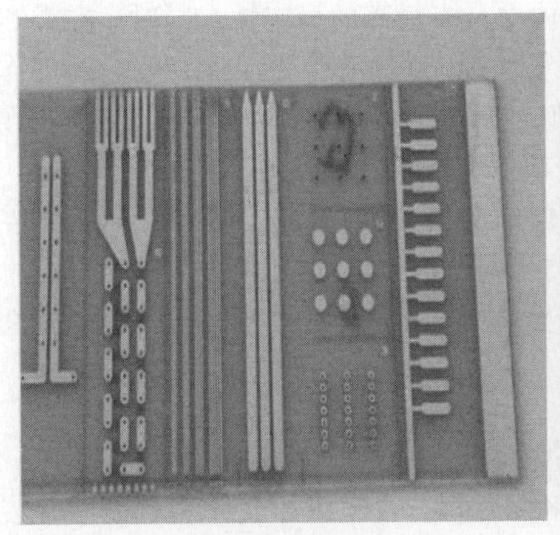

(a) 电路板上的银浸涂

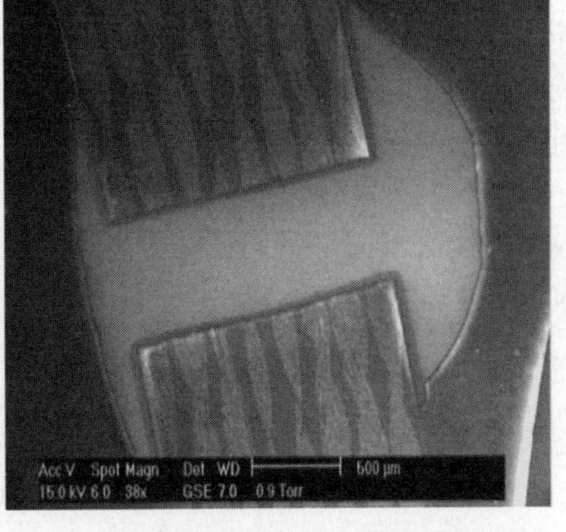

(b) 电路板上焊接点的扫描电镜图

图 7.7 类离子液体中印刷电路板上银浸涂

在以上几种电镀金属及合金的生产中，取得了很好的效果，经过扩大规模试验，对于实现类离子液体电沉积金属及合金的工业化生产具有现实意义。

7.3.5 药物、生命科学领域

类离子液体无毒，可生物降解，可开辟类离子液体在药物中的应用。目前研究人员主要研究的是类离子液体中金属氧化物、CO_2 等的溶解性能，而对于药物等有机大分子在类离子液体中的溶解性能研究较少。Morrison 等[21]研究了几种难溶解药物（苯甲酸、灰黄霉素、达那唑、伊曲康唑等）在尿素-氯化胆碱、丙二酸-氯化胆碱类离子液体中的溶解行为，测量了这些药物在类离子液体、类离子液体-水混合物、水中的溶解性能，研究结果表明，不同药物在不同类离子液体中溶解度比在水中溶解度大 5～22000 倍。药物在类离子液体和水混合物中的溶解度也比在水中溶解度要大。将类离子液体应用到医药科学领域，会拓宽类离子液体的应用范围。

Lannan 等[22]在无水、高黏度的类离子液体尿素-氯化胆碱中研究了人类端粒体序列 DNA（HTS DNA）的折叠行为，在类离子液体中，HTS DNA 形成了平行的四链折叠。在类离子液体中，HTS DNA 经过热力学变性，冷却到室温形成平行结构的时间需要几个月，这远远长于在水溶液中时间。这主要是因为在类离子液体中，HTS DNA 在折叠阶段为动力学抑制阶段。根据克拉默斯速率理论，HTS DNA 四链折叠转换为平行折叠状态取决于溶剂的黏度，采用高黏度的溶剂可以改变扩散速率，这为许多其他的核酸折叠和基于 DNA 的纳米技术提供了新的思路。Zhao 等[23,24]系统地研究了 10 种具有代表性的 G-四链 DNA 在无水室温类离子液体中的结构。研究结果显示在类离子液体中，可以形成分子内、分子间高度有序的 G-四链 DNA。在类离子液体中，G-四链 DNA 的平行结构变成了最优构象。与水溶液环境相比，G-四链 DNA 在类离子液体中具有很高的稳定性。同时，在类离子液体中，温度达到 110℃条件下，G-四链 DNA 仍然具有生物活性。他们的工作揭示了 G-四链 DNA 在化学反应中及 DNA 基器件在无水和高温条件下的行为，在无水的条件下进行 G-四链 DNA 研究，是一项富有挑战性的研究工作。

类离子液体应用在生命科学领域仅有以上几篇报道，类离子液体除在 DNA 合成，折叠等方面有应用外，类离子液体还可应用于其他核酸，如 RNA 等的研究。将类离子液体应用到生物医学领域是今后类离子液体的研究方向之一。

7.3.6 储能材料领域

由无机盐与水合盐形成的这类低共熔混合物，在室温相变储能材料中有较为广泛的应用。然而，氢键供体类类离子液体应用于储能材料领域研究较少，这类类离子液体的熔点具有很大的可调整空间且本身无毒、成本低廉，这为应用于不同温度下储能提供了可能性。氢键供体类类离子液体相变储能方面基础数据的积累有待加强，其储能效率等需要进行系统地研究归纳。同时对氢键供体类类离子液体最低共熔点及其储能性质等预测的模型研究等方面也需要加强，通过理论及实验的结合研究，推动其在储能领域的应用。

综上，由于类离子液体所具有的成本低、绿色环保等优势，同时具备优良的物化性质，使得它具有潜在的较为广阔的应用前景。另外，类离子液体与其他学科交叉领域的研究、开发基于类离子液体的功能材料、类离子液体结构与性质预测模型、类离子液体用于储能材料等方面是未来几年研究的热点，并将显示出良好的应用前景。

参考文献

[1] Zhang C, Jia Y Z, Jing Y, Wang H Y. Main chemical species and electrochemical mechanism of ionic liquid analogue studied by experiments with DFT calculation: a case of choline chloride and magnesium chloride hexahydrate [J]. J Physical Chem C, (under review).

[2] Sun H, Li Y, Wu X, Li G H. Theoretical study on the structures and properties of mixtures of urea and choline chloride [J]. J Mol Modeling, 2013, 19(6): 2433-2441.

[3] Perkins S L, Painter P, Colina C M. Molecular dynamic simulations and vibrational analysis of an ionic liquid analogue [J]. J Phys Chem B, 2013, 117 (35): 10250-10260.

[4] Shahbaza K, Bagh F S G, Mjallic S, AlNashefd I M, Hashim M A. Prediction of refractive index and density of deep eutectic solvents using atomic contributions [J]. Fluid Phase Equilibria, 2013, 354: 304-311.

[5] Shahbaza K, Bagh F S G, Mjallic S, AlNashefd I M, Hashim M A. Prediction of the surface tension of deep eutectic solvents [J]. Fluid Phase Equilibria, 2012, 319: 48-54.

[6] Shahbaza K, Bagh F S G, Mjallic S, AlNashefd I M, Hashim M A. Densities of ammonium and

phosphonium based deep eutectic solvents: Prediction using artificial intelligence and group contribution techniques [J]. Thermochimica Acta, 2012, 527: 59-66.

[7] Shahbaza K, Mjallic S, AlNashefd I M, Hashim M A. Prediction of deep eutectic solvents densities at different temperatures [J]. Thermochimica Acta, 2011, 515: 67-72.

[8] GharehBagha F S, Shahbazb K, Mjalli F S, AlNashef I M, Hashim M A. Electrical conductivity of ammonium and phosphonium based deep eutectic solvents: Measurements and artificial intelligence-based prediction [J]. Fluid Phase Equilibria, 2012, 356: 30-37.

[9] Rimsza J M, Corrales L R. Adsorption complexes of copper and copper oxide in the deep eutectic solvent 2:1 urea-choline chloride [J]. Computational Theoretical Chem, 2012, 987: 57-61.

[10] 崔焱. 氯化胆碱-$CrCl_3 \cdot 6H_2O$ 体系中电沉积铬的研究 [D]. 昆明理工大学, 2011.

[11] Abbott A P, Capper G, Davies D L, Munro, H L, Rasheed R K, Tambyrajah V. Novel solvent properties of choline chloride/urea mixtures [J]. Chem Commun, 2003, 1: 70-71.

[12] Abbott A P, Harris R C. Ryder K R. Application of hole theory to define ionic liquids by their transport properties [J]. J Phys Chem B, 2007, 111(18): 4910-4913.

[13] Abbott A P, Capper G, David L D, Rasheed R. Ionic liquids based upon metal halide/substituted quaternary ammonium salt mixtures [J]. Inorg Chem, 2004, 43 (11): 3447-3452.

[14] Abbott A P, Capper G, Davies D L, Munro, H L, Rasheed R K, Tambyrajah V. Preparation of novel, moisture-stable, Lewis-acidic ionic liquids containing quaternary ammonium salts with functional side chains [J]. Chem Commun, 2001, 19, 2010-2011.

[15] Wang H Y, Jing Y, Wang X H, Yao Y, Jia Y Z. Ionic liquid analogous formed from magnesium chloride hexahydrate and its physico-chemical properties [J]. J Mol Liquids, 2011, 163 (2): 77-82.

[16] Abbott A P, Capper G, Davies D L, Rasheed R K. Ionic liquid analogues formed from hydrated metal salts [J]. Chem Eur J, 2004, 10 (15): 3769-3774.

[17] Rodgers R D, Seddon K R. Ionic Liquids as Green Solvents: Progress and Prospects. Washington, D C. American Chemical Society, 2003, 439-452.

[18] Frank E, Abbott A P, Douglas R M. Electrodeposition from ionic liquids. Weinheim: Wiley-VCH, 2008, 83-123.

[19] Harris R C. Physical properties of alcohol-based deep-eutectic solvents, Ph. D. Thesis, University of Leicester, 2009.

[20] Smith E L, Fullarton C, Harris R C, Saleem S, Abbott A P, Ryder K S. Metal finishing with ionic liquids: scale-up and pilot plants from IONMET consortium [J]. Transactions of the Institute of Metal Finishing, 2010, 88 (6): 285-293.

[21] Morrison H G, Sun C C, Neervannan S. Characterization of thermal behavior of deep eutectic solvents and their potential as drug solubilization vehicles [J]. Int J Pharmaceutics, 2009, 378 (1-2): 136-139.

[22] Lannan F M, Mamajanov I, Nicholas V H. Human telomere sequence DNA in water-free and high-viscosity solvents: G-Quadruplex folding governed by kramers rate theory [J]. J Am Chem Soc, 2012, 134 (37): 15324-15330.

[23] Zhao C Q, Ren J S, Qu X G. G-Quadruplexes form ultrastable parallel structures in deep eutectic solvent [J]. Langmuir, 2013, 29 (4): 1183-1191.

[24] Zhao C Q, Qu X G. Recent progress in G-quadruplex DNA in deep eutectic solvent [J]. Methods, 2013, 64 (1): 52-58.